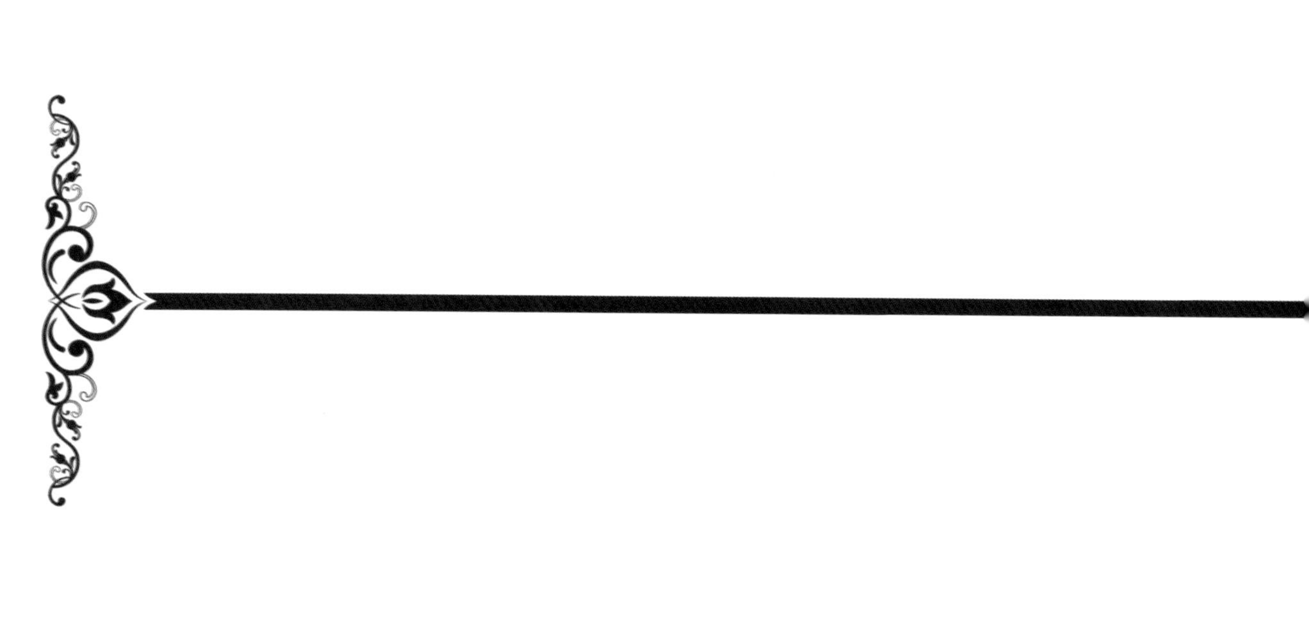

森林·环境与管理

森林经营与生态修复

Forest Management and Ecosystem Restoration

陈存根 编著

科学出版社

北京

内 容 简 介

在当今全球自然资源趋于枯竭、生态环境日益恶化的大背景下，充分发挥森林特有的资源优势和生态效益，不断满足人类社会对森林产品的需求，保障和提高人与自然的和谐关系成为时代发展的必然选择。科学有效的森林经营和生态修复不仅是实现林业可持续发展的基本途径，也是国家生态文明建设中的重要一环。本书核心内容主要包括林业系统的管理模式和技术体系建设、先进森林可持续经营理念和技术体系在不同地区的应用案例、森林管理和生态修复的效益讨论以及森林管理体系的发展比较与展望等几个方面。

本书可供生态学、农林科学、地理、环境等相关领域的科研院所及高等院校师生参考。

图书在版编目（CIP）数据

森林经营与生态修复 / 陈存根编著. —北京：科学出版社，2018.9

（森林・环境与管理）

ISBN 978-7-03-057850-1

Ⅰ. ①森… Ⅱ. ①陈… Ⅲ. ①森林经营 ②森林生态系统-生态恢复 Ⅳ. ①S75 ②S718.57

中国版本图书馆 CIP 数据核字（2018）第 129431 号

责任编辑：李轶冰 / 责任校对：彭 涛

责任印制：肖 兴 / 封面设计：无极书装

科学出版社出版

北京东黄城根北街 16 号

邮政编码：100717

http://www.sciencep.com

北京画中画有限公司 印刷

科学出版社发行 各地新华书店经销

*

2018 年 9 月第 一 版 开本：787×1092 1/16

2018 年 9 月第一次印刷 印张：17 1/2

字数：415 000

定价：218.00 元

（如有印装质量问题，我社负责调换）

作者简介

陈存根，男，汉族，1952年5月生，陕西省周至县人，1970年6月参加工作，1985年3月加入中国共产党。先后师从西北林学院张仰渠教授和维也纳农业大学Hannes Mayer教授学习，获森林生态学专业理学硕士学位（1982年8月）和森林培育学专业农学博士学位（1987年8月）。西北农林科技大学教授、博士生导师和西北大学兼职教授。先后在陕西省周至县永红林场、陕西省林业研究所、原西北林学院、杨凌农业高新技术产业示范区管委会、原陕西省委教育工作委员会、原陕西省人事厅（陕西省委组织部、陕西省机构编制委员会）、原国家人事部、重庆市委组织部、重庆市人民代表大会常务委员会、中央和国家机关工作委员会等单位工作。曾任原国家林业部科学技术委员会委员、原国家林业部重点开放性实验室——黄土高原林木培育实验室首届学术委员会委员、原国家林业局科学技术委员会委员、中国林学会第二届继续教育工作委员会委员、中国森林生态专业委员会常务理事、普通高等林业院校教学指导委员会委员、陕西省林业学会副理事长、陕西省生态学会常务理事、《林业科学》编委和《西北植物学报》常务编委等职务。著有《中国森林植被学、立地学和培育学特征分析及阿尔卑斯山山地森林培育方法在中国森林经营中的应用》（德文）、《中国针叶林》（德文）和《中国黄土高原植物野外调查指南》（英文）等论著，编写了《城市森林生态学》《林学概论》等高等教育教材，主持了多项重大科研课题和国际合作项目，在国内外科技刊物上发表了大量学术文章。曾获陕西省教学优秀成果奖一等奖（1999年）、陕西省科学技术进步奖二等奖（1999年）、中国林学会劲松奖、陕西省有突出贡献的留学回国人员（1995年）和国家林业局优秀局管干部（1998年）等表彰。1999年下半年，离开高校，但仍不忘初心，始终坚持对我国森林生态系统保护、森林生产力提高、森林固碳和退化生态系统修复重建等方面的研究，先后指导培养硕士研究生、博士研究生38名。

留学奥地利维也纳农业大学

与博士导师Prof. Dr. Hannes Mayer（右一）及博士学位考核答辩小组教授合影留念

奥地利维也纳农业大学博士学位授予仪式

1987年8月，获得奥地利维也纳农业大学博士学位

获得博士学位，奥地利维也纳农业大学教授表示祝贺

获得博士学位，奥地利维也纳留学生和华人表示祝贺

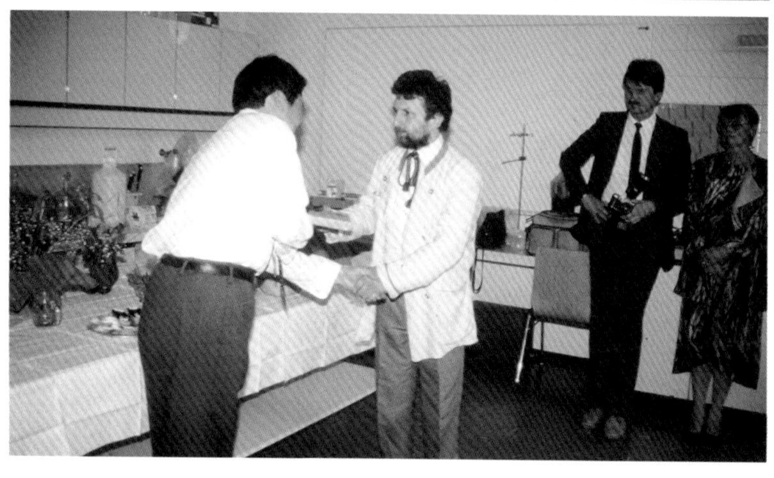

获得博士学位，维也纳农业大学森林培育教研室聚会表示祝贺

留学期间参加同学家庭聚会

留学期间在同学家里过圣诞节

与奥地利维也纳农业大学的同学们合影

与西北农学院（西北农业大学、西北农林科技大学前身）的老师们合影

与西北林学院学科带头人合影

撰写学术论文

在母校西北林学院和导师张仰渠教授亲切交谈

参加课题组学术研讨活动

1987年7月20日～8月1日，参加德国西柏林第十四届国际植物学大会

访问奥地利葛蒙顿林业中心

与德国慕尼黑大学Fisher教授共同主持中德黄土高原水土流失治理项目第一次工作会议

就主持的中德科技合作项目接受电视台采访

奥地利国家电视台播放采访画面

接受国内电视台采访

参加林木病虫害防治课题成果鉴定会议

参加纪念于右任先生诞辰120周年海峡两岸学术研讨会议

参加科技创新报效祖国动员暨先进表彰会议

2002年7月6日，陪同第十一届全国政协副主席（陕西省副省长）陈宗兴（左三）先生考察秦岭火地塘生态定位研究站

2003年6月27日，陪同陕西省省长贾治邦（左四）先生考察秦岭火地塘生态定位研究站

在西北林学院会见到访的外国专家

审阅研究生论文

主持九三届硕士生学位论文答辩会

带领我国研修生在奥地利葛蒙顿林业培训中心学习森林抚育技术

考察德国林区林道建设

参加欧洲林业机械博览会考察林业机械

奥地利森林采伐机械集材作业

阔叶林抚育间伐木选择

森林抚育间伐

成熟林带状采伐

与外国专家探讨森林可持续经营

带领西北林学院教授访问团考察国外森林经营管理

课题组外业考察

森林近自然林经营

森林择伐后天然团状更新

森林带状采伐

与德国专家讨论陕北黄土高原水土流失治理

陪同奥地利专家组考察陕北黄土高原水土流失

带领课题组执行中德陕北黄土高原水土流失治理项目

林、灌、草封育天然恢复植被

沙区飞播柠条造林

荒坡油松人工造林

研究生进行沙棘生物量野外调查

研究生进行天然草地的样方调查

研究生在毛乌素沙地进行滴灌种植榆树林实验

荒坡不同坡位刺槐、侧柏造林模式试验

农林间作花椒造林模式

陕北米脂县高西沟黄土高原小流域综合治理实验站

序　一

陈存根教授送来《森林·环境与管理》书稿请我作序，我初阅书稿后又惊又喜。惊的是我知道陈教授已从政多年，竟然不忘科研初心，专业研究与培养学生没有间断过；喜的是，自己当年看好的青年才俊，一生结出了硕果累累，使我欣慰。

我和陈存根教授是 1990 年在四川成都国际林业研究组织联盟举办的国际亚高山森林经营研讨会上认识的。当时，我是这次在中国举办的国际会议的主持人。他提交的论文正符合大会主题，脉络清晰、观点独到。在野外考察活动中，他对川西的林木和草本很熟悉，能说出拉丁学名。他曾留学奥地利，因此能用流利的英语和德语与外宾交流。他的表现，使我在后来主持国家自然科学基金第一个林学的重大项目“中国森林生态系统结构与功能规律研究”时，毅然把他的团队纳入骨干研究力量。

他师从西北林学院我的好友张仰渠先生，公派到欧洲奥地利学习并获得博士学位，是当时生态学研究领域青年中的佼佼者。当他作为西北林学院森林生态学科带头人，谋划学科发展时，我给予了支持帮助，数次参加过他指导的博士生的毕业答辩。1999 年，得知他被组织安排到杨凌农业高新技术产业示范区管委会工作时，觉得很可惜，认为他将离开会有所建树的科研事业了。

令人宽慰的是，学校为他保留了从事科研和培养研究生的机制，所以后来总能在学术期刊上看到他的署名文章。他后来调到北京工作，后又到重庆等领导岗位，我们都见过几次面，逢年过节，他都给我问候。

他经常送来他指导的博士研究生的毕业论文让我审阅，这些论文涉及面很宽。从秦岭和黄土高原的植被到青藏高原草地植被；从宏观到微观，涉及景观生态学、生态系统生态学、群落学、种群学、个体等各个层面，甚至还涉及森林动物研究；他还有国外来华的留学生。这么多年，他之所以持之以恒地坚持生态学研究，是因为他割舍不下对专业的这份感情和挚爱！

他的书稿就像他的人生阅历，内容丰富、饱满精彩，且有不少独到之处。如通过剖析秦岭主要用材树种生产力特征，为培育大径材、优质材林分，提高森林生产功能、生态功能提供了技术指引；通过分析高山、亚高山森林植被群落学特征，为天然林保护、国家级自然保护区建设和国家森林公园管理提供了科学佐证；通过研究黄土高原植被演替与水土流失关系，为区域水土流失治理和植被生态恢复提供了科技支撑，等等。他的研究工作，学以致用、研以实用，研究成果能直接指导实际生产，产生经济效益、社会效益和生态效益。

他的书稿即将出版，正逢中央大力推进生态文明建设之际。习近平总书记指出，“绿水青山就是金山银山”“绿色发展是生态文明建设的必然要求”“人类发展活动必须尊重自然、顺应自然、保护自然”“要加深对自然规律的认识，自觉以对规律的认识指导行动”“广大科技工作者要把论文写在祖国的大地上，把科技成果应用在实现现代化的伟大事业中”。党的十九大报告更是对加快生态文明体制改革，建设美丽中国和促进科技成果转化，建设创新型国家提出了明确要求。当前，我国经济发展的基本特征就是从高速增长阶段转向高质量增长阶段，我国生态建设在新时代也面临提质增效的重大考验。我想，陈存根教授的《森林·环境与管理》丛书出版正当其时，完全符合中央的大政方针和重大部署，所以予以推荐，希望广大科研人员、管理人员、生产人员和读者能从中有所启迪和收益。

是为序。

中国科学院院士
中国林业科学研究院研究员
2018年春于北京

序　二

对于陈存根先生，我是很早就结识了的。当年国家林业局直属的6所林业高等院校分别是北京林业大学、东北林业大学、南京林业大学、中南林学院、西南林学院和西北林学院，我负责北京林业大学的工作，陈存根先生负责西北林学院的工作，我们经常一起开会研讨林业高等教育发展问题。后来，陈存根先生走上从政的道路，先后在杨凌农业高新技术产业示范区管委会、原陕西省委教育工作委员会、原陕西省人事厅、原国家人事部、重庆市委组织部、重庆市人民代表大会常务委员会、中央和国家机关工作委员会等不同的岗位上工作，但我们之间的学术交流和专业探讨从未间断过，所以，也算是多年的挚友了。这次他送来《森林·环境与管理》书稿让我作序，我很高兴，乐意为之，就自己多年来对陈存根先生在创事业、干工作、做研究等方面的了解和感受略谈一二。

我对陈存根先生的第一个印象就是他创事业敢想敢干、思路广、劲头足。西北林学院是当时六所林业高等院校中建校较晚的一个，地处西北边远农村，基础设施、师资配备、科研力量等方面都相对薄弱。陈存根先生主持西北林学院工作后，呕心沥血，心无旁骛，积极争取上级部门的鼎力支持，广泛借鉴兄弟院校的先进经验，大力推动学校的改革发展。他曾多次与我深入探讨林业高等院校的学科设置及未来发展问题，在我和陈存根先生的共同努力下，北京林业大学和西北林学院开展了多方面共建与合作，极大地促进了两个学校的交流和发展。在陈存根先生的不懈努力下，西北林学院的教师队伍、学科设置、学生培养、办学条件等方面都上了一个大台阶，学校承担的国家重大科技研究项目不断增多，国际交流与合作日益广泛，整个学校面貌焕然一新，事业发展日新月异。

我对陈存根先生的第二个印象就是他干工作爱岗敬业、有激情、懂方法。这点还要从中国杨凌农业高新科技成果博览会“走向全国，迈出国门”说起。2000年初，陈存根先生已经到杨凌农业高新技术产业示范区管委会工作了，他因举办博览会的事宜来北京协调。他对我讲他要向国务院有关部委汇报，要把这个博览会办成国内一流的农业高新科技博览会，办成一个有国际影响力的盛会。当时我感到很惊讶，在我的印象中，这个所谓的博览会原来也就是农村小镇上每年一次主要只有陕西地市参加的冬季农业物资交流会，这要花多大的气力才能达到这个目标啊！但2000年11月博览会的盛况大家都看到了，不仅有十多个国家部委主办和参与支持，同时世界银行、联合国开发计划署、联合国粮食及农业组织、联合国教育、科学及文化组织和欧盟等多个国际机构参与协办，并成功举办了首届国际农业高新科技论坛，杨凌农高会不仅走出了陕西，走向了全国，而且迈出了国门，真正成了中国农业高新科技领域的奥林匹克博览盛会。杨凌——这个名不见经传的小镇，一举成为国家实施西部大开发战略、国家农业高新技术开发的龙头和国家级的农业产业示范区。这些成绩的取得，我认为饱含着陈存根先生不懈的努力和辛勤的付出！

我对陈存根先生的第三个印象就是他做研究精益求精、标准高、重实用。我应邀参加过陈存根先生指导的博士研究生的学位论文审阅和答辩工作，感受到了他严谨缜密的科研态度和求真务实的学术精神。陈存根先生带领的科研团队，对植被研究延伸到了相关土壤、水文、气候及历史人文变迁的分析，对动物研究拓展到了春夏秋冬、白天黑夜、取食繁衍等方方面面的影响，可以说研究工作非常综合、系统和全面。长期以来，他们坚持与一线生产单位合作，面向生产实际需要开展研究，使科研内容非常切合实际，研究成果真正有助于解决生产问题。近年来国家在秦巴山区实施的天然林保护工程、近自然林经营、大径材林培育，高山、亚高山脆弱森林植被带保护，黄土高原水土流失治理与植被恢复重建，以及国家级自然保护区管理和国家森林公园建设等重大决策中，都有他们科研成果的贡献。

我对陈存根先生的第四个印象就是他的科研命题与时俱进、前瞻强、创新好。1987年他留学归来就积极倡导改造人工纯林为混交林、次生林近自然经营等先进理念，并在秦岭林区率先试验推广，这一理念与后来世界环境与发展大会提出推进森林可持续经营不谋而合。他研究林木异速生长规律有独到的方法，我记得当年学界遇到难以准确测定针叶面积问题，陈存根先生发明了仅测定针叶长度和体积两个参数即可准确快捷计算针叶面积的方法，使得这一难题迎刃而解，我们曾就这一问题一块儿进行过深入探讨。他在森林生产力研究方面也很有见地，开发积累了许多测算森林生物量、碳储量的技术方法，建造了系列测算和预测模型，提出了林业数表建设系统思路，这些工作为全面系统开展我国主要森林碳储量测算打下了基础，也为应对全球气候变化、推进国际碳排放谈判、签署《京都议定书》、参与制定巴黎路线图、争取更大经济发展空间、建设人类命运共同体做出了积极贡献。当前，中央大力推进生态文明建设，推动经济发展转型和提质增效。习近平总书记强调，实现中华民族伟大复兴，必须依靠自力更生、自主创新，科学研究要从“跟跑者”向“并行者”“领跑者”转变。我想，陈存根先生在科研方面奋斗的成效，真正体现了习总书记的要求，实现了科研探索从学习引进、消化吸收到创新超越的升华。

我仔细研读了送来的书稿，我感到这个书稿是陈存根先生积极向上、永不疲倦、忘我奉献、一以贯之精神的一个缩影。《森林·环境与管理》丛书内容丰富饱满，四个分册各有侧重。《森林固碳与生态演替》分册侧重于森林固碳、森林群落特征、森林生物量和生产力方面的研究，《林木生理与生态水文》分册侧重于植被光合生理、森林水文分配效应等方面的研究，《森林资源与生境保护》分册侧重于森林内各类生物质、鸟类及栖息地保护方面的研究，《森林经营与生态修复》分册侧重于近自然林经营、森林生态修复、可持续经营与综合管理等方面的研究。各分册中大量翔实的测定数据、严谨缜密的分析方法、科学客观的研究结论，对当今的生产、管理、决策以及科研非常有价值，许多研究成果处于国内领先或国际先进水平。各分册内容互为依托，有机联系，共同形成一部理论性、技术性、应用性很强的研究专著。陈存根先生系列著作的出版，既丰富了我国森林生态系统保护的理论与实践，也必将在我国生态文明建设中发挥应有的作用，推荐给各位同仁、学者、广大科技工作者和管理人员，希望有所裨益。

有幸先读，是为序。

中国工程院院士
北京林业大学原校长
2018 年春于北京

自　　序

时光如梭，犹如白驹过隙，转眼间从参加工作到现在已经四十七个春秋。这些年，我曾在基层企业、教育科研、产业开发、人事党建等不同的部门单位工作。回首这近半个世纪的历程，尽管工作岗位多有变动，但无论在哪里，自己也算是朝乾夕惕，恪尽职守，努力工作，勤勉奉献，从未有丝毫懈怠，以求为党、国家和人民的事业做出自己应有的贡献。特别是对保护我国森林生态系统和提高森林生产力的研究和努力，对改善祖国生态环境和建设美丽家园的憧憬与追求，一直没有改变过。即使不在高校和科研院所工作后，仍然坚持指导博士研究生开展森林生态学研究。令人欣慰的是，这些年的努力，不经意间顺应了时代发展的潮流方向，秉持了习近平总书记“绿水青山就是金山银山”的科学理念，契合了十八大以来党中央关于建设生态文明的战略部署，响应了十九大提出的推动人与自然和谐发展的伟大号召。因此，我觉得有必要对这些年的研究工作进行梳理和总结，以为各位同仁做进一步研究提供基础素材，为以习近平同志为核心的党中央带领全国人民建设生态文明尽绵薄之力。

参加工作伊始，我就与林业及生态建设结下了不解之缘。1970 年，我在陕西省周至县永红林场参加工作，亲身体验了林业工作的艰辛，目睹了林区群众的艰难，感受到了国家经济建设对木材的巨大需求，以及森林粗放经营、过度采伐所引起的水土流失、地质灾害、环境恶化、生产力降低等诸多环境问题。如何既能从林地上源源不断地生产出优质木材，充分满足国家经济建设对木材的需求和人民群众对提高物质生活水平的需要，同时又不破坏林区生态环境，持续提高林地生产力，做到青山绿水、永续利用，让我陷入了深思。

1972 年，我被推荐上大学，带着这个思索，走进了西北农学院林学系，开始求学生涯。1982 年，在西北林学院张仰渠先生的指导下，我以华山松林乔木层生物产量测定为对象，研究秦岭中山地带森林生态系统的生产规律和生产力，获理学硕士学位。1985 年，我被国家公派留学，带着国内研究的成果和遇到的问题，踏进了欧洲著名的学术殿堂——奥地利维也纳农业大学。期间，我一边刻苦学习欧洲先进的森林生态学理论、森林培育技术和森林管理政策，一边潜心研究我国森林培育、森林生态的现实状况、存在的主要问题以及未来发展对策，撰写了《中国森林植被学、立地学和培育学特征分析及阿尔卑斯山山地森林培育方法在中国森林经营中的应用》博士论文，获得农学博士学位。随后，我的博士论文由奥地利科协出版社出版，引起了国际同行的高度关注，德国《森林保护》和瑞士《林业期刊》分别用德文和法文给予了详细推介，并予以很高的评价。世界著名生态学家 Heinrich Walter 再版其经典著作《地球生态学》中，以 6 页篇幅详细引用了我的研究成果，在国际相关学术领域产生了积极影响。

欧洲先进的森林经营管理理念、科学的森林培育方法和优美的森林生态环境，增强了我立志改变我国落后森林培育方式、提高林区群众生活水平和改善森林生态环境的梦想和追求。1987 年底，我分别婉言谢绝了 Hannes Mayer 教授让我留校的挽留和冯宗炜院士希望我到中国科学院生态环境研究中心工作的邀请，毅然回到了我的母校——西北林学院，这所地处西北落后贫穷农村的高校。作为学校森林生态学带头人之一，在此后的 30 多年间，我和我的学生们以秦巴山脉森林和黄土高原植被为主要对象，系统地研究了其生态学特征、群落学特征和生产力，及其生态、经济和社会功能，取得了许多成果，形成了以秦巴山地和黄土高原植被为主要对象的系统研究方法，丰富了森林生态学和森林可持续经营的基础理论，提出了以森林生态学为指导的保护方法，完善了秦巴山地森林经营利用和黄土高原植被恢复优化的科学范式。

在研究领域上，以森林生态学研究为基础，不断拓展深化。一是聚焦森林生态学基础研究，深入探索森林群落学特征、森林演替规律及其与生态环境的关系，如深入地研究了太白红杉林、巴山冷杉林、锐齿栎林等的群落学特征，分析了不同群落类型生态种组、生态位特点，及与环境因子的关系。二是在整个森林生态系统内，研究不断向微观和宏观两个方面拓展。微观方面探索物种竞争、协作、繁衍、生息及与生态环境的关系，包括物种的内在因素、基因特征等相互作用和影响，如分析了莺科 11 属 37 种鸟类的 *cyt b* 全基因序列和 *COI* 部分基因序列，构建了 ML 和 Bayesian 系统发育树。宏观方面拓展到森林生态系统学和森林景观生态学，如大尺度研究了黄土高原次生植被、青藏高原草地生态系统植被的动态变化。三是研究探索森林植被与生态环境之间相互作用的关系，如对山地森林、城市森林、黄土高原植被等不同植被类型的固肥保土、涵养水源、净化水质、降尘减排、固碳释氧、防止污染、森林游憩、森林康养等多种生态、社会功能进行了分析。四是研究森林生态学理论在森林经营管理中的应用，如研究提出了我国林业数表的建设思路，探讨了我国林业生物质能源林培育与发展的对策，研究了我国东北林区森林可持续经营问题，以及黄土高原植被恢复重建的工艺技术，为林业生态建设的决策和管理提供科学依据。

在技术路线和研究方法上，注重引进先进理论、先进技术和先进设备，并不断消化、吸收、创新和应用。一是引进欧洲近自然林经营理论，结合我国林情建立多指标评价体系，分析了天然林和人工林生物量积累的差异性，以及不同林分的健康水平和可持续性，提出了以自然修复为主、辅以人工适度干预的生态恢复策略，为当前森林生态系统修复重建提供了方法路径。二是为提高林木生物量测定精度，对生物量常规调查方法进一步优化，采取分层切割和抽样全挖实体测定技术，以反映林木干、枝、叶、果、根系异速生长分化特征。针对欧洲普遍采用的针叶林叶面积测定技术中存在的面积测定繁难、精度不高的问题，我们创新发明了只需测定针叶长度和体积两个参数即可准确快捷计算针叶面积的可靠方法。三是重视引进应用新技术，如引入了土壤花粉图谱分析技术，研究地质历史时期森林植被发展演替；引入高光谱技术、植物光合测定技术，测定植物叶绿素含量、光合速率，胞间 CO_2 浓度、气孔导度等生理生态指标，分析其与生态环境的关系，深入研究树种光合作用特征和生长环境适应性，为树种选择提供科学依据。四是引入遥感、地理信息系统等信息技术进行动态建模，创新分析技术和方法，使对高寒草地生态系统植被动态变化研究由平面空间上升到立体空间，更加生动地揭示了大尺度范围植被的动态演化特征。

在科研立项上，坚持问题导向，瞄准关键技术，注重结合生产，实行联合协作，积极争取多方支持。一是按照国家科研项目申报指南积极申请科研课题，研究工作先后得到了国家科学技术部、国家林业局、德国联邦科研部、奥地利联邦科研部、陕西省林业厅、陕西省科学技术厅等单位的大力支持，在此深表感谢。二是研究工作与生产实践紧密结合，主动和陕西省森林资源管理局、陕西太白山国家级自然保护区、陕西省宁东林业局、黄龙桥山森林公园、延安市林业工作站、榆林市林业局、火地塘实验林场等一线生产单位合作，面向生产实际需要，使我们的研究工作和成果应用真正解决生产问题。三是加强国际交流合作，先后和德国慕尼黑大学、奥地利维也纳农业大学围绕秦岭山地森林可持续经营和黄土高原沟壑区植被演替规律及水土流失综合治理等进行科技合作，先后有 7 名欧洲籍留学生来华和我的研究生一起开展研究工作。

多年的辛勤耕耘和不懈努力结出了丰硕成果，我们先后在国内外科技刊物上发表或出版学术论文（著）千余篇（部），《中国针叶林》（德文，1999）、《中国黄土高原植物野外调查指南》（英文，2007）等论著相继出版，国际科技合作和学术交流渠道更加通畅。研究成果大量应用于生产实践，解决了生产中许多急需解决的难题，产生了很好的经济效益、社会效益和生态效益。例如，对华山松林、锐齿栎林等主要用材树种生产力的深入研究，为培育大径材、优质材林分，提高森林经济功能、生态功能提供了坚实的技术支撑。对秦岭主要植被类型群落学特征、生态功能和经营技术的研究，为国家在秦巴山脉实施天然林保护工程，发挥其涵养水源功能提供了强有力的理论支撑。对高山、亚高山森林植被的研究，为天然林保护、国家级自然保护区管理和国家森林公园建设提供了充分的科学佐证。对黄土高原植被演替与水土流失关系的研究，为区域水土流失治理和植被生态恢复提供了科学理论和生产技术支撑，等等，这里就不一一枚举。卓有成效的国际学术交流合作也促进了中国、奥地利两国之间友好关系的发展，2001 年奥地利总统克莱斯蒂尔先生访华时，我作为特邀嘉宾参加了有关活动。

抚摸着每一份研究成果，当年自己和学生们一起开展野外调查的场景历历在目。当时没有便捷的交通工具，也没有先进的导航仪器，更没有防范不测的野外装备，我们爬陡坡、淌急流，翻山越岭、肩扛背背，将仪器设备、锅碗瓢勺以及帐篷干粮等必需物资运入秦巴山脉深处。搭帐篷、起炉灶，风餐露宿，一待就是数月，进行野外调查。为调查林分全貌和真实状况，手持简易罗盘穿梭密林深处，常常“远眺一小沟，抵近是悬崖”，不慎跌摔一跤，缓好久才爬起来，拄根树枝继续前行。打植被样方，挖土壤剖面，做树干解析，全是手工作业，又脏又累，但绝不草率马虎，始终精细极致。为测定植被生物量和碳储量，手持简陋笨拙的农用工具，伐树、刨根、分类、称重、取样，挥汗如雨，却也顾不得衣服挂破扯烂和手掌上磨出血泡的疼痛。为监测森林水文，顶着大雨疾行抢时间，赶赴森林深处测量林分径流。为观测森林野生动物，悄然进入人迹罕至处，连续数日守望观察。这些野外调查长年累月、夜以继日，每次都是为了充分利用宝贵外出时间，天未亮就做准备工作，晨光熹微已到达现场，漫天繁星才收工返回。头发湿了，上衣湿了，裤子湿了，鞋子湿了，也辨不清挂在额头的是汗水、雾水，还是雨水、露水。渴了，捧一掬山泉，饿了，啃一口馒头，晚上回到营地时，已饥肠辘辘、疲惫不堪，还要坚持整理完一天所采集的全部数据和样本。伴随这些的，是蚊群的围攻、蚂蟥的叮附、野蜂的突袭、毒蛇的威胁，以及与野猪、黑熊、羚牛等凶猛野生动物的不期遭遇。但是，当获取了第一手宝贵的数据，所有的紧张与忙碌、艰辛与疲惫、疼痛与危险，都化作内心深处丝丝的甜蜜、欣慰和喜乐。个中酸甜苦辣，也唯有亲历者方能体会。

这次是对以往研究的主要成果进行汇编，虽然有些文章发表时间较早，但依然不失学术价值，文中大量翔实的测定数据、严谨缜密的分析方法、科学客观的研究结论，对当今的生产、管理、决策以及教学科研仍有参考和借鉴价值，许多研究成果依然处于领先水平。所以，将文章整理编辑成册，方便有关学者、研究人员、管理者、生产者查阅，这既是对我们研究工作的一个阶段性总结，同时，多少能够发挥这些研究成果的作用，造福国家和人民，也是我长久以来的心愿。

本丛书以《森林·环境与管理》命名，共收录论文106篇，总字数150万字。按研究内容和核心主题的侧重点不同，我们将其编辑为四个分册。第一分册为《森林固碳与生态演替》，共收录论文23篇，主要侧重森林固碳、群落特征刻画以及生物量积累和生产力评价方面的研究；第二分册为《林木生理与生态水文》，共收录论文20篇，主要侧重植被光合生理和森林水文分配效应等方面的系统研究成果；第三分册为《森林资源与生境保护》，共收录论文34篇，主要侧重介绍森林内各类生物质能源和鸟类栖息地及其保护的相关研究成果；第四分册为《森林经营与生态修复》，共收录论文29篇，主要介绍与近自然林规划设计、生态修复策略、森林可持续经营与综合管理等有关的研究成果。四部分册有机联系，互为依托，共同形成一部系统性和针对性较强、能够服务森林生态系统经营管理的专业丛书。

本丛书的出版发行得到了科学出版社的大力支持，以及中国林业科学研究院专项资金“陕西主要森林类型空间分布及其生态效益评价”（CAFYBB2017MB039）的资助，同时得到该院惠刚盈研究员的大力支持和热情帮助。本丛书的编辑中，我的研究生龚立群、彭鸿等37位学生给予了大力协助，白卫国、卫伟不辞劳苦，做了大量琐碎具体工作。正是学生们的通力协作，本丛书最终得以成功出版，在此一并予以衷心感谢。但限于时间仓促，错讹之处在所难免，恳请各位同仁不吝赐教、批评指正。

陈存根

2017年底于北京

前　言

森林作为陆地生态系统的主体，是人类和动植物赖以生存的重要生境，关乎生命和生存质量。在当今全球自然资源趋于枯竭、生态环境日益恶化的大背景下，充分发挥森林特有的资源优势和生态效益，不断满足人类社会对森林产品的需求，保障和提高人与自然的和谐关系成为时代发展的必然选择。而科学有效的森林经营和生态修复不仅是实现林业可持续发展的基本途径，也是国家生态文明建设中的重要一环。

本册主题为森林经营与生态修复，共收录论文 29 篇，根据论文主题和研究内容，主要包括林业系统的管理模式和技术体系建设、先进森林可持续经营理念和技术体系在不同地区的应用案例、森林管理和生态修复的效益讨论以及森林管理体系的发展比较与展望等几个方面的核心内容。相关研究方法主要涉及社会调查、文献整理、模型模拟、统计监测、野外试验和实地踏查等，重点聚焦森林生态修复过程中的突出问题，集中研究了森林管理模式、技术体系的综合效益，为提高认识、明确思路、优化技术和完善体系建设等提供理论依据，推进林业管理和先进技术在实践中落地。

本册从森林可持续利用和生态修复的角度，得到了以下重要结论。首先，森林管理不能停止在简单的再生产要求上，要推进森林管理技术体系的科学合理发展。其次，在现有林学技术和集约经营的条件下，林木生长量和收获量可以逐步提高，依靠先进技术打破粗放经营的生产水平和管理局面。再次，从保持森林生态环境及发挥森林资源多重效益来看，森林资源的可持续利用需要从人工干预转向自然修复为主，进而利用并充分发挥森林的内在生长规律，促进森林资源经济效益、生态效益和社会效益的协调发展，达到人与自然的和谐。最后，不同地区森林资源管理模式和理念需要因地制宜、与时俱进，既要不断扩大森林资源，又要持续发挥森林资源的多重效益。

本册内容由我及我的多名研究生、合作者共同完成，在此谨向所有参与者和贡献者表达诚挚谢意。希望本书能为从事森林管理、林业技术、自然地理、景观生态等领域的工作者提供参考，也期望能为我国森林资源管理、生态修复、区域可持续发展和国家生态文明建设提供依据。但限于时间和作者水平，疏漏乃至错讹之处在所难免，还望读者批评赐教。

陈存根

2018 年 1 月于北京

目　录

陕北沙区护田林造林经验的初步调查*

陕西省林业研究所沙区农田防护林组
（陈存根教授主笔）

陕北沙区属毛乌素沙漠一部分，总面积 2875 万亩①，包括定边、靖边、横山、榆林、神木、府谷等县长城以北和以南部分地区。

该区属于草原季风型气候。年平均温度 8℃，1 月平均温度-11～-9℃，7 月平均温度 22～24℃。绝对最高温度 40℃，绝对最低温度-32.7℃。无霜期 150～178 天。土壤冻结期 10 月下旬至翌年 4 月上中旬，冻土最深 120cm。降水自东向西递减，介于 350～450mm，60%集中在 7～9 月。冬春干旱，连续旱日 50 天以上。年蒸发量 1800～2500mm。最大风力 11 级，5m/s 以上的起沙风，平均每年 220～592 次，风沙日 60～90 天。

该区地带性土壤：长城及榆定公路以南属黑垆土带；北部属粟钙土带和流动风沙土，间有盐碱土、草甸土和泥炭土。地下水位：河谷滩地 0.5～3m；南部黄土及基岩梁地 10～30m。矿化度由东向西逐渐升高，多在 0.1～0.5g/L 和 0.5～10g/L。

沙区群众响应毛主席“绿化祖国”的伟大号召，在根治沙害斗争中，摸索大自然的规律，实行科学种树，造林面积逐年扩大，全区成林面积 300 多万亩，沿长城营造的 300km 防沙林带，正在逐渐连接起来，沙海中出现了 52 个 5000 亩以上的林网绿洲。大面积营造防护林，有效地抵御了风沙，促进了农牧业发展。为了总结群众造林经验，加速绿化步伐，笔者于 1975 年 4～5 月和 1977 年 4～5 月赴神木、榆林、靖边、定边 4 县对护田林造林技术进行了调查，并做了部分补充试验，现将资料汇总，初步整理如下。

1 树种选择

陕北沙区护田林树种以旱柳、合作杨类（包括群众大关杨）、欧美杨类（包括西十加杨）、北京杨和小叶杨栽培最为普遍。

这些主要树种耐旱、耐碱、耐水湿、耐瘠薄的特性不同，对各种土壤的适应性差别较大。为了进一步了解这些主要树种的特性，做到适地适树，着重调查了旱柳、合作杨、欧美杨、北京杨和小叶杨 5 个树种在不同立地条件下的长势情况，并采集土样进行分析，

* 原载于：陕西林业科技，1977，（5）：1856-1871.

① 1 亩≈666.7m^2。

初步看出一些规律（表 1）。

表 1　各种树木对立地条件的生长反应

编号	立地条件	质地	地下水位（m）	pH	全盐量（%）	有机质（%）	水解氮（ppm）	速效磷（ppm）	树种	树龄（年）	成活率（%）	平均高（m）	平均胸径（cm）	生长势
1	碱滩	砂壤	1.0	9.97	1.62	0.65	20.2	11.0	旱柳	3	21	0.99	1.1	衰弱枯死
2	干旱滩地	中壤	3.5	8.55	0.63	0.56	94.2	22.6	旱柳	9	—	8.5	16.5	旺盛
3	下湿碱滩	重壤	0.3	8.85	0.15	1.93	27.5	23.6	旱柳	16	80	4.7	33.2	旺盛
									合作杨	4	85	3.6	2.8	衰弱
									北京杨	4	10	2.9	1.9	衰死
4	下湿碱滩	紧砂	0.5	8.54	0.07	0.27	13.1	11.1	合作杨	4	—	2.8	4.9	一般
									北京杨	4	—	2.4	3.6	衰弱
									欧美杨	4	—	2.4	4.4	衰弱
									小叶杨	14	—	2.1	3.1	果树状
5	农田	砂壤	0.6	8.33	0.05	0.41	12.2	7.1	合作杨	5	—	7.0	8.6	旺盛
									北京杨	5	—	6.3	6.7	较旺盛
									欧美杨	5	—	6.2	6.7	较旺盛
6	农田	紧砂	0.8	8.62	0.07	0.74	13.6	18.6	合作杨	5	—	7.7	8.4	旺盛
									北京杨	5	—	8.5	8.6	旺盛
									欧美杨	5	—	8.2	9.9	旺盛

注：1 号栏内平均高为 1974 年萌发的 3 年生新梢，径为新梢根径。3 号栏内旱柳平均高为 1975 年萌发出的 2 年生新梢，成活率为保存率。

从表 1 的 2、3 栏可以看出旱柳具较强的抗旱、抗水湿、抗盐碱的能力。合作杨在 3 号立地条件下长势明显衰弱，北京杨则发生衰死。在 4 号立地条件下，合作杨能够生长、而北京杨、欧美杨长势衰弱，小叶杨则呈果树状。可以认为，合作杨对水湿、盐碱的抗性次于旱柳，但比北京杨、欧美杨、小叶杨要强。从 5 号和 6 号两栏对比可以看出，北京杨、欧美杨喜水肥，在水肥条件好，盐碱化程度低的土壤上，可发挥其速生的生长特性，而合作杨相对来讲则较抗瘠薄，在 5 号立地条件下，长势仍然很好。

旱柳的抗旱特性，在 2 号栏内已得到说明。据笔者在榆林县红墩大队调查，在干旱的梁峁上合作杨长势也很健旺，枝叶繁茂。小叶杨抗水湿、盐碱的能力较差，对干旱反应敏感，据榆林地区林业局 1960 年调查，在地下水位较高，水质较好，有一定肥力的沙地上，生长才表现良好（表 2）。

表 2　小叶杨在不同水深度的沙地生长情况

地下水深度	平均生长量（cm）	
	高生长	根径
1～2m	83	1.33

续表

地下水深度	平均生长量（cm）	
	高生长	根径
3～5m	79	1.24
5m 以上	59	1.10

与其他品种杨比较，小叶杨生长缓慢，作为护田林树种是不适宜的。

综上所述，这 5 个主要树种的抗性：旱柳>合作杨>欧美杨>北京杨、小叶杨。造林时，在表 1 中 2 号和 3 号立地条件下可选用旱柳；在 4 号和 5 号立地条件下，可选用合作杨；在 6 号立地条件下，可大力营造北京杨和欧美杨。

2 土壤改良

陕北沙区土壤复杂，给造林成活造成一定困难，沙区广大群众坚持改土造林，加速绿化步伐，取得显著效果。土壤改良方法有如下几方面。

（1）下湿碱地改良

下湿盐碱地地下水位高，盐碱重，地温低，土壤通气不良，不利于树木成活生长，对这类土壤改良主要采取以下方法。

1）挖壕排水。按照林网规划，距林缘 1m 远处，与林带平行挖宽 1.5m，深 1m 的排水大壕，排除碱水。

挖壕排水在下湿滩地造林非常重要，据 1977 年 5 月在榆林县蟒坑大队调查，在同一林地上，挖壕排水改良土壤后造林成活率达 98.6%，不挖壕的成活率仅 33.0%，并且生长差异较大（表 3）。

表 3 挖壕排水对树木生长的影响（1977 年 5 月调查）

地类	地下水位（cm）	改良措施	造林时间	树种	平均树高（m）	平均胸径（m）	生长势（cm）		
							1974 年新梢	1975 年新梢	1976 年新梢
下湿滩地	30	挖 1.5m 宽排水壕	1973 年 4 月	北京杨	4.6	4.2	50	75	40
下湿滩地	30	挖 1.5m 宽排水壕	1974 年 4 月	北京杨	3.1	2.3	9	5	15

挖排水壕和不挖排水壕，对土壤改良作用影响很大，对榆林县马合大队排水与不排水的土壤分析结果，可以明显看出这个作用（表 4）。

表 4 排水改良土壤的作用（1975 年 5 月分析）

土壤	排水措施	地下水位（cm）	pH	有机质（%）	水解氮（ppm）	速效磷（ppm）	总盐量（%）
下湿碱滩	挖 1.5m 宽排水壕	80	8.74	1.04	39.4	54.7	0.11
下湿碱滩	未挖	30	8.85	1.93	27.5	23.6	0.15

由表4看出，挖壕排水后地下水位、pH、含盐量都明显降低。因而，相应地也改良了土壤通气状况，提高了地温，加速了有机质的分解过程。使土内氮、磷含量增大。由此可以肯定，挖壕排水是改良下湿碱滩的有效措施。

2）碱地压砂。榆林县蟒坑大队在碱地造林时，在地面铺沙4寸[①]，改良土壤，造林保存率高，生长快（表5）。

表5　碱地压沙对造林成活及生长的影响（1977年5月）

土壤	改良措施	造林时间	树种	保存率（%）	平均树高（m）	平均胸径（m）
碱地	铺沙4寸	1973年4月	小叶杨	84.0	4.8	7.7
碱地	未铺沙	1971年4月	小叶杨	15.0	4.2	6.3

通过压沙，减少土壤水分蒸发，制止了泛碱，降低了土壤的盐碱含量和pH（见表6），造成了有利于树木生长的条件，从而保证了造林成活和树木生长。

表6　压沙对土坡盐碱含量的影响

土壤	改良措施	pH	SO_4^{2-}(%)	Cl^-(%)	HCO_3^-(%)	CO_3^{2-}(%)	全盐量（%）
碱地	压沙4寸	8.51	0.33	0.01	0.05	0	0.08
碱地	未压沙	8.64	0.42	0.05	0.11	0.01	0.29

3）掏碱换土。栽树前挖成大穴，掏去穴内碱土，填入好土。神木县渡口大队，过去在碱地造林不换土，均失败。1974年以来，采用掏碱换土，成活率稳定在80%以上。榆林县补兔大队在碱地造林时，沿定植行挖3尺[②]宽，1.5尺深的壕，再在壕内挖穴，穴深1尺左右，直径1.5尺，然后将树用好土定植穴内，踏实，留壕拦截流沙，借以压碱。用这种方法造林，成活率稳定在90%以上，树木长势良好。

4）开壕蓄沙。针对风沙流动的特点，榆林县马合大队在碱地造林时，于先年春季沿定植行开1m深，1m宽的大壕，拦蓄流沙，翌年春季在壕内积沙上造林。1971年该大队第6小队应用此法栽植柳干320根，成活率达95%，在未改良的碱地上栽植柳干，成活率仅20%左右。

（2）草甸土深翻

草甸土群众也叫草皮地。这类土壤草本植物生长旺盛，土内草根错节，土壤结构紧，造林成活比较困难。神木县瑶镇公社过去在这种地上造林很少成活，成活者长势也极为衰弱，现在广大群众采用先年伏翻和秋翻，并清除杂草和草根，保证了栽树的成活和成林。

（3）泥炭土渗沙

泥炭土群众也叫马粪土、沙炭。这类土壤有机质含量多，但由于多分布在地下水位高的地方，土壤结构不良，透气性差，有机质不易分解，苗木栽植后成活困难。神木县窝兔采当大队在泥炭土上造林时，先挖成大穴，然后把泥炭土和沙子用1∶1的比例混合填入，成活率达80%以上。榆林县补兔大队过去在泥炭土上造林全部死亡，之后采用掺

① 1寸≈0.033m。
② 1尺≈0.33m。

沙填穴的办法造林，保存率达到95.3%，而且长势旺盛（表7）。

表7　泥炭土掺沙造林树木生长情况（1977年5月）

土壤	改良措施	树种	造林时间及方法	高生长量（m）	年平均高生长（m）
泥炭土	掺沙	旱柳	1975年5月插干	2.42	1.21
泥炭土	掺沙	加杨	1973年4月植苗	4.10	0.82
泥炭土	掺沙	北京杨	1973年4月植苗	4.62	0.92
泥炭土	掺沙	合作杨	1973年4月植苗	5.02	1.00

注：高生长量为植后新梢生长量。

改良后的泥炭土造林成活率高，生长旺盛，主要是掺沙改善了土壤通气状况，有利于有机质分解，使土壤结构得到了改良的缘故。

（4）沙地掺土

沙地风蚀严重，土壤结构差，直接造林成活率不高。神木县起鸡河浪大队过去在沙地营造防护林，未采取改良措施，成活率仅20%左右。后来造林实行大穴栽植，将沙子与土混合填穴，改良了土壤，防止了风蚀，使成活率提高到90%左右。榆林县红墩大队近几年沙地造林也采取掏穴换土，造林成果比较显著。

3　选苗标准及假植方法

（1）苗木来源

从外地调苗造林与就地育苗造林成活率相差颇大。在榆林县补兔大队调查，就地育苗比外地调苗造林成活率高73.9%（表8）。

这种情况在沙区各地都有。成活率降低的主要原因是长途运输，苗木失水过多。就地育苗就地造林，缩短了苗木失水过程，从而保证了苗木质量，成活率大大提高。今后应大力提倡就地育苗，反对大调大运。

表8　就地育苗与外来苗造林成活比较

树种	苗木来源	造林时间	栽植株数（株）	成活株数（株）	成活率（%）
合作杨	1971年自育	1972年4月	35 000	32 000	91.4
合作杨	外地调入	1969年4月	20 000	3 500	17.5

（2）苗木大小

沙区群众在护田林造林生产中多选用一年生根蘖苗造林。这类苗一般高2m以上，径粗1.5cm左右，比一年生扦插苗健壮、高大、木质化程度高。选用这类苗木造林有以下优点。

1）免遭冻害和风干。陕北沙区冬季寒冷多风，木质化程度差的小苗，极易冻干。林县蟒坑大队1976年栽植林带选用2m以上的粗壮大苗，成活率达97%，无一株干梢，同年栽植的1m左右小苗，成活率降到85%，且越冬干梢率达75%。经调查，在沙区低湿严寒的湖盆滩地区，小苗冻干现象更为普遍。

2）少受破坏。栽植大苗，容易保护，而小苗则易遭人畜危害。榆林县蟒坑大队过去在人畜过往频繁的地方栽植小苗，屡遭破坏。近年来选用大苗，一次造林，一次成林。

3）能够深栽。在干旱沙区造林，适当深栽可提高成话，选择大苗就能满足深栽的要求，而小苗则受到限制。

（3）假植方法

针对陕北沙区冬季干旱多风的特点，榆林县牛家梁林场多年坚持沙埋假植，对保证苗木质量起到很好的作用。

沙埋假植是起苗前于沙丘背阴处选择假植坑，坑深沿坡面 80cm，长短视苗木多少而定。假植坑挖好后将出圃的苗木梢朝南、根朝北沿坑壁倾斜单摆，摆好后在苗干上覆湿沙 1～2 寸，压实。后在其上又依前法放置苗木，覆沙压实，依次类推。覆沙要埋住整个苗木，严防苗干裸露。假植完后在其上覆草，防止风蚀。

此法与成捆埋根假植比较，保水效果好，越冬后背干鲜绿，苗根水嫩。古城滩林场采用沙埋法假植苗木，栽前不需浸水，成活率在 90%以上。而春季起苗，栽前成捆埋根假植，不浸水造林，成活仅 65%。由此可见，沙埋假植好，应大力推广。

4 苗木处理及栽植深度

陕北沙区干旱多风，苗木极易风干失水，对生根发芽影响很大。为了保证苗木体内有足够的水分，促使其早生根、多生根，提高成活率，广大群众在生产中实行抗旱造林，其方法如下。

1）浸根。春季造林前，将苗根放在流水中浸泡，使其充分吸水，随栽随取。这种办法在沙区应用比较普遍。神木县窝兔采当大队 1971 年春季用这种方法栽植 10 华里[①]林带，比未浸泡的树苗提前 10 天左右发芽，其中 7 华里成活率 100%，保存率 98%。

通过对假植杨树苗所作吸水测定，一般浸泡 4 天，体内水分就可达到饱和。合作杨吸水率为 11.2%，北京杨为 11.7%。浸泡时间过长，苗根腐烂，反而影响成活率。神木县窝兔采当大队 1973 年春，把 7000 株杨树放在水中浸泡 9 天，根际霉烂，成活率仅 20%。

2）蘸泥浆。此法见于定、靖干旱地区。栽前将苗根在稀泥浆中蘸一层泥浆，以促进生根发芽，提高成活率。靖边县梁镇公社在干旱缺水的梁峁沙地造林，采用苗根浸水蘸泥浆的办法，造林成活率在 70%以上，而未用此法者成活率显著降低。定边县长城林场也有相同经验。

3）剪除残根。其方法是于造林前，剪除霉根和过长的须根。榆林县补兔大队 1973 年春栽植 4 万株杨树，浸泡剪根，成活率达 95%以上，同年栽植未浸水剪根的 2 万株杨树，成活率降低 20%左右。

剪除残根是否具促进成活作用？1977 年春季在榆林县红墩大队用新疆杨做剪根试验，栽后 35 天调查，生根情况见表 9。

① 1 华里=500m。

表 9　植前剪除残根对生长的影响

树种	处理方法	栽植天数	新伤口生根数	老伤口生根数	其他部位生根数
新疆杨	栽前剪除霉根、过长根直到新鲜组织	35	35	21	21
新疆杨	无	35	—	16	16

从表 9 可知，做过剪根处理的生根多，主要是造成了新的伤口，经刺激形成愈合组织，利于生根的缘故。

经过假植和浸水的苗木，根尖不同程度发生干缩霉坏，剪除坏死组织和栽植易发生卷窝的长根，无疑对生根成活具促进作用。

4）栽植深度。群众造林经验证明，适当深栽，可大大提高成活率。榆林县小纪汉林场 1967 年在沙地植杨，栽深 30cm 左右，成活率 60%；1974 年在同样地上植杨，栽深 50cm，成活率提高到 90%以上。在干旱的定、靖地区，适当深栽效果尤为显著。靖边县柳桂湾林场在造林时先铲去干沙，后在湿沙上打穴，栽深 50cm，先填湿土后填干土，造林成活率稳定在 80%以上。

深栽是抗旱造林的一个有效措施。榆林地区林业局对沙地水分的调查表明，水分总趋势是随沙层加深而含水率升高。沙丘迎风坡 1/2 处，沙层 0～70cm 含水率为 2%～3%，70～200cm 含水率为 3%～4%，200～300cm 含水率为 4%～5%，丘间低地 0～10cm 含水率为 7%，300cm 含水率为 20%左右。深栽水分状况好，根部吸水面积大，有利成活。

栽植深度以多少为最合适?笔者在榆林县红墩大队进行了栽植深度实验，植后 35 天的调查情况见表 10。

表 10　沙地栽植杨树深度对生根的影响

树种	生根部位	生根数		
		植深 40cm	植深 60cm	植深 80cm
合作杨	干部	0	1	0
	根部	69	71	78
北京杨	干部	18	27	10
	根部	35	39	34
西十加	干部	7	25	30
	根部	25	49	23

从表 10 可以看出，以 60cm 根部、干部生根最多。生根呈这种现象，初步分析是水分和地温这两个因素影响所致。据榆林地区气象站观测，同期 40cm 地温为 10.9～12.7℃，80cm 地温为 9.5～10.5℃。40cm 地温高，但水分状况较差，80cm 水分状况较优，但地温低，60cm 介于两者之间，故生根最多。所以在陕北沙区栽植深度以 60cm 左右为宜，过深过浅都不利于生根成活。

5）保证栽植深度的措施。往往在大面积生产中由于种种原因不能保证适宜的栽植深度，横山县二石磕林场在生产实践中创造的“灰线定深”较好地解决了这一问题。其方法是，造林前将造林的苗木根部整齐平放，按苗根入土深度用装有白灰或煤灰液的水壶在苗干上划一深栽记号，造林后看记号是否入土，借以检验栽深质量。该场采用此法，保证栽植深度，取得良好效果。

5 混交造林

陕北沙区护田林以杨、柳纯林为多，有些纯林由于土壤瘠薄，树木栽植 4～5 年以后，生长势减弱，叶色变黄，甚至出现干梢。为了解决这一矛盾，除采取其他培栽措施外，近年来提倡乔灌混交，以改良土壤的伴生灌木，促进乔木生长。目前小面积栽植的有沙柳和杨树混交、酸刺和杨树、酸刺和柳树混交、紫穗槐和杨树混交。

（1）沙柳、杨树混交

采这种混交形式营造的护田林，由于沙柳根系发达，水分养分竞争力强，对乔木生长影响很大。1977 年 5 月，对榆林县蟒坑大队两块林地进行了调查（表 11）。

表 11　混交林乔木与纯林乔木生长比较

类型	树种	造林时间	平均高（m）	平均胸径（cm）
沙柳、杨树混交	杨树	1972 年 4 月	4.5	4.1
纯林	杨树	1972 年 4 月	6.5	10.2

从表 11 可以看出，混交林内杨树比纯林杨树生长显著缓慢。定边县长城林场较大面积的沙柳、杨树混交林中杨树多为小老头，长势极衰。靖边县沙石峁林场也有类似情况。可见，沙柳作为杨树伴生树种是不适宜的。

（2）酸刺、杨树混交和酸刺、旱柳混交

酸刺和杨树混交营造的防护林对杨树生长的促进作用非常明显。1977 年 5 月，对榆林县小纪汉林场护田林和护路林进行了调查（表 12）。

表 12　酸刺混交林与纯林乔木生长比较

林种	类型	树种	树龄（年）	平均高（m）	平均胸径（cm）	生长势（cm）		
						1974 年新梢	1975 年新梢	1976 年新梢
护田林	纯林	斯大林工作者	4	2.3	1.6	16.3	9.0	24.7
护田林	乔灌隔行混交	斯大林工作者	4	2.9	2.0	16.7	18.8	58.2
		酸刺	4	1.5	—	—		
护路林	纯林	小叶杨	11	3.8	4.5	—		
护路林	乔灌株间混交	小叶杨	11	6.3	11.8	—		
		酸刺	11	1.5	—	—		

从表 12 可以看出，无论株间混交还是行间混交，乔木生长都比纯林乔木快，长势旺盛。防护林如此，混交用材林也是如此（表 13）。

表 13　旱柳和酸刺混交林与纯林乔木生长比较（1977 年 5 月靖边沙石峁）

林种	类型	树种	平均高（m）	平均胸径（cm）	枯梢率（%）
用材林	混交	旱柳	0.57	0.64	0
用材林	纯林	旱柳	0.40	0.48	47.80

从表 13 可知，混交林内，旱柳生长量大，无枯梢，而纯林则缓慢，并严重枯梢。

在酸刺灌木固沙林内，带状伐，选用杨树更新，也取得良好效果。靖边县沙石峁林场生产证明，在沙地酸刺灌木林内，带状伐后选用杨树更新，比沙地植杨成活率高，生长势旺盛（表 14）。

表 14　酸刺林带状伐植杨与沙地植杨成活生长比较（1977 年 5 月）

林地	树种	造林时间	成活率（%）	平均高（m）	平均胸径（cm）	生长势（cm）	
						1975 年新梢	1976 年新梢
酸刺林	合作杨	1975 年 4 月	92.0	2.9	1.6	30	85
沙地	合作杨	1975 年 4 月	68.0	2.1	1.0	30	3

表 14 调查结果证明，酸刺在陕北沙区作为伴生树种和固沙改土的先锋树种都是适宜的。

酸刺对乔木生长的促进作用，首先在于它和乔木树种根系的合理分布。由图 1 中可以看出：酸刺为浅根系，根多分布在地表 30cm 深的土层内。而小叶杨为深根系，根系主要分布在土层 20cm 以下。尽管酸刺萌蘖串根严重，但这种合理的根系分布使得它们之间不易发生水分、养分竞争，提高了土壤利用率，双方都得到充分发育。

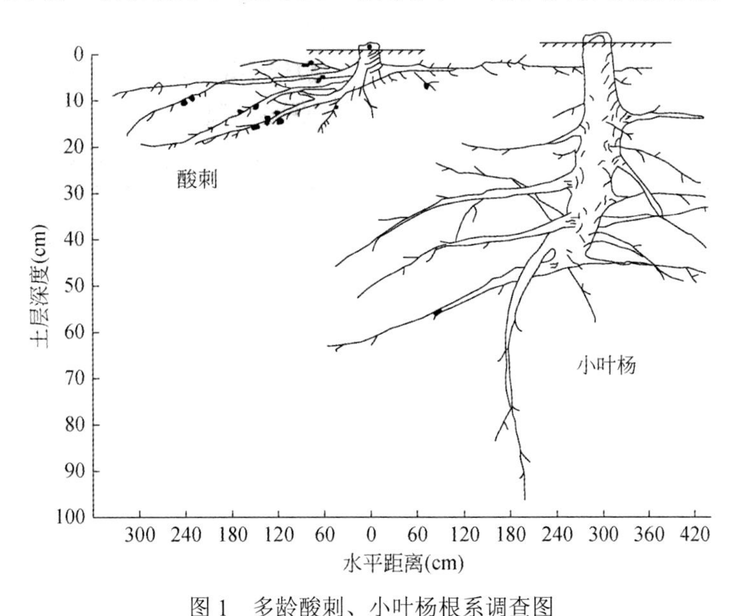

图 1　多龄酸刺、小叶杨根系调查图

根系分布是一个因素，但主要的还是酸刺具有良好的改土作用。据靖边县沙石峁林场过去调查，酸刺根瘤的固氮能力甚至比豆科花棒要强（表 15）。

表 15　酸刺根瘤与花棒根瘤比较

树种	根瘤附生根粗（cm）	单个根瘤体积（cm^3）
酸刺	0.1～0.67	0.3～4.5
花棒	0.030	0.001

酸刺的根瘤，繁多而且大，极利于土壤内氮素积累，加之枝叶繁茂，枯枝落叶大大增加了土内腐殖质含量。

对靖边县沙石弃林场沙地酸刺小叶杨混交林和沙地小叶杨纯林做土壤分析，可以看出，酸刺改良沙地的效果非常明显（表 16）。

表 16　混交与纯林土壤养分比较

类型	土壤	有机质（%）	水解氮（ppm）	速效磷（ppm）
酸刺×小叶杨	紧沙土	2.74	62.40	56.80
小叶杨	松沙土	0.10	13.10	39.40

酸刺不仅可提高土壤肥力，而且具有改良盐碱的作用。对靖边县沙石澎林场低湿盐碱地 25 年生酸刺、旱柳混交林和旱柳纯林土壤分析充分说明了这个作用（表 17）。

从表 17 可以肯定，在陕北沙区瘠薄沙地和低混盐碱地选用酸刺作为先锋树种或伴生树种与乔木混交是较理想的，应大力提倡这种混交形式。

表 17　混交林与纯林林地土壤分析比较

类型	土壤	pH	有机质（%）	水解氮（ppm）	速效磷（ppm）	SO_4^{2-}（%）	Cl^-（%）	HCO_3^-（%）	CO_3^{2-}（%）	全盐量（%）
酸刺、旱柳混交	下湿碱滩	8.32	1.72	37.50	37.50	12.40	0.04	0.01	0	0.10
旱柳	下湿碱滩	9.85	0.37	5.10	32.80	0.10	0.01	0.26	0.03	0.32

（3）紫穗槐、杨树混交

由于生产上近几年才开始营造紫穗槐，所以混交对乔木的促进作用还不明显。从调查中发现，在混交造林中，紫穗槐造林的时间对紫穗槐生长发育影响很大（表 18）。

表 18　混交同时造林与不同时造林对灌木生长的影响

树种	造林时间及与乔木混交情况	抚育措施	平均高（m）	平均地径（cm）	分蘖枝（个）
紫穗槐	1973 年 4 月和杨树同时造林	未平茬	1.8	2.2	3.8
紫穗槐	1974 年 4 月在林网内补植	平茬一次	0.6	0.7	3.0

补植不仅高径生长极慢，分蘖枝少，而且成活率极低。榆林县小纪汉林场长海则工区在4龄杨树林内混交紫穗槐，成活者寥寥无几，幸存者也不发旺，当年新梢仅5cm。分析造成这种情况的主要原因是林内光照差，紫穗槐对水分、养分竞争力弱，因之成活率低，生长较差。可见，紫穗槐与乔木混交，同时造林是保证其成活成林的重要因素。据群众反映，其他灌木树种也有类似情况。

6 扦插造林

扦插造林是陕北沙区应用比较普遍的一种造林方法。生产实践证明，扦插造林的好处有三点。

1）直接用插穗或树干造林，不需经苗圃培育，加速了绿化步伐。定边地区大面积旱柳防沙林带都是用此法营造的。

2）扦插的种条较大，体内养分储存多，萌生的苗条健壮。定边县群众反映，选取2年生加杨根蘖苗条，截成50cm长的插穗在农田里营造林网。当年萌条高达1.5m以上，而圃地加杨育苗当年仅1m左右（圃地管理较粗放）。

3）沙区植苗，苗木一般需经1～2年缓苗，才能恢复正常生长。而扦插造林则没有缓苗期。

据在定边县调查，扦插造林如果得法，其生长速度超过植苗造林（表19）。

表19　扦播造林与植苗造林生长比较（1977年5月）

树种	造林时间	种苗规格	平均高（m）	平均地径（cm）
小叶杨	1973年4月	2年生根蘖苗插穗	2.7	4.5
小叶杨	1973年4月	2年生苗木	2.4	4.0

扦插造林因插条细长短不一，分为插条造林和插干造林。插条造林俗称埋“地栽子”，多见定、靖滩地，插杆造林俗称插“高干栽子”，近年以榆林为多。

（1）插条造林

插条造林场、柳树都可采用。定边县应用此法在旱地营造加杨、旱柳混交林带，9年生加杨平均高8.76m，胸径16.0cm；旱柳平均高8.45m。胸径16.5cm，长势旺盛，没有枯梢。

1）整地：造林地要于先年夏、秋深翻，蓄水保墒，熟化土壤。定边县下阎门大队1966年在熟茬地扦插营造杨、柳护田林成活率很高，在生地上随打坑随造林全部死亡。所以提前整地是保证插条造林成活的主要措施。

2）插穗选择、规格及处理：插穗来源不同，造林成活及生长差异很大（表20）。

表20　插穗来源对造林成活及生长的影响（定边县1977年5月）

树种	插穗来源	造林时间	保存率（%）	平均高（m）	平均胸径（cm）	生长势
旱柳	根蘖苗条	1969年4月	81.4	7.4	8.7	旺盛
旱柳	树枝条	1971年4月	16.7	2.8	4.3	衰弱

注：树枝条不是平均胸径，而是平均地径。

可见，根蘖苗条做插穗比树干枝条做插穗成活生长要好。

根蘖苗条以2年生为好。1年生苗条发育不够充实，3年生则苗条过粗，树皮老化，影响生根成活。

造林前选取2年生根蘖苗条，截成50cm长的插穗，放入流水中浸泡2～3天，增加含水量，满足其生根发芽期间对水分的需要。定边县长茂滩林场实验，插穗浸水可提高成活率10%左右；如不浸水，应随采随截随插，免得失水影响成活。

3）栽植季节及方法：春、秋两季都可造林。秋季于上冻前造林，将插穗埋入直径1.5尺的植坑内，覆土3cm。春季在清明前后造林，插穗露头1.5cm。无论春、秋造林，埋土都要踩实，使插穗与土充分密结。定边县1975年春季在同样墒情下，扦插造林踩实后成活90%以上，未充分踩踏的全部死亡。

（2）插干造林

插干造林多用柳树，也有用小叶杨者，但为数不多。

1）插干选取与规格：榆林县马合大队经验说明，插干在10～20龄健壮的母树上选取最好，超过20龄的母树。随树龄增大而成活率降低，其差异达10%～40%，而且生长衰弱。

插干年龄以3年最好，要求皮色光滑、鲜绿。群众通常在清明前后砍取，削去顶梢及侧枝，截成2～3m长的栽子。榆林县补兔大队的群众反映，砍栽子要在树液流动前进行，树液流动后选取的栽子成活率显著降低，且严重损害母树。

2）栽子处理：高栽子在生根发芽期间，耗水量大，栽前要做浸水处理。将截好的栽子根部放在流水中浸泡20天左右，严防损伤及腐烂，芽萌动时栽植。

3）栽植季节及方法：栽植季节一般以春季为好。秋栽常受冬春大风吹蚀，造成干部风干。但在一些下湿泥地，由于土壤解冻较晚，植坑不易挖深而影响成活，秋栽反较春栽好。榆林县补兔大队，在这类地上秋季造林，成活率比春季提高20%左右。

高干造林植坑一般要深，以栽子见水为最好，一般坑深1m左右，口径2尺。栽时先填肥土，层填层踩，使栽子与土充分密结。榆林县马合大队在高干造林填土时用粗棒夯砸，做到了“坑深见水，深理砸实”，成活率较高。

7 幼林管护

陕北沙区畜牧业比重大，加之气候寒冷，畜害、冻害给造林成活、成林带来一定困难。实践中，沙区群众摸索出一套简便易行的办法，对保护树木成活、生长起到良好作用。

（1）垫枕头土埋干防冻

于上冻前先在树干根旁倒一堆土做“枕头”，然后将树干压在土堆上，堆土埋住树干。（由于堆了枕头，苗干不易折断）这样既可防止冻害，又可防止畜害。翌年清明前后将土刨开，并在根基培土使苗干直立。在冻害比较严重的榆林县马合公社，广大群众应用此法保护栽植一年生小树，效果非常显著。

（2）绑沙柳防畜害

沙区四旁树木易遭牛羊啃食，对于栽植3年以上的大树。用沙柳枝将树干包严。包扎高度 1.5～1.7m。干枯的柳枝，牛羊不嗜食，借以保护树木。榆林县小纪汉公社采用此法，保护新栽的五十余里护路旱柳，无一株受害。

（3）腥汤涂干

初栽小树，不易绑柳枝保护。采用腥汤涂干拒避畜害，也具良好效果。榆林县补兔大队将煮熟的死驴肉汤和废润滑油混在一起（混油提高黏着力），涂抹树干，保护了树木不受畜害。

神木县窝兔采当大队用猪、羊血防兔害，效果也很明显。他们在猪、羊血中，掺入少量六六六药粉，于冬春野兔危害季节，涂抹幼树，防止了兔害。

（4）毒饵诱杀

榆林县海流滩大队，将黄萝卜拌砒霜做成毒饵。于冬春夜晚放置林带边缘诱杀野兔，取得很好效果。做毒饵时要随做随放，防止干缩，影响诱杀效果。

荒山造林不同整地方法试验*

陈存根

造林地的整地是人为地控制和改善环境条件，使它适合于林木生长的一种手段。它不仅可以改善土壤的理化性能，而且是接纳雨雪、蓄水保墒的重要措施。特别是在干旱地区，细致整地对提高造林成活率，促进幼林生长发育具有十分重要的意义。为了较为深入地了解不同整地方法的造林效果，探索黄土高原地区抗旱效果好的整地方法，笔者于 1973 年冬～1975 年春，开展了不同整地方法造林的试验研究。

1 试验地概况

试验地设置在蒲城县张家山银铜梁西坡，属半石质山地，坡度 25°左右，海拔高 1050m，年平均气温 11.3℃，绝对最高气温 39.4℃，绝对最低气温-16.7℃。年平均降雨量 559.3mm，年蒸发量 1725mm。生长期 180 天左右。常年多西北风，平均风速 3.4m/s。土壤为碳酸盐褐色土，土体内碳酸盐结核较多，表土即可见到多黄土母质，土层厚 100cm 以上，质地中壤，pH 7.3。据分析，0～75cm 土层内 N、P、K 和有机质含量分别为 0.3615%、0.1064%、1.8268%和 2.1384%。植被为白草、黄菅草、铁杆蒿群落，总盖度为 0.6～0.7，灌木以酸枣为主。

为了验证试验的正确性，1974 年冬及 1975 年春又在临近的马鞍梁重复设置试验，立地条件基本相同，仅土壤含石砾较少。

2 试验内容与方法

2.1 整地方法与规格

1973 年 11 月按下列四种方法进行了整地。

1）反坡梯田：在坡面上，由上而下，沿等高线每 10 尺[①]（水平距离）整一条反坡梯田，田面宽 6 尺，反坡 10 度，保持 1 尺深的虚土层。

2）撩壕：由坡下部向坡上部逐步开挖。先在坡下部沿等高线挖出宽 2 尺、深 1.5 尺的第一条壕，然后在坡上部 5 尺处（水平距离）再挖出同样规格的第二条壕，将其表

* 原载于：陕西林业科技，1975，(6)：58-64.

① 1 尺≈33.3cm。

土填在第一条壕内，用底土在壕边筑埂。如此继续往上开挖，壕内保持 1 尺深的虚土层。

3）水平阶：即在坡面上沿等高线每 5 尺（水平距离）挖一条带，带面宽 3 尺，深 1 尺。

4）鱼鳞坑：挖成半月形的坑，坑长 2.5 尺，宽 1.5 尺，深 7 寸[①]，上下品字形排列。

2.2 造林技术

1974 年 3 月下旬，用 2 年生刺槐苗截干栽植。苗木平均地径 1.32cm，平茬高度约 3 寸，修根后根幅保持 20～30cm。反坡梯田每带栽植 2 行，形成宽窄行，带内行距（即窄行）3 尺。株距 2.4 尺。撩壕、水平阶、鱼鳞坑整地的，株行距均为 3 尺×5 尺。植后于 1974 年 5 月中旬和 7 月上旬分别进行了摘芽和松土除草工作。

2.3 观测记载项目

1）土壤含水量测定：自 1974 年 3 月中旬起，分别于每月 15 日和 30 日定期测定土壤含水量。在每个试验处理内，分不同坡位（上、中、下）按 0～10cm、10～20cm、20～30cm 三个层次采取土样，用烘干法测定。1975 年改为每月 1 次，层次为 0～15cm、15～30cm、30～45cm。

2）物候观察：在四种整地方法造林地内，按平均地径选择 10 株样株，于造林后开始观察物候期。项目包括芽膨胀、芽开展、开始出叶、完全出叶等。

3）生长量调查：于 1974 年 9 月 20 日停止生长后和 1975 年 7 月 5 日生长期中，对样株测量了高度和地径生长量。

3 试验结果与分析

3.1 不同整地方法土壤含水量变化

根据土壤含水量测定数据（表 1），绘制成土壤水分动态曲线图。从图 1 可以看出，无论采取哪种整地方法，土壤含水量的年周期变动规律基本相同，升降趋势大体一致。即早春与秋冬含水量都较高，夏季则较低。3 月上旬为 20%～25%，4 月下旬至 5 月上旬含水量下降为 17%左右，此后略有回升，但为时很短，又逐渐降低，直至 7 月下旬～8 月上旬土壤含水量为全年中最低的时期，为 8.8%～14.87%，此时为伏旱季节。从 9 月下旬以后至翌年 3 月中旬，土壤含水量都在 22%～25%。

但是，由于整地方法不同，土壤含水量存在着差异。这种差异程度，在降雨较多的时期不甚明显，而在降雨较少，大气干旱的时候则很显著。春季四种整地方法的含水量都在 20%左右，差值较小。而在干旱季节的 7 月下旬～8 月上旬，四种整地方法含水量都有下降。但反坡梯田、撩壕含水量下降的幅度较小，而鱼鳞坑、水平阶下降的幅度大，前者土壤含水量分别为 14.05%和 14.87%，而后者分别为 8.8%和 11.09%。由此可见，不同整地方法抗旱保墒的效果是不同的。以反坡梯田和撩壕的抗旱效果较好，鱼鳞坑较差。

① 1 寸≈3.3cm。

表 1　不同整地方法土壤含水量比较　　　　（单位：%）

整地方法	1974 年 3 月	4 月		5 月		6 月		7 月		8 月	
	19 日	15 日	30 日	15 日	30 日	13 日	28 日	14 日	31 日	15 日	28 日
鱼鳞坑	21.57	21.21	17.51	17.47	23.46	19.75	17.57	18.83	8.8	14.55	12.24
水平阶	19.67	20.26	18.46	17.98	22.37	20.83	17.88	18.38	11.09	15.66	12.50
撩壕	22.71	20.76	21.47	18.53	24.06	21.52	19.34	20.79	14.87	17.46	14.34
反坡梯田	23.23	17.08	17.68	18.71	22.23	18.29	16.92	19.81	14.05	17.32	15.42

整地方法	9 月		10 月		11 月		12 月		1975 年 1 月		2 月		3 月
	18 日	28 日	19 日	30 日	18 日	29 日	13 日	30 日	15 日	30 日	15 日	28 日	16 日
鱼鳞坑	17.45	23.57	23.58	23.78	25.80	23.81	23.51	24.11	19.78	21.29	22.37	21.60	23.66
水平阶	17.55	23.72	24.23	20.57	25.58	22.87	22.76	25.14	20.23	21.19	22.92	22.50	24.50
撩壕	17.84	22.40	22.05	23.40	25.38	23.12	23.30	23.87	19.78	20.82	20.84	22.37	25.47
反坡梯田	18.37	22.43	24.57	23.40	24.27	21.64	22.29	21.70	22.12	25.71	23.04	22.30	33.87

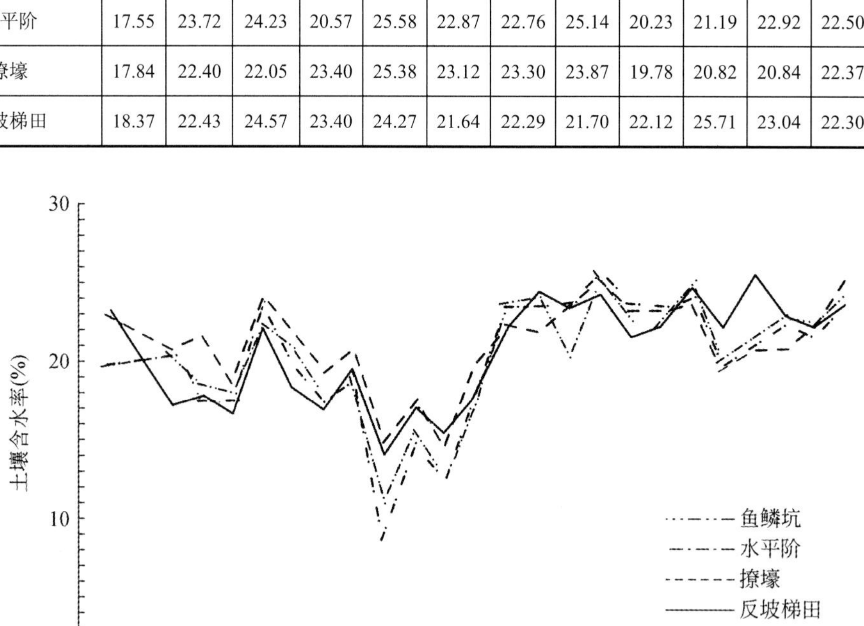

图 1　不同整地方法土壤水分动态曲线图

3.2　不同整地方法对林木生长发育的影响

（1）不同整地方法对刺槐物候期的影响

1974 年和 1975 年对各种整地方法试验地刺槐物候期的观察表明，不同整地方法对刺槐幼林物候期具有一定的影响（表 2）。

表 2　不同整地方法对刺槐物候期的影响

整地方法	芽膨胀		芽展开		开始出叶		完全出叶	
	1974 年	1975 年	1974 年	1975 年	1974 年	1975 年	1974 年	1975 年
鱼鳞坑	4.20	4.10	4.27	4.16	5.1	4.20	3.5	5.14
水平阶	4.15	4.5	4.23	4.13	4.28	4.22	5.4	5.13
撩壕	4.20	1.7	4.24	4.13	4.27	4.16	5.1	5.13
反坡梯田	4.17	4.5	4.20	4.13	4.24	4.16	4.27	5.10

从表 2 看出，不同整地方法的刺槐幼林的芽膨胀期，水平阶、反坡梯田的出现较早，撩壕和鱼鳞坑的出现较晚。随着时间的推移，物候期发生变化，开始出叶期和完全出叶期，以反坡梯田和撩壕整地出现较早，水平阶和鱼鳞坑出现较晚。这说明鱼鳞坑、水平阶整地穴小、带窄、活土层薄，改善土壤气热条件不如反坡梯田和撩壕那样显著。

（2）不同整地方法对刺槐幼林根系生长发育的影响

林木根系是吸收水分和养料的重要器官，它特有的功能直接影响到林木地上部分的生长发育。而不同的整地方法造林，对林木根系生长发育有着不同的影响。根据 1975 年 3 月对 1 年生刺槐幼林根系调查表明（表 3），整地越细致，越有利于根系的生长发育。反坡梯田和撩壕整地，其根系的水平和垂直集中分布范围都超过了水平阶和鱼鳞坑整地。反坡梯田整地根系条数较鱼鳞坑增加 57.8%，粗根数量也显著增加。

表 3　不同整地方法对刺槐根系的影响

整地方法	调查时间	树龄（a）	地上部分		地下部分								
			树高（m）	地径（cm）	水平根系						垂直根系		
					集中分布范围（m）	平均根幅（m）	粗	根	细根	总条数	集中分布范围（cm）	最深（m）	条数
							直径>5mm	直径 1～5mm	直径<1mm				
鱼鳞坑	1975 年 3 月 20 日	1	0.90	0.86	0.30	1.03	—	10	9	19	5～13	0.95	1
水平阶	1975 年 3 月 18 日	1	0.95	1.06	0.40	2.13	1	12	13	20	6～14	1.14	1
撩壕	1975 年 3 月 19 日	1	1.07	0.98	0.70	2.03	1	13	11	25	14～23	—	
反坡梯田	1975 年 3 月 19 日	1	1.20	1.12	0.80	1.74	2	17	11	30	12～21	—	

同时，由于林木根系所固有的向地、向水和趋肥特性，对于不同整地方法则表现出不同的性状和特点。鱼鳞坑整地由于破土面小，翻土浅，活土层较薄（为 20cm），营养面积小，林木水平根系集中分布范围仅为 30cm，侧根数量少，其上很少着生县有吸收能力的细根。穴的内侧底土紧实且较干燥，一条垂直根系为了吸取水分，穿透紧实的土层，斜伸至 95cm 以外的土层中，但内侧根系分布较少，为总根量的 15.78%，而外沿土

壤疏松较肥，根系分布较多，为总根量的 47.39%水平阶整地由于呈带状松土，林木根系多顺带内和向外沿分布，带内根幅达 2.79m，分布根系占总根量的 42.3%，向外沿分布根系占 46.1%。但因土带窄，活土层为 25cm，内侧根系亦有穿透紧实的土层伸向 1.4m 的地方，根尖遇石灰结核受阻而止。侧根上着生有少量细根；撩壕整地，虽因带状松土，根系多顺带分布，但由于肥沃的表土多集中填于外沿，根系分布较多，且在侧根上着生有密集如网的细根群，增大了吸收营养的面积。内侧分布根系为 8.3%向外沿分布根系为 37.5%多反坡梯田整地则由于破土面大，翻挖较深，田面较宽，活土层厚达 40cm，营养面积大，林木根系在各个方向的分布较均匀，克服了单向分布的缺点。内侧分布根系较多，占总根量的 43.33%，外侧占 30.00%。侧根也较粗壮，其上着生有许多细根，密集分布范围达 80cm，有利于根系吸收水分和养分。

（3）不同整地方法对刺槐幼林生长的影响

栽植当年生长停止后和次年生长期中，对不同整地方法营造的刺槐幼林，进行了两次生长量调查，结果列于表 4。

表 4　不同整地方法营造的刺槐幼林生长比较

整地方法	1974 年 9 月 20 日		1975 年 7 月 5 日	
	树高（m）	地径（cm）	树高（m）	地径（cm）
鱼鳞坑	0.69	0.73	0.77	0.88
水平阶	0.80	0.86	0.90	1.03
撩壕	0.91	0.88	1.97	1.13
反坡梯田	0.93	0.93	1.11	1.23

从表 4 可以看出，整地方法不同，刺槐幼林生长量存在着显著的差别。以反坡梯田整地的树高、地径生长量最大，撩壕整地次之，鱼鳞坑整地最小。从两次调查结果中高、径、百分比值的变化情况看出，随着时间的延续，细致整地的作用进一步表现出来，即不同整地方法造林对生长引起的差异日益增大。鱼鳞坑、水平阶、撩壕整地，由于行间自然植被生长繁茂，与林木生长争夺光照和养分，影响林木生长。反坡梯田田面宽，受自然植被影响小。说明在恶劣的立地环境条件下，细致整地对林木生长具有良好的效果。

试验说明，不同整地方法引起林木生长量的差异是与土壤含水量、物候期以及根系的变化情况一致的。反坡梯田、撩壕整地在于旱季节土壤含水量较水平阶、鱼鳞坑高，表明抗旱保墒的效果较好。又因这两种整地方法活土层厚或保留了表土，改善土壤理化性能作用大，增加受光面，气热条件好，有利于林木根系的生长发育，因而也就促进了林木地上部分的生长。

毛白杨造林密度的研究*

邹年根　阎　林　王忠信　陈存根

造林密度是人工林一个重要的关键技术环节。国内外有关杨树造林密度的研究资料较多，但就我国特有杨树毛白杨造林密度的研究尚无定论。在 20 世纪 50 年代末和 60 年代初，国内一些科研、教学单位虽就这一树种的造林密度设置过定位试验，但因时间短，并未取得较完整的资料。

本研究于 1963 年设置，并坚持了系统观察，1979 年进行了全面调查。现将 17 年的资料予以整理，借以探求毛白杨的合理造林密度。

1　试验地概况

试验地位于周至县陕西省林业科学研究所渭河试验站。地貌特征为渭河冲积滩地，土壤为草甸褐色土，质地沙壤，土层厚 30～50cm，肥力状况分析结果如表 1，pH 为 7.8。地下水位 1.5～2.0m，旱季降至 4m 以下。试验地前茬为白榆、小叶杨疏林地。主要草本植物为白茅、绿毛莠、鸡眼草等。

表 1　试验地土壤养分分析结果

土层深度（cm）		有机质（%）	N（%）	P_2O_5（%）	K_2O（%）
第一重复	0～20	0.929 4	0.054 22	0.116 1	3.294
	20～50	0.331 3	0.019 29	0.140 4	2.758
	50～80	0.321 9	0.018 36	0.166 5	3.319
第二重复	0～20	0.813 3	0.052 25	0.145 5	2.408
	20～50	0.415 4	0.024 13	0.166 9	3.106
	50～80	0.306 5	0.017 61	0.050 9	2.243

据周至县气象站 1963～1979 年资料统计，年平均温度 13.2℃，七月平均气温 26.3℃，一月平均气温-1.1℃，绝对最低温度-12.9℃，绝对最高温度 38.9℃。年降水量 643.6mm。≥10℃积温 4329.9℃，无霜期 220 天，年平均日照时数为 2026.3h。年平均风速 1.3m/s，常年多西北风。

* 原载于：陕西林业科技，1982，(2)：16-24.

2 试验方法与材料

试验设计分 $2\times2m^2$/株、$3\times3m^2$/株、$4\times4m^2$/株、$5\times5m^2$/株、$6\times6m^2$/株 5 个处理。每个处理面积 3 亩[①]，小区为长方形，长边 48m，短边 42m。两次重复，处理间采取随机排列。

供试材料为一年生无性繁殖苗，平均苗高 2.28m，平均胸径 1.06cm。

试验地采用拖拉机深翻、平整，然后划区。在小区内划行打点，按点挖坑，1963 年 11 月上旬栽植。栽后第 2～4 年内，每年进行 4～5 次中耕除草，以后中断。为防止试验区内的苗木死亡或受害，各处理均设置有同样小区面积的备用区。

在每个小区内，按对角线确定 10 株固定标准木，定期进行生长量调查和有关项目的观察，至 1970 年中断。1973 年 9 月西北农学院林学系 1974 级学生实习进行过调查，1979 年 8 月笔者做了一次全面调查，并进行了生物量测定。由于 $2\times2m^2$/株处理经过两次间伐，所以在资料统计分析中未能列入。

3 试验结果与分析

3.1 不同密度型毛白杨林分的生物量

林木的生物产量，是林木在生活过程中物质生产不断积累的结果。目前国外很重视生物量的测定，它能全面地反映林分的生产力，也是反映立地条件和栽培措施的重要指标。为此，进行了各密度型毛白杨林地上部分的生物量测定。在每个小区内根据各级林木的平均测树因子，分别选择标准木，采用分层切割法，在现场分别测定干、枝、叶 3 个组分的鲜重，再采集各组分的部分样品烘干，计算干物质量。

（1）不同密度型毛白杨各器官部分相对生长关系

树木是由干、枝、叶和根等主要器官组成的一个完整的有机体，各器官之间保持着相互联系和制约的关系。这种关系随着栽培措施的不同，进行新的分配，达到新的平衡。

为了了解不同密度型毛白杨各器官之间的相关关系，以胸径平方与树高乘积(D^2H)作自变量，干（W_s)、枝（W_B)、叶（W_L）做依变量，它们之间存在着幂函数的关系，这种关系的数学模式用对数回归方程表示如表 2。

从表 2 看出，尽管造林密度不同，但各密度型毛白杨各器官部分的相对生长关系是密切相关的。

（2）不同密度型毛白杨林的生物量及其分配规律

4 种密度毛白杨林的生物量测定结果（表 3)，以密度最大的 $3\times3m^2$/株的林分现存生物量最大为 42.21t/hm^2，其次是 $4\times4m^2$/株的为 35.05t/hm^2，再次是 $5\times5m^2$/株的为 31.32t/hm^2，最小的是 $6\times6m^2$/株的为 26.87t/hm^2。

---

① 1 亩≈667.67m^2。

表 2　各密度型胸径、树高与干、枝、叶的回归方程

处理	部分关系	回归方程	r	$S_{y\text{-}x}$	$S_{\hat{y}}$
$3\times3\text{m}^2$/株	D^2H 与干	$\log W_B$=0.972 39$\log D^2H$−1.691 14	0.99	2.183 31	0.825 21
	D^2H 与枝	$\log W_B$=1.006 31$\log D^2H$−2.401 15	0.98	0.746 99	0.282 34
	D^2H 与叶	$\log W_B$=0.933 00$\log D^2H$−2.743 10	0.98	0.320 90	0.121 29
$4\times4\text{m}^2$/株	D^2H 与干	$\log W_B$=0.940 30$\log D^2H$−1.541 88	0.99	1.783 30	0.674 00
	D^2H 与枝	$\log W_B$=1.030 20$\log D^2H$−2.410 76	0.98	2.278 90	0.720 60
	D^2H 与叶	$\log W_B$=1.015 46$\log D^2H$−2.827 18	0.99	0.783 10	0.247 60
$5\times5\text{m}^2$/株	D^2H 与干	$\log W_B$=0.933 19$\log D^2H$−1.541 61	0.99	0.923 21	0.372 90
	D^2H 与枝	$\log W_B$=1.044 10$\log D^2H$−2.476 70	0.98	1.527 40	0.623 60
	D^2H 与叶	$\log W_B$=1.044 53$\log D^2H$−2.857 98	0.98	0.637 50	0.260 20
$6\times6\text{m}^2$/株	D^2H 与干	$\log W_B$=0.952 53$\log D^2H$−1.616 73	0.99	4.395 30	1.794 40
	D^2H 与枝	$\log W_B$=2.151 36$\log D^2H$−2.151 36	0.99	1.378 51	0.562 89
	D^2H 与叶	$\log W_B$=0.966 76$\log D^2H$−2.492 12	0.99	0.541 10	0.220 90

注：r 为相关系数；$S_{y\text{-}x}$ 为剩余标准差；$S_{\hat{y}}$ 为估计值标准误。

表 3　各密度型毛白杨林分生物量（干物质量）

处理	单株生物量（kg）				林分生物量（t/hm^2）			
	干	枝	叶	合计	干	枝	叶	合计
$3\times3\ \text{m}^2$/株	28.37	7.55	2.07	37.99	31.52	8.39	2.30	42.21
$4\times4\ \text{m}^2$/株	40.70	11.48	3.90	56.08	25.44	7.18	2.43	35.05
$5\times5\ \text{m}^2$/株	55.26	16.28	6.78	78.32	22.10	6.51	2.71	31.32
$6\times6\ \text{m}^2$/株	65.05	22.08	9.62	96.75	18.07	6.13	2.67	26.87

不同密度型由于单位面积上株数不同，各植株个体发育所受光、气、水、肥等条件的差异，反映在林木个体上就出现不同的生物生产力。表 3 的材料表明，林木的单株生物量随着密度的增大、呈现出有规律的递减现象。$6\times6\text{m}^2$/株的单株生物量最大为 96.75kg，$3\times3\text{m}^2$/株的最小为 37.99kg，前者是后者的 2.6 倍。

林分的光合产物分配比例受密度影响较大，一般情况下密度大的干重百分率亦高。从表 4 看，毛白杨干重随密度的增大而递增，而枝、叶的产量则表现出相反的现象，即随密度的增大而递减。密度增大，林木受光量降低，所以非同化器官与同化器官之比，也就随着密度的增大而提高。

表 4　各密度型毛白杨各器官的生物量分配

处理	总生物量（t/hm^2）	各器官分配（%）			非同化器官与同化器官之比
		干	枝	叶	
$3\times3\text{m}^2$/株	42.21	74.67	19.88	5.45	17.35
$4\times4\text{m}^2$/株	35.05	72.57	20.47	6.96	13.37
$5\times5\text{m}^2$/株	31.32	70.55	20.79	8.66	10.55
$6\times6\text{m}^2$/株	26.87	67.23	22.82	9.95	9.05

（3）不同密度型毛白杨林生物量的垂直分布

干、枝、叶的分配不仅表现在数量上，同时还应注意它们在空间的分布状况，特别是叶片的分布。因为叶片是林木最主要的光合器官，对林木群体的物质生产起着决定作用。若叶量上下分布合理，则能提高林分的光能利用率。从4个密度型毛白杨地上部分生物量生产结构图（图1）看，小密度型的叶量分布基本呈现为宝塔型，叶片受光条件好，有利于单株的生长。而大密度型的叶量分布在树冠中部较多，而上下较少，这样下部叶片受光较差，光能利用受到影响，因而不利于单株的生长。

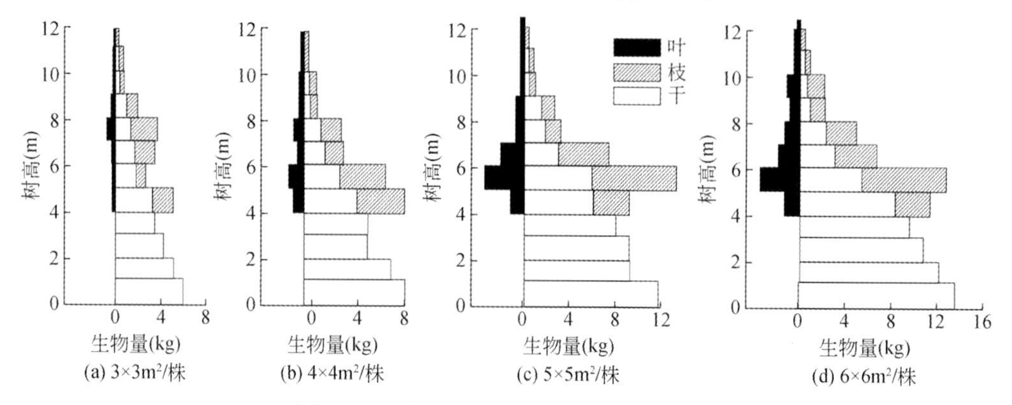

图1 毛白杨地上部分生物量生产结构图

3.2 不同密度型毛白杨林分的生长效应

毛白杨系温带森林草原旱生发育型中的多营养树种，喜肥、喜温、喜光，具有一定的抗旱和抗寒性。在渭河滩地的立地条件下17年生的毛白杨林，其生产水平不高(表5)，与豫东黄河故道上20年生的生产水平大体相同。生产水平不高的原因，土壤贫瘠，有机质含量不高（表1）；其次是旱季地下水位降低，土壤水分不足，造成林木早期落叶；第三是经营管理水平不高。

尽管林分的生产水平不高，但密度对林木生长的作用则是明显的。

（1）不同密度对毛白杨树高生长的影响

密度对树高生长的作用一般是不明显的，本项试验结果（表5）也证明了这一点。

表5 不同密度型毛白杨生长量

处理	每公顷株数	平均胸径（cm）	平均树高（m）	材积		生产率[m^3/（hm^2·a）]
				（m^3/单株）	（m^3/hm^2）	
3×3 m^2/株	1111	11.86	11.15	0.0620	68.8820	4.05
4×4 m^2/株	625	13.67	11.53	0.0831	51.9375	3.06
5×5 m^2/株	400	15.81	12.57	0.1183	47.3200	2.78
6×6 m^2/株	278	17.54	12.34	0.1427	39.6706	2.33

从图2看，不同密度型的毛白杨林，其树高生长在8年生以前均呈现出直线上升的趋势，相互差异不大。从8年生以后，各密度型的生长都平稳增长，且相互间有了差异，其

中 5×5m²/株的密度型显著高于其他 3 个处理。11 年生以后，6×6m²/株的密度型也逐渐大于 3×3m²/株和 4×4m²/株两个类型，至 17 年生时，6×6m²/株与 5×5m²/株两者相差无几。同样，3×3m²/株与 4×4m²/株两者也较接近。总的趋势表明，密度不是树高生长的决定性因素。

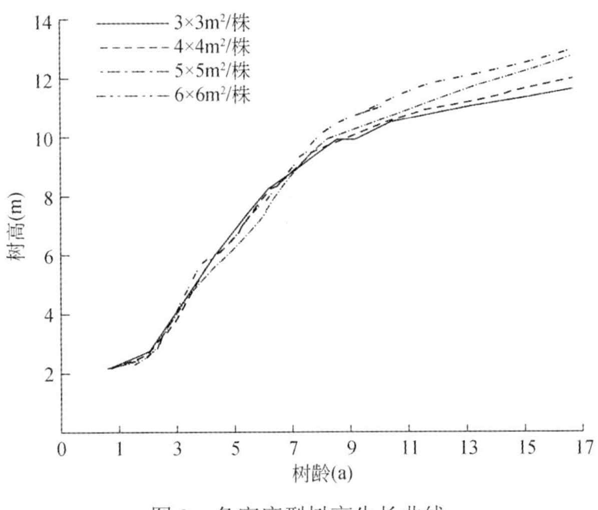

图 2　各密度型树高生长曲线

毛白杨在造林后的 3～4 年内，顶端生长优势差，偏梢现象严重。这种现象持续时间的长短与立地条件和栽培措施的关系甚为密切。在较好的立地条件和集约程度较高的情况下，这种现象持续的时间短，反之持续时间长。在造林后的第 3 年进行不同密度区树干偏梢程度的调查，从调查结果（表 6）看，密度大的偏梢程度（表 6）不同密度型毛白杨偏梢程度较轻，密度小的偏梢程度较重。这表明，为了培育良好的干材，毛白杨的初植密度可适当偏大。

表 6　不同密度型毛白杨偏梢程度

处理	重		中		轻		正常		调仓株数
	株数	比例（%）	株数	比例（%）	株数	比例（%）	株数	比例（%）	
3×3m²/株	9	16.36	12	21.82	14	25.45	20	36.36	55
4×4m²/株	6	16.63	6	16.63	14	34.15	15	36.59	41
5×5m²/株	8	17.78	18	40.00	8	17.778	11	24.41	45
6×6m²/株	12	29.27	13	31.71	9	21.95	7	17.07	41

（2）不同密度对毛白杨胸径生长的影响

密度对胸径生长是一个关键性的因子。本项试验结果经方差分析，各处理间胸径生长差异极显著（表 7）。

表 7　不同密度型毛白杨胸径生长量方差分析

变异来源	自由度	平方和	均方	F	$F_{0.01}$
处理间	3	124.18	441.39	26.36	44.42
组内	36	180.72	11.57		
总变异	39	304.90			

从表 5 的资料看，毛白杨的胸径生长量是随密度的减小而递增。再由图 3 看，4 种密度在 3 年生以前，彼此胸径生长量几无差异。3 年生以后，密度对胸径生长的作用逐渐显出来，而且随着时间的推移，大密度愈来愈抑制林木个体的发育，使胸径生长量大大小于低密度。其中 $5\times5m^2$/株和 $6\times6m^2$/株两个密度间胸径生长的变化较为接近，至 11 年生后 $6\times6m^2$/株密度型的胸径生长量才开始与 $5\times5m^2$/株密度型的胸径生长量之间的距离拉大，但至 17 年生时二者的差异尚未超过显著值（2.86）。所以可以认为，$5\times5m^2$/株密度型至少在 17 年生以前是适于毛白杨生长发育需要的。

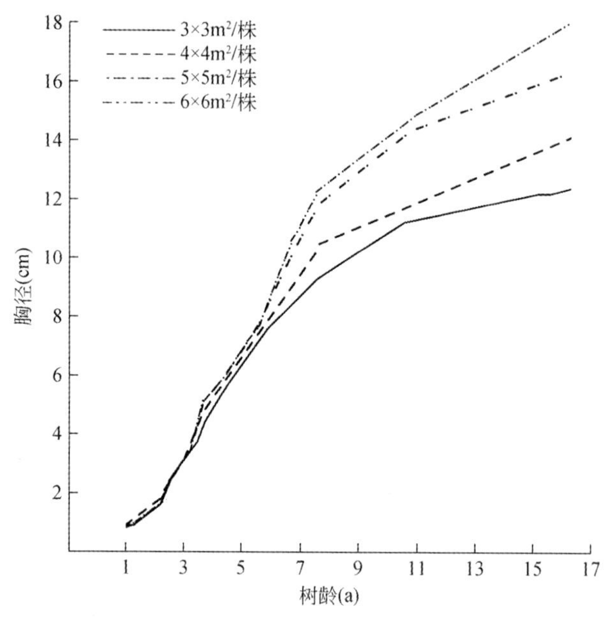

图 3　各密度型胸径生长曲线

（3）不同密度对毛白杨材积生长的影响

决定林分材积大小的因子是树高、胸径断面积和形数。本项试验表明，密度对树高生长影响不大，同样密度对形数的作用也不明显（经实测 4 种密度的形数分别为 0.467、0.465、0.456、0.456）。因此，决定单株材积大小的因子即为胸高断面积。而胸高断面积又与胸高直径成正比，密度为胸径生长的决定因子。所以，密度同样也是单株材积生长的关键性因子。

前述表 5 的资料表明，4 种密度的毛白杨单株材积的变化规律与胸径变化规律完全相同，即随密度的增大，单株材积逐渐降低。由于不同密度型每公顷株数差别很大，则每公顷的蓄积量仍以最大密度型 $3\times3m^2$/株为最大。但是，从株数比看，$3\times3m^2$/株密度型分别较 $5\times5m^2$/株和 $6\times6m^2$/株两个密度型高出 1.8 和 3.0 倍，然而每公顷的蓄积则分别较两个类型高出 0.5 和 0.7 倍。

从毛白杨单株材积生长曲线（图 4）看，3 年生以前 4 种密度的材积生长量差异不大，3 年生以后 $3\times3m^2$/株密度型的材积生长一直处于劣势。说明自林分郁闭后，$3\times3m^2$/株密度型的林木个体发育受到限制，单株材积生长量不大。$4\times4m^2$/株密度型自 6 年生以后其材积生长量也显著低于其他两个密度。5×5m²/株和 6×6m²/株两个密度型至 11 年生后，其材积生长量之间的差异逐渐加大，这时 6×6m²/株密度型的生产潜力明显地表现出来。

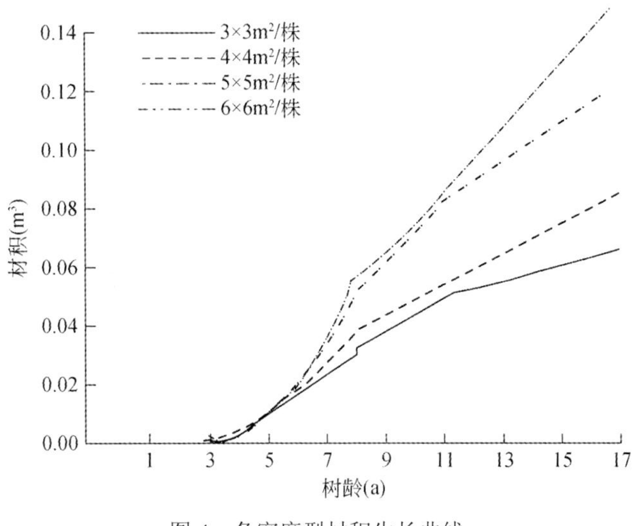

图 4　各密度型材积生长曲线

3.3　不同密度型毛白杨林分稳定性和径级分配规律

（1）不同密度型毛白杨林分的稳定性

在不同密度区，由于林木的空间和地面营养面积的差异，致使林木个体间产生分化。表 8 的材料表明，林木胸径的变异系数随着密度的增大而增加。林分的稳定性和林木个体间发育的均衡、整齐，则是林木达到速生丰产目的重要因素。所以，创造合理的群体结构，是人工林的一项重要内容。

表 8　不同密度型毛白杨林木直径分化情况

项目	3×3m²/株	4×4m²/株	5×5m²/株	6×6m²/株
平均胸径（cm）	11.86	13.59	15.81	17.54
标准差	2.04	2.45	2.15	2.14
变异系数	17.17	18.02	13.60	12.22

（2）不同密度型毛白杨林木径级的分配规律

人工林的主要产品是具有一定质量和一定规格的木材，不同结构的人工林，通过造林密度不仅影响着林木的生长量，而且也作用于林木产品的质量和规格。

从表 9 看，不同密度型之间，径级分配差异很大。如以 14cm 作为分界线，则 3×3m²/株密度型 90.64%的林木为 14cm 以下的小径材，14cm 以上的林木仅占 9.36%；4×4m²/株密度型的 14cm 以下林木占 78.08%，14cm 以上的占 21.92%；5×5m²/株密度型的 14cm 以下的占 36.25%，14cm 以上的占 63.75%；6×6m²/株密度型的 14cm 以下占 10.44%，14cm

以上的占 89.56%。这一结果表明，尽管 3×3m^2/株密度型单位面积上蓄积量大，但是 90%以上的林木为 14cm 以下的小径材；而 6×6m^2/株密度型单位面积上蓄积量小，但 90%以上的林木为 14cm 以上的中径级材种。无疑，木材的品质后者要优于前者当然，仅考虑质量而忽视数量是片面的，应将此二者结合起来，方能符合用材林经营的目的。

表 9　不同密度型毛白杨林分径级的分配

处理	每公顷株数	6		8		10		12		14	
		株数	%	株数	%	株数	%	株数	%	株数	%
3×3 m^2/株	1111	23	2.07	113	10.17	280	25.20	354	31.87	237	21.33
4×4 m^2/株	625	4	0.64	9	1.44	74	11.84	201	21.16	200	32.00
5×5 m^2/株	400	—	—	—	—	5	1.25	58	14.50	82	20.50
6×6 m^2/株	278	—	—	—	—	—	—	8	2.88	21	7.56

处理	每公顷株数	16		18		20		22	
		株数	%	株数	%	株数	%	株数	%
3×3 m^2/株	1111	81	7.29	23	2.07	—	—	—	—
4×4 m^2/株	625	103	16.48	17	2.72	13	2.08	4	0.84
5×5 m^2/株	400	130	32.50	101	25.25	24	6.00	—	—
6×6 m^2/株	278	87	31.29	87	31.29	62	22.30	13	4.68

3.4　不同密度型毛白杨的树冠发育

树冠的发育，可以表明林木的空间营养状况和林分郁闭度的大小。而树冠发育的程度，又受密度的作用较大。从表 10 看，3×3m^2/株、4×4m^2/株、5×5m^2/株 3 个密度型在造林后的第 3 年已达郁闭，6×6m^2/株密度型至第 5 年也达郁闭，表明了毛白杨这个阳性、速生树种的特性。同时也说明，虽然造林密度不同，但他们之间林分郁闭时间相差不大。当林分郁闭后，密度则通过树冠的发育影响直径的生长。树冠幅度随着密度的减小而增大，而树冠比值基本上是随密度的减小而降低。说明小密度单株空间营养面积大，有利于树冠的发育，如前所述叶量增加，使同化面积扩大，提高了光能利用，促进了生长和干物质的积累。

表 10　各密度型毛白杨冠幅及径冠比

处理	1965 年		1966 年		1967 年		1968 年		1969 年		1970 年	
	冠幅（m）	径冠比	冠幅（m）	径冠比	冠幅（m）	径冠比	冠幅（m）	径冠比	冠幅（m）	径冠比	冠幅（m）	径冠比
3×3m^2/株	2.29	0.024	2.37	0.020	2.49	0.024	3.12	0.024	2.87	0.030	4.36	0.027
4×4m^2/株	2.32	0.013	2.87	0.018	2.62	0.024	3.24	0.024	3.16	0.029	4.89	0.028
5×5m^2/株	2.67	0.012	2.85	0.019	2.85	0.023	3.82	0.022	3.45	0.029	5.60	0.028
6×6m^2/株	2.99	0.014	2.50	0.020	3.10	0.021	3.82	0.022	3.59	0.028	6.33	0.027

从表 10 的资料还可以看出，4 种密度的径冠比值，在林木的幼年阶段随着年龄的增

长而增大，当进入中龄阶段后，径冠比值又都有所降低。

3.5 不同密度型毛白杨根系的发育

根系是树木从土壤中吸收水分和养分的主要器官。根系的发育状况除种性外，决定于立地条件的优劣。但在同一立地条件下，其发育状况又与营养面积的大小有关。鉴于根系调查难度大，仅做了 $3\times3m^2$/株和 $6\times6m^2$/株两个极端密度型标准木的根系调查。

两株标准木调查结果 $6\times6m^2$/株密度型根幅为 3.3m，根系水平集中分布在 2.4m 的范围内，垂直分布范围在 0～45cm 之水平分布范围。大于 5cm 的侧根有 6 条，$3\times3m^2$/株密度型的根幅 2.1m，根系水平集中分布在 1.4m 的范围内，垂直分布范围在 0～40cm。大于 5cm 的侧根有 2 条（图 5）。显然，小密度型的林木根系，无论其水平分布，还是垂直分布范围，都优于大密度型的林木根系。良好的根系发育，也就为地上部分的生长发育奠定了基础。

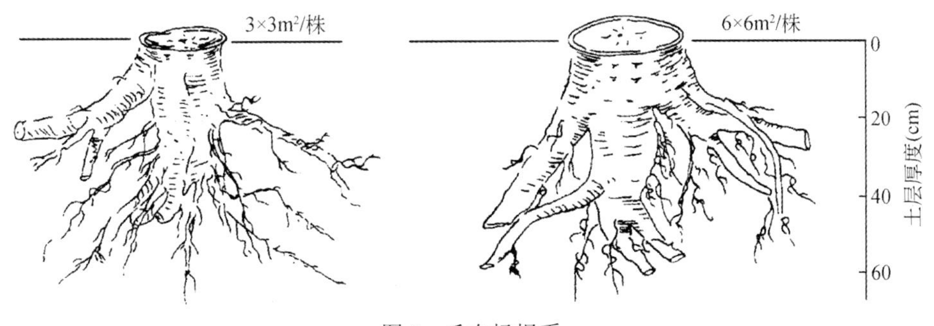

图 5　毛白杨根系

3.6 不同密度型毛白杨林木的生长进程

树木的年生育过程的连续积累，就构成了它的发生、发展、衰老、死亡的总过程在整个生命过程中，其径、高和材积生长等都有一个快慢时期之分，以及这些时期出现的迟早和持续时间的长短之别。树木生命过程中的这种变化规律与其遗传特性有关，同时也受环境条件的影响。从本试验结果看，不同造林密度的毛白杨其生长过程是不同的。由于密度对树高生长的影响不大，故对树高生长过程不予比较，仅就胸径和材积生长过程加以对比。

从各密度型胸径连年生长曲线图 6 看，4 种密度林木的胸径生长速度，从造林后的第 2 年即进入速生期，至第 4 年达到高峰，第 5 年又都有所下降，但此后又复上升，从第 7 年后下降，呈现为双峰曲线。如以年生长量 1.0cm 以上为其胸径速生标准，那么，$3\times3m^2$/株密度型的速生期只持续了 4 年，$4\times4m^2$/株密度型持续了 5 年，而 $5\times5m^2$/株和 $6\times6m^2$/株两个密度型则持续了 7 年。从连年生长量的绝对值看，小密度型的大大高于大密度型。

从各密度型材积生长过程图 7 看，林木进入 5 年生后材积生长加快，至 8 年生时达到高峰，随后都趋于下降。若以材积连年生长量 0.01m^3 为其速生标准，6×6m^2/株密度型持续了 6 年，5×5m^2/株密度型持续了 4 年，4×4m^2/株密度型仅 1 年，而 3×3m^2/株密度型未出现这样的速生时期。

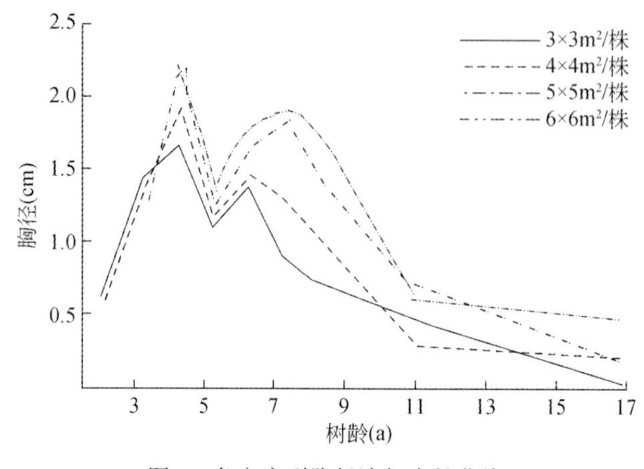

图 6 各密度型胸径连年生长曲线

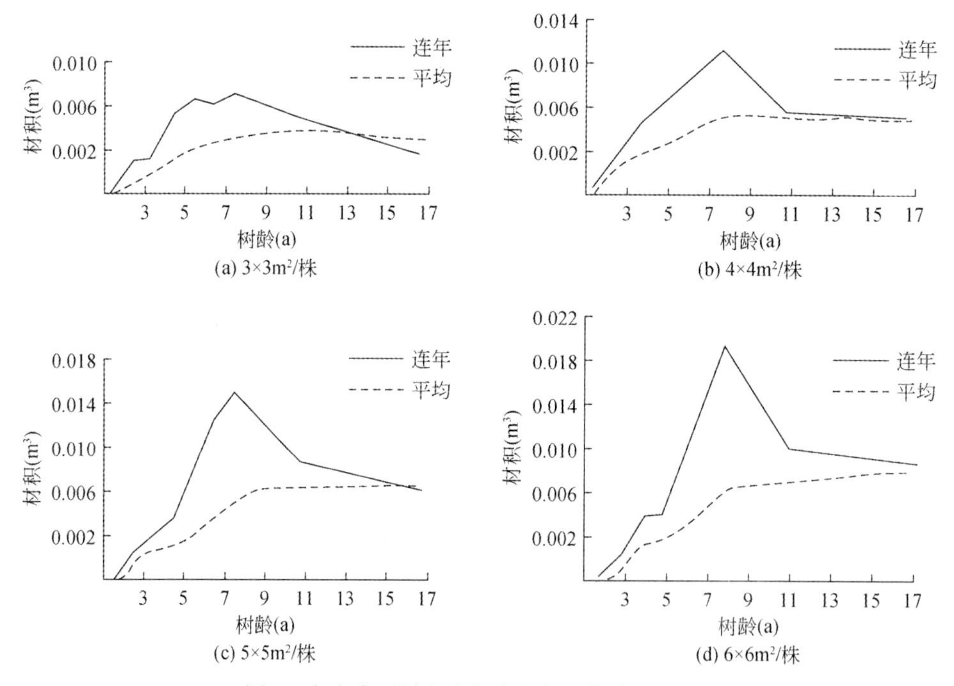

图 7 各密度型材积连年生长与平均生长曲线

再从材积的连年生长量与平均生长量的变化看，3×3m^2/株和 4×4m^2/株两个密度型于 14 年生时二者相交，5×5m^2/株密度型于 16 年生时二者相交，则 6×6m^2/株密度型至 17 年生时二者尚未相交。说明此时还未达到数量成熟。从材积连年生长量的绝对值比较，大小密度型之间差别很大，小密度型高出大密度型的 1 倍以上。

4 小结与讨论

1）17 年生的不同密度型毛白杨人工林，地上部分生物量平均为 33.86t/hm^2，其中以最大密度型 3×3m^2/株的生物产量最高，最小密度型 6×6m^2/株的最低。尽管由于密度的不同，但各密度型毛白杨各器官间通过对数回归方程的数学模式，表明它们是高度相关的。

随着密度的增大，毛白杨单株生物量递减，但树干重量则随密度的增大而增加，而枝、叶的重量则随密度的增大而递减，非同化器官与同化器官的比率则随着密度的增大而提高，说明大密度型的林木个体受到抑制，同化器官减少。从地上部分生产结构看，小密度型叶片分布合理，有利于光能利用。

目前国内外对于生物量的测定较为重视。特别是杨树由于它含有丰富的粗蛋白和钾、钙、镁等元素，可供饲料和肥料，因此很多国家都以总生物量作为经营的目的。我们这次测定也是一个尝试。

2）渭河滩地土壤有机质低，氮、磷含量不高；干旱季节地下水位降低，造成林木早期落叶；加之管理水平不高，所以 17 年生的不同密度型毛白杨林的平均每公顷蓄积为 51.95m^3，每公顷年平均生长量为 3.06m^3，生产水平不高。在 4 种密度类型中，以 3×3m^2/株的每公顷蓄积量最大为 68.66m^3，6×6m^2/株的每公顷蓄积量最小为 39.67m^3。

3）不同密度对毛白杨树高生长作用不大，但对胸径和材积生长影响很大，经方差分析差异极显著大密度型的林木胸径变异系数大，林分不稳定，14cm 以下的小径级占到 78%～90%；小密度型的林木胸径变异系数小，16～24cm 的中径级占到 63%～89%。

毛白杨在造林后 3～4 年内树高顶端生长优势差，偏梢现象随密度的减小而加重。因此，毛白杨初植密度需适当偏大。

4）毛白杨为阳性速生树种，虽然造林密度不同，但在造林后的 3～5 年各密度型的林分都先后郁闭。毛白杨的冠幅随着造林密度的减小而增大，径冠比则基本是随密度的减小而降低。同时，径冠比值在林分幼年阶段随着年龄的增长而增大，但进入中龄后比值较幼龄阶段有所下降。

大密度型的林木根系其水平分布和垂直分布范围均较小密度型的窄、浅。

5）不同密度型毛白杨的生长进程，表现在胸径和材积生长上差异较大。小密度型的林木胸径和材积连年生长量的绝对值，都大大高于大密度型的林木。

虽然各密度型胸径和材积生长进程的趋势大体相同，但它们之间速生期持续的时间长短各不相同。小密度型的速生期持续时间长，而大密度型的持续时间短，甚至 3×3m^2/株密度型的材积生长未表现出速生期。

6）从本项试验的数据分析，小密度型的单株生物量和材积产量大，但单位面积的产量低：大密度型单株生物量和材积产量小，但单位面积的产量高。为了符合经营的目的，笔者认为，在渭河滩地条件下，如以培养中、小径级材种，可采用 3×3m^2/株的造林密度，15 年作为一个轮伐期；如以培养大径级的材种，可采用 6×6m^2/株的造林密度，20 年作为一个轮伐期。

中欧针叶林培育理论和技术在秦岭林区中的应用研究*

崔文滨　胡莉娟　陈存根　张　兴

摘要

应用中欧针叶林培育理论和技术，以秦岭林区落叶松和油松林为对象开展了抚育间伐效果研究。结果表明，该技术实施抚育间伐可以有效改善目标培养树的生长环境，促进培养木生长和形质的改善；抚育间伐后，林分的平均树高、平均胸径、平均材积均比对照样地有明显增大。说明该技术是一种有效的抚育间伐方法和林木增产措施，可在秦岭地区推广应用。

关键词：抚育间伐；针叶林；秦岭

“人工针叶林高价值大径材培育技术”是德国慕尼黑工业大学林业与资源管理学院森林培育研究所的技术成果，该成果在中欧大径级人工林用材林培育方面的研究水平居世界领先地位，它使森林抚育的目标、目的更明确；容易操作，省时省工，费用较低；不仅可以提高大径材，而且抚育间伐期间的林木材质相对较好[1]。

本研究以厚畛子林场为例，在布设样地、技术培训、现场示范到培养树的选择和修枝抚育间伐等育林环节中，应用德国人工林高价值大径材的技术，通过对试验长期观察（每3a重复观测一次，每8a主伐一次，直至成材为止），研究油松、落叶松林在本技术处理下的生长规律、价值增长过程、枝丫和间伐木的利用潜力等技术，结合我国森林培育的实际，在生产中进行有效实践，形成符合我国林情的大径材技术，并解决木材和薪材短缺问题；提高木材质量，增加木材价值，以获得更大社会、生态和经济效益。

1　抚育标准的确定

（1）培养木的选留

在进行抚育采伐之前，首先要选定培养木。培养木的选择标准如下。

1）活力：以林木的生长能力、树高、林冠发育状况作为活力的标准，林分的树高

* 原载于：西北林学院学报，2007，22（1）：74-77.

在平均树高的 0.75～1.25 倍范围内的林木为培养木。

2）品质：以林木的胸径、树干状况作为品质的标准，胸径在平均胸径的 0.6～1.3 倍范围内的林木确定为培养木。

3）间距：尽可能使林木在样地内均匀分布。

在实际确定培养木和间伐木时候，要对上述 3 个因素综合考虑，最终确定培养木和间伐木。

（2）间伐木的选定

围绕培养木的培育来考虑间伐木的选定。每次抚育间伐伐去的间伐木，大多数是次优势木、霸王木，或因其树冠阻挡培养木接受阳光、因其根系与培养木争夺水分和养分的林木。为了促进培养木的生长，即使干形相对较好的间伐木，也必须予以伐除。

（3）抚育采伐的间隔期

一般来说，林分的优势木树高达到 6m 时进行第一次抚育间伐。间隔期的长短，主要根据林木的高生长速度确定；通常为林木高生长 4～6m 所需要的年限。

（4）修枝抚育

针叶树修枝抚育只对培养木进行。每次修去树高 1/3 以下的轮生枝，保留树高 2/3 的树冠。修枝的刀口要紧贴主干，不得留有把柄，以避免形成死节。一般要求修枝高度达到 6m。

2 试验设计

试验在秦岭北麓厚畛子林场进行，林场属暖温带湿润大陆性季风气候，季节分明，夏季炎热、潮湿，冬季寒冷、干燥，春季降水较少，秋季潮湿；年均温 10℃；年均降雨量 826.65mm；土壤为棕壤；森林植被属暖温带落叶阔叶林和针阔混交林带以及寒温带针叶林带。共选择油松、落叶松各 4 块样地（表 1），其中 4 块作抚育间伐处理，4 块作为对照。油松样地大小为 40m×40m（核心面积 30m×30m），为了避免周边范围的影响，其样地核心边缘留出 5m 缓冲保护带。落叶松林样地大小为 30m×30m，核心面积为 20m×20m。间伐样地林分中生长迅速、树干通直圆满、自然整枝良好、树冠发育正常且通常处于林冠层的上部或中部的林木，选作培养木。培养木的树高和胸径一般都在全体林分平均树高和胸径的 0.7～1.3 倍范围内。将所有影响培养木树冠生长的林木均伐去，培养木之间的距离在 8m 左右；对培养木进行修枝，修去树高 1/3 以下的轮生枝，保留树高 2/3 的树冠。

表 1 林分立地条件分析表

树种	抚育管理方法	林龄（a）	坡度（°）	坡向	土层厚度（cm）
油松	1 间伐处理	12	28	SE	40
	1 未间伐处理	11	30	SE	40
	2 间伐处理	11	35	NS	35
	2 未间伐处理	12	40	NS	35

续表

树种	抚育管理方法	林龄（a）	坡度（°）	坡向	土层厚度（cm）
落叶松	1 间伐处理	12	32	E	38
	1 未间伐处理	11	40	E	38
	2 间伐处理	12	37	NS	34
	2 未间伐处理	12	30	NS	34

测量胸径、树高、树高二分之一处的直径；分别在不同样地中取 0～20cm 土层土样（按之字形分别采取 8 点土样，然后混合）分析土壤养分[2]。分别在不同样地用剖面法按 20cm 分层并分细根（≤5mm）和粗根（>5mm）来测定根的生物量。

试验收集了 1992～2003 年期间样地内油松和落叶松胸径值，并在 2004～2005 年两个年度对样地内的油松和落叶松胸径值和树高值进行实测，对试验数据进行复核，综合分析得到试验结论。

3 结果与分析

3.1 抚育间伐对林木生长的影响

样地内林木平均树高、胸径和材积测定结果见表 2。

表 2 样地内林木平均树高、胸径和材积表

树种	间伐处理	项目	样地编号	树高（m）	胸径（cm）	树高/胸径	材积（m^3）
油松	间伐林分	总量	1	10.12	12.51	106.74	0.064
			2	7.98	10.50	109.17	0.046
		间伐量	1	11.25	12.41	111.43	0.074
			2	9.50	10.22	110.97	0.041
	未间伐林分	保留量	1	9.93	12.77	95.03	0.108
			2	7.75	11.32	103.75	0.059
		总量	1	9.62	12.08	91.07	0.052
			2	6.91	11.68	80.66	0.059
落叶松	间伐林分	总量	1	7.44	5.48	75.21	0.023
			2	6.83	5.05	86.06	0.018
		间伐量	1	7.26	5.34	88.90	0.018
			2	5.85	4.78	98.74	0.011
	未间伐林分	保留量	1	7.43	5.74	59.61	0.031
			2	6.93	5.71	55.83	0.035
		总量	1	7.66	7.52	51.72	0.040
			2	8.02	5.76	52.87	0.017

由图 1 可知，间伐后样地的油松平均树高、平均胸径和平均树高/胸径比值都比未间伐的样地高。表明间伐有利于林分生长。原因主要是未间伐的林分结构不合理，植株之间的竞争激烈，在有限资源条件下，必然使部分林木处于竞争劣势，从而表现为树高、胸径和树高/胸径比值降低。样地 1 较样地 2 的差异更加明显，原因可能是样地 1 的朝向和土层深度等条件好于样地 2，在间伐后植株之间的竞争得到缓和，从而有利于油松的生长。

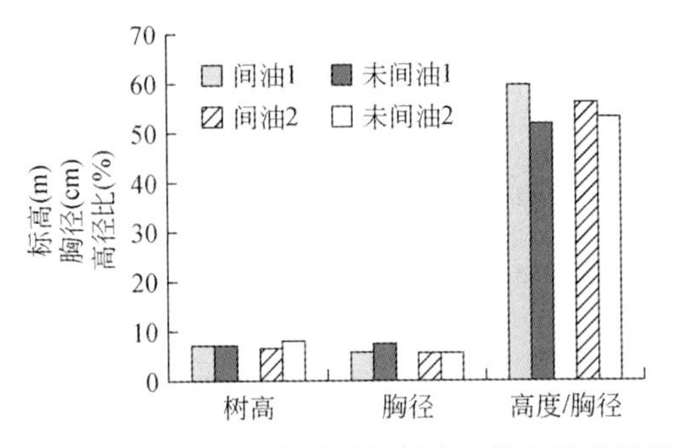

图 1　不同样地下油松林分平均树高、胸径及比例比较

从图 2 中可看出，间伐后样地的落叶松平均树高、平均胸径和平均树高/胸径比值都比未间伐的样地高，与油松的结果基本相同。表明间伐有利于林分生长。同样，间伐对小径级林木生长的促进作用比对大径级林木更加明显。

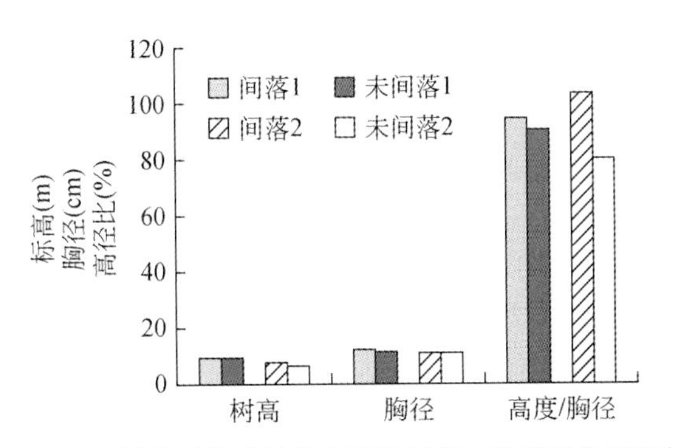

图 2　不同样地下落叶松林分平均树高、胸径及比例比较

图 3 中可以看出间伐后样地的落叶松和油松的平均材积都比未间伐的样地高，表明间伐有利于林分生长和木材积累。对油松和落叶松进行纵向比较，可以发现在相同的立

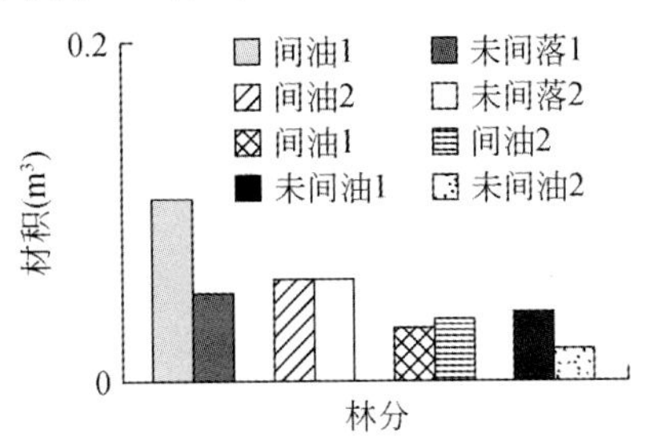

图 3　不同样地落叶松和油松林分平均材积比较

地条件下，间伐对于落叶松的影响比对于油松的影响大。原因可能与林木的林龄和生物学特性有关。

综上所述，间伐对于小径级林木的生长的促进作用更加明显，对于大径级林木的生长促进作用不明显。故对于林分的抚育间伐应在林分生长的早期进行，以取得更理想的效果。

3.2 抚育间伐增效机理

3.2.1 凋落物减少

3.2.2 土壤养分改善

由表 3 可知油松、落叶松样地内间伐后土壤 0～20cm 土层水解 N、速效 P 和速效 K 含量均比间伐前有不同程度的提高。林内光照、湿度、温度条件的变化，促进了土壤微生物的活动，加速了死地被物的分解，促进了土壤有机物质的分解，从而增加了土壤中 N、P、K 的含量，提高了土壤肥力。

表 3 间伐前后土壤某些理化性质

林分	间伐与否	土层（cm）	水解 N（mg/kg）	速效 P（mg/kg）	速效 K（mg/kg）
油松	间伐过	0～20	110.2	1.3	80.4
	未间伐		72.4	0.9	68.5
落叶松	间伐过	0～20	96.6	1.5	70.4
	未间伐		64.5	1.1	64.3

3.2.3 根系变化

由表 4 和表 5 可看出，间伐过的油松与落叶松样地内林木的粗根和细根的生物量都大于间伐前的，且细根的生物量增加更加明显。间伐后，根系的生长不受排列次序（如镶嵌状排列）的限制，它可以向土壤中未被占据的任何空间延伸，土壤肥力增加，根系向四周扩展的速度增快，生长更加旺盛。细根增长更明显，说明细根对养分的变化更敏感。

间伐过的油松与落叶松林下草本和灌木的种类增多，物种的高度、盖度显著增加，灌木株数同时也有所增加；林内光照及土壤肥力增加，根系生长更加旺盛，根系供给水分和养分增多，树冠生长也相应快些，这对促进林木的生长显然是有利的。

表 4 落叶松间伐前后根系生物量比较

土层（cm）	粗根（t/hm^2）		细根（t/hm^2）	
	间伐前	间伐后	间伐前	间伐后
0～20	8.064	8.323	0.097	1.875
20～40	2.076	2.362	0.072	0.937
40～60	0.361	0.576	0.036	0.249

表5　油松间伐前后根系生物量比较

土层（cm）	粗根（t/hm^2）		细根（t/hm^2）	
	间伐前	间伐后	间伐前	间伐后
0～20	6.453	7.923	0.079	1.625
20～40	2.163	2.252	0.062	1.017
40～60	0.428	0.599	0.029	0.195

4　结论与讨论

对秦岭北麓中山区不同立地下落叶松和油松林开展抚育间伐研究得出以下主要结论。

1）抚育间伐后，林分应用该技术实施抚育可以有效改善目标培养木的生长环境，促进培养木生长和形质的改造；

2）在不同林地条件下，林分平均胸径与平均树高均比对照样地有明显增长；

3）间伐后林分蓄积量也比对照样地有明显增大，有效地提高了林地的生产力；

4）间伐对于小径级林木的生长的促进作用更加明显，对于大径级林木的生长促进作用不明显；间伐对于落叶松的影响比对于油松的影响大。

由上述结论可知，“人工针叶林高价值大径材技术”是一种有效的抚育间伐方法和林木增产措施，可在秦岭林区推广应用。

参 考 文 献

[1] 许彭年. 一种森林抚育采伐的好方法. 林业科技，1995，(5)：12-13.

[2] 张鼎华，叶章发，范必有，等. 抚育间伐对人工林土壤肥力的影响. 应用生态学报，2001，12（5）：672-676.

近自然可持续发展的森林经营理论与秦岭林区森林经营对策*

刘建军　雷瑞德　陈存根　张硕新

党坤良　尚廉斌　陈海滨　相维宽

摘要

本文简要介绍了近自然可持续发展的森林经营理论的形成、发展过程及其理论实质；以秦岭林区为对象，应用近自然可持续发展的森林经营理论分析了秦岭林区森林经营中存在的问题，并提出了解决对策。

关键词：接近自然的林业；持续发展；森林经营

当代世界人口不断增长，自然资源日趋匮乏，生态环境日益恶化，这一恶性循环正威胁着人类赖以生存的地球，为了人类的未来，国际社会正在寻求对策。森林作为陆地生态系统的主体，在全球环境保护方面的特殊地位和作用，正被人们逐渐认识，不仅为人类提供木材和其他林副产品，而且其在维持生命生存方面作为生物学—生态学价值和社会—精神价值的意义更为深远[1]。1992 年在巴西里约热内卢召开的联合国环境与发展大会对森林给予了从未有过的重视，通过了《关于所有类型森林的经营、保护和持续发展的无法律约束力的全球一致同意的权威性原则声明》。声明中明确指出：“森林这一主题涉及许许多多环境与发展的问题和机会，包括在持续基础上社会经济发展的权利在内”“应该持续地经营森林和林地，以满足当代人和子孙后代在社会、经济、生态、文化和精神诸方面的需要”。因此，突破传统森林经营模式，改善现行林业政策，建立推广近自然可持续发展的森林经营理论是一场林业革命。

1　近自然可持续发展的森林经营理论

德国是世界林业科学的发祥地，早在 18 世纪就产生了森林永续经营理论和法正林模式，1880 年 Gayer 提出了“接近自然的林业（near-natural forestry）”经营理论，他

* 原载于：西北林学院学报，1996，11（S1）：163-169.

认为，森林生态系统的多样性是“一个在永恒的组合中互栖共生的诸生命因子的必然结果”，人类要尽可能地按照自然规律来从事林业活动。此后，在长达百年的时间里，“近自然的林业”不仅成为林业科学研究的对象，而且逐步成为欧洲阿尔卑斯山地森林经营实践的目标。20 世纪 70～80 年代开始，德国和世界其他国家一样出现了前所未有的林业危机，森林因大气污染而发生大面积猝死，人工林地力明显下降，使原本投入产出倒挂的经济僵滞、缺乏活力，客观的现实给林业科学革命带来了机遇，长期处于潜在酝酿期的“接近自然的林业”经营理论进入了显现表露期。并在德国许多林业企业付诸生产实践，结果不仅实现了森林蓄积和木材价值双增长，还在多次森林灾害中受损失最少[2]。

长期以来美国多采用生产与保护分而治之的林业发展战略，结果使整个森林景观变得支离破碎，森林蓄积急剧下降，特别是生态环境也随之恶化，虽然建立了一些自然保护区，但它们被森林作业区所包围，由于岛状效应的原因，其功能逐渐被削弱，最终将面临名存实亡的威胁。1985 年美国林学家、华盛顿大学教授 Franklin 通过对美国西部针叶林长达 40 年的森林经营、森林生态系统和景观生态学的研究，针对美国现行林业政策的弊端，提出了新林业（new forestry）理论，即以森林生态学和景观生态学的原理为基础，吸收传统林业中的合理部分，以实现森林的经济价值、生态价值和社会价值相互统一为经营目标，建成不但能持续生产木材及其他林产品，还能持久发挥保护生物多样性及改善生态环境等多种生态效益和社会效益的林业。这一理论的提出立即引起美国林业界，乃至全世界林业界的极大兴趣，被誉为一种新的森林经营哲学，一场潜在的林业革命[3]。

我国林业面临的问题也是非常棘手的，一方面由于原始林的过度采伐，成熟林已所剩无几。人工林有很多成活率低，生长不良，地力明显衰退，森林病虫害普遍发生，资源危机日益加剧。另一方面环境问题日趋严重。显然采取林业生产和森林保护分布治之的策略是行不通的。吸收各国实施“森林永续利用原则”“森林多效益理论”过程中的有益经验，结合我国国情，提出生态林业是我国林业发展的必然途径。生态林业是以生态学的理论和方法及新经济学的观点为依据的一个多样性林业生产系统。强调以合理的生态系统结构，高效地利用自然资源，持续生产出种类多、数量大、质量好的产品，持久维持人类生活和生产的最佳环境。基本目标是生态、经济和社会三大效益协调统一并达最佳状态，最终实现人类的持续发展。

2 秦岭林区森林经营历史、现状及存在问题

2.1 秦岭林区森林经营历史回顾

秦岭林区大规模地开展森林经营工作（包括森林资源清查、森林主伐更新、森林抚育管理和改造）始于中华人民共和国成立后国家土地改革时期。当时依照“土地改革法”将大片天然林归国有，随后进行了森林资源航空调查和经理调查，基本查清了秦岭林区森林资源的面积和蓄积。1950 年开始在马头滩等林区，采用“拔大毛”式的单株择伐法进行主伐利用，伐后不清林，天然更新；1953～1956 年在佛坪的大南沟，采用皆伐

方式对冷杉林进行主伐，伐区内保留冷杉母树，并贯彻母树呈团块状分布的要求进行天然更新，本伐区是中华人民共和国成立后陕西省森林采伐有计划有记录的最早伐区；1958～1968年经陕西省政府批准，在秦岭林区先后形成了6局2场的林业机构分布格局，此后以6局2场为主体，按照国家关于森林采伐更新有关规程，系统地开展森林经营工作；20世纪70年代后，由于人口、环境和资源三大社会问题日益突出，生态越来越为人们所重视，人们也逐步认识到森林作为陆地生态系统的主体，其在维持生命生存方面的“生物学—生态学”价值和“社会—精神”价值，远远超过直接资源（林产品）的价值。1981年将秦岭林区划为水源涵养林区，并在秦岭林区先后建立了太白山自然保护区、佛坪自然保护区、洋县朱鹮自然保护区，保护区总面积达87 565hm^2，同时建立了太白山国家森林公园和楼观台森林公园。对维护自然生态平衡，改善人类生存生活环境，拯救濒于灭绝的生物种群发挥着积极作用。由于目前森林经营目标不够明确，生产技术水平有限，秦岭林区森林经营工作存在许多问题。

2.2 秦岭林区森林经营工作存在的问题

1）林种划分不清，森林采伐方式“一刀切”，结果使森林质量明显下降，自然灾害频繁。

《森林法》将森林划分为防护林、用材林、经济林、薪炭林和特种用途林五类，但由于森林清查方法和技术水平的局限，秦岭林区目前的用材林比重偏大。据1986年调查结果，用材林占56.3%，防护林占25.3%，而陕西省合理的林种比例大致是防护林占40%，用材林占35%[4]，即多年来把大量的防护林当作用材林经营。在森林主伐方式上基本采用“一刀切”，20世纪50年代初期主要采用“拔大毛”式的主伐方法，后期对高中山地带的云、冷杉林采用皆伐和强度择伐，由于云、冷杉多处于秦岭山地乔木树种分布的上限附近或居于山脊，气候条件相对比较恶劣，皆伐迹地很难及时更新。杨茂生等对秦岭林区冷杉林不同采伐方式天然更新效果评价认为，冷杉林皆伐和靠母树天然下种更新，达到恢复冷杉林的目的是十分困难的；特别是火烧清林后，在有些地段不仅冷杉林难以更新，就是其他乔木树种也难以更新。另外皆伐由于破坏了高中山地带生态系统的自我平衡能力，使本地带鼠害泛滥，如宁东林业局平河梁205工地，人工更新云、冷杉由于鼠害、冻拔等自然灾害，造成有些地段5次造林不成林。20世纪60～70年代千篇一律地实行择伐，在实施时多是伐大留小，伐好留坏，结果使林相变差，树种杂乱无明显优势种，形成生产力低下的“四不像”林分。例如笔者通过对火地塘林区1958年及1992年主要森林景观类型对比分析看出：由于采伐干扰形成了一定数量的阔杂景观类型；20世纪80年代后，各林业局在中山地带普遍开展皆伐改造工作，皆伐后火烧清林人工更新，发展速生丰产林。结果使大面积的林地失去了森林的庇护，特别是采伐迹地火烧清林，把大量的枯落物和采伐剩余物燃烧成灰而流失，土壤养分状况下降，同时由于地表失去了地被物，使原有的林地丧失了蓄水保土机能，水土流失严重，自然灾害频繁。据统计，20世纪70年代后秦岭北坡的100余条主要河流中，有80%断流或成了干涸的河床[5]；汉江、子午河、黑河年径流量自70年代后明显减少，约为207.42亿m^3（70年代以前为216亿m^3），年输沙量显著增加，约为2926万t（70年代以前平均为2735万t），特别是近几年水旱灾害交替出现，1992年长安河流域发生百年不遇的泥石流灾害，冲毁等级公路数十公里，直接经济损失上百万元。这除了与整个大气环流引起强度降水或持续干旱有关外，失去原有的涵养水源和保持水土作用无疑也是一个重要原因。

2）更新树种单纯，地力衰退，林分稳定性变差，抵御自然灾害的能力减弱。

秦岭林区森林采伐后更新树种偏重于针叶林，而忽视阔叶树[6]，20世纪70～80年代更新树种主要以油松（北部种源）、华山松等乡土树种为主，80年代后期开始在中山带大面积改造阔杂林，营造落叶松速生丰产林。即使是天然更新较好的地段，在进行森林抚育管理时，也多是以调节树种组成为主要目的，把更新起来的阔叶树作为间伐对象。结果林分的稳定性变差，抵御病虫害能力减弱，如华山松疱锈病和大小蠹虫的连年发生，不仅使各林业企业用于病虫害防治的费用增加，而且造成成片华山松林因病虫危害枯死。1986年以后由20世纪60年代引种的落叶松林先后成林并进入速生期，原来分布于东北、华北地区的落叶松叶蜂在秦岭林区也连年发生[7]，已显著影响落叶松的生长。另外还造成林地土壤肥力衰退，使林地持续生产的物质基础逐渐丧失。如党坤良等对火地塘林区落叶松林地土壤养分状况、化学性质及酶活性研究表明，落叶松林地土壤速效养分含量明显降低，土壤速效磷含量降低尤为显著，酶活性也明显降低，落叶松人工林地土壤中物质转化及生物循环过程小于天然林地土壤，特别是磷素转化速率变低。

3）许多生物种群由于人类的强度干扰，失去了原来的生存环境，面临灭绝的危险。

秦岭独特的地理位置、得天独厚的气候资源，使其林木繁茂，并生活着许多珍稀动植物种群，被世人誉为天然的植物园，大熊猫的自然庇护所。但随着秦岭林区开发利用，特别是不合理的采伐，许多珍稀动植物数量急剧减少，面临灭绝的危险。秦岭冷杉为我国特有种，其自然分布区非常狭小，由于其材质好，曾是采伐利用的主要对象，现在种群数量明显下降，已被中国植物红皮书列为渐危种，若不加以保护，秦岭冷杉林这一原始景观将在秦岭林区消失。大果青杆、水青树、连香树等珍稀树种分布中心都处于当前采伐地带，若不加以保护也将消失。国宝大熊猫的活动范围在秦岭有广泛分布，东起宁陕，西抵留坝，北至太白、周至，南到佛坪、洋县，总面积约有1650km^2。但为大熊猫提供庇护地和食物的森林植被被大面积采伐利用，使大熊猫的生活区域明显缩小，种群被分割的程度在逐渐加深，个体数量不断下降。所以潘文石等指出，保护“山岛”之间的“走廊”，立即停止在“走廊”地带的采伐和农垦；修复火地塘与菜子坪之间的“森林—竹林走廊”作为拯救火地塘大熊猫群体的“栈桥”，是保护秦岭大熊猫和扩大秦岭大熊猫分布范围主要措施之一[8]。

3 秦岭林区森林经营对策

1）在正确评价森林价值的基础上，把建立持续林业作为秦岭林区森林经营的目标。

过去多用效益和用途来说明森林的作用，徐化成教授认为，这太着重于狭义上的实用价值，而把本来很重要很有价值的事物却排除在“有用”的范畴之外。因此将森林的用途和效益改称为“森林价值”似更显得科学。并把森林的价值分为生物学—生态学价值、经济价值和社会—精神价值三大类。秦岭是以森林为主体的山地生态系统，陕西省境内的秦岭山脉森林覆被率达46.5%，面积为247.5万hm^2，总蓄积量达15 277万m^3，是陕西省重要的木材生产基地，年采伐量为45万m^3，具有很高的经济价值。同时秦岭又是长江和黄河两大水系的分水岭，林区内山高坡陡，森林在其中又发挥着不可替代的生物学—生态学价值和社会—精神价值。据冯书成等研究[9]，秦岭林区森林能涵蓄贮存大量的降水，平均每公顷森林蓄水量为1205.5m^3，若按现有森林247.5万hm^2计算，年含蓄能力达29.8亿m^3，相当于秦岭林区已经建成的92座大、中和小（一）型水库年蓄水能力的3倍。并且森林能明显减缓洪峰流量和峰现时间，从而对流量的分配起到调节作用，使河川流量保持稳定；同时林木及其他森林植物的根系能固定土壤砂石起到护坡保土作用，可以有效地防止和减少土壤侵蚀，如森林覆被率50%～70%的青水河、黑河等河流，年平均侵蚀模数只有120～250t/km^2，而森林覆被率为34%～44%的丹江上游、嘉陵江等河流，年平均侵蚀模数却高达545～1680t/km^2。此外森林还能起到杀菌、净化空气和降低大气污染对人类及其他生物危害的作用。承认森林生态系统的复杂性和森林价值的多样性，并以此作为确定森林经营措施的主要依据，是现代森林经营理论的要求，也是秦岭林区林业发展的目标。

秦岭作为水源涵养林区，应彻底抛弃以生产木材为主要目的的传统林业经营思想，把建立能为国民经济建设和人民生存和发展提供优质资源与环境的持续林业作为最终目标。

2）借鉴新林业理论，科学地确定秦岭林区森林主伐方式和迹地清理方法，满足人类对木材及林产品的需要和对改善生态环境及保护生物多样性的要求。

林学家历来都是从更新效果出发，研究和评价森林主伐方式和迹地清理方法的，而新林业理论则是从景观生态学的角度来研究和评价主伐方式和迹地清理方法，因为它可更全面地看出采伐的生物学后果和生态学过程。

秦岭林区森林经营措施及方法，一定要依据国家关于森林抚育及森林主伐更新的有关规程，改变传统的“一刀切”经营模式，借鉴新林业理论，按照具体作业区的林分的特点及生态要求来确定，并不断地寻求新的经营模式和方法。在生产实践中要求做到：①合理规划作业区，协调林业生产和自然保护的关系，生产施工时，作业区要做到一山一沟集中连片，降低采伐对景观的破碎程度，减少采伐对其他生物的不利影响。②在与自然保护区接壤的地段或在距离临近的自然保护区之间，适当设置缓冲带，作为各种生物迁移和活动的廊道。缓冲带内禁止采用皆伐方式进行生产作业。③在需要进行皆伐的作业区内，应永久保留一定数量的具有各种腐烂程度的站杆和倒木，满足林间生物对特殊生境的要求，达到维持林地生产力和生物多样性的目的；保留适当数量的前更幼苗幼树和采伐剩余物，禁止强度火烧清林，为野生动物和微生物提供必需的生境和森林更新的种源，同时也起到了维持林地土壤肥力、改善林地小气候和形成异龄林或混交林的作用。④一定按照不同树种的生长发育规律来确定采伐年龄和采伐周期，使林木的生产潜力得到充分发挥。

3）重新评价阔叶林，以乡土树种为主，适当引进新的树种资源，积极恢复秦岭林区的森林植被，增强生态系统的稳定性。

重新评价阔叶林。阔叶林在秦岭林区占有绝对优势，秦岭林区中成熟阔叶林的蓄积量约有 787.17 万 m^2，占该年龄阶段森林总蓄积量的 80%左右。其树种组成极为丰富，具有较高的经济价值，如栎类（栓皮栎、锐齿栎、辽东栎）由于其材质较好是地板条等工艺性木材工业的主要原料，同时也是烤胶、单宁等化工原料，在林区也是发展木耳、香菇等食用菌的基质。而且其生物学—生态学价值和社会—精神价值正被人们逐渐认识，根据对秦岭林区不同森林类型水源涵养作用研究，表明阔叶林地土壤的涵蓄量大于针阔混交林，大于针叶林，是优良的水源涵养林和用材林[10]。因此改变过去对阔叶林只提改造的经营思想，应分别林分的具体情况，进行抚育、复壮和更新。①对现有中、幼龄林，加强森林抚育工作，改变传统的调节树种组成方法，适当保留阔叶树种，使其形成树种组成多样、生物资源丰富、生产力高的森林类型。②树种杂乱，林相较差的低产林，若需要改造应保留有经济价值的幼苗幼树，并用当地种源的乡土树种更新。③对已成熟的阔叶林，应适时主伐，及时更新，在进行无性更新的基础上，发展有性更新，建立新一代实生针阔叶混交林。

发展乡土树种，适当引进新的树种，丰富秦岭林区的植物资源。树种的选择必须要考虑生境类型及树种的生物生态学特性。秦岭林区低中山、中山地带、水热条件较好，树种资源非常丰富，应以发展乡土树种为主，在保证主要优势种如油松、锐齿栎、华山松、铁杉、辽东栎、栓皮栎等各占适当比例的基础上，发展漆树、椴树、枫杨、冬瓜杨、水曲柳、连香树、水青树、核桃楸等经济和珍稀树种。高中山地带气候寒冷，树种资源相对较少，主要优势种有红桦、牛皮桦、青杆、巴山冷杉、秦岭冷杉等，其中青杆、巴山冷杉、秦岭冷杉由于人为的采伐利用，现有林地面积很少，且多分布在山高坡陡，人烟稀少的山坡上部或山脊，因此恢复青杆、巴山冷杉、秦岭冷杉是本地段森林经营工作的重点。同时应扩大引进新的树种资源。秦岭林区自 20 世纪 60 年代以来已引种了日本落叶松、朝鲜落叶松、华北落叶松、长白落叶松、欧洲落叶松等 8 种落叶松，其中日本落叶松、朝鲜落叶松、华北落叶松已经成林，目前生长良好[11]，特别是日本落叶松对落叶松叶蜂抗性较强，应适当推广。

掌握高中山暗针叶林的生态及繁殖特征，重新探索其恢复途径。青杆、巴山冷杉、秦岭冷杉是秦岭高中山地带的顶极群落类型，林分稳定，蓄积量高，由于其材质优良，是秦岭林区开发利用最早的森林类型之一，且多采用皆伐和强度择伐，火烧或堆腐清林，人工栽植青杆、巴山冷杉和秦岭冷杉，结果成活率低，保存率也不高，更新效果极差。说明这一主伐更新方式不适应于青杆、巴山冷杉和秦岭冷杉等暗针叶林的生物生态学特性，也违背了这些暗针叶林的种群生殖生态对策及群落演替规律。生物种群的生殖生态对策是生物长期对生态环境总的适应策略，通常分为 K 对策种和 R（reproduction）对策种。属于 K 对策的种群一般寿命长，竞争力强，种群数量稳定，个体大，但生殖力弱，再加上其缺乏有效的散布（传播）方式，所以在新生境中定居的能力较弱，常出现在群落演替的晚期阶段为顶极群落。相反 R 对策种群，寿命短但生殖率高，有较强的迁移和散布能力，他们善于利用小的和暂时的生境，所以很容易在新的生境中定居，对外来干扰也能很快地做出反映，常出现在群落演替的早期阶段，为先锋树种。

青杆、巴山冷杉和秦岭冷杉等暗针叶林属 K 对策种，由于人为的采伐（皆伐和强度择伐）或火灾、病虫害等外力的强度干扰，使原有的森林群落消失，原来的森林环境突然改变，迹地上白天阳光直射气温较高，空气湿度小，表土层变得干燥；夜晚冷却辐射增加，温度急剧下降，易使幼苗遭受日灼和霜冻的危害，再加上迹地上阳性杂草丛生，这样严酷的环境条件使青杆、巴山冷杉和秦岭冷杉这些K对策种难以生存。而本地带的桦木（红桦、牛皮桦）、山杨等R对策种，由于其年结实量大，种子较轻易于传播，幼苗幼树也能适应温度的剧变，且生长较迅速，在生存竞争中有战胜杂草的能力，因此，青杆、巴山冷杉和秦岭冷杉林受到强度干扰后，桦木、山杨会立即占领新的生境，形成桦木或山杨林。在桦木、山杨林内，光、热、水及土壤的水分和养分状况不断地得到改善，又为青杆、巴山冷杉和秦岭冷杉等树种的种子萌发、幼苗生长提供了条件，若有种子来源桦木、山杨林下青杆、巴山冷杉和秦岭冷杉就会大量更新，逐渐形成混交林并最终破坏恢复恢复形成顶极群落。其自然演替过程为

$$\text{云、冷杉林}\xrightarrow{\text{破坏}}\text{桦木或山杨林}\xrightarrow{\text{恢复}}\text{混交林}\xrightarrow{\text{恢复}}\text{云、冷杉林}$$

依据青杆、巴山冷杉和秦岭冷杉种群的生殖生态对策及其群落演替规律，提出秦岭林区高中山地带暗针叶林的更新恢复途径：①对皆伐后至今还没有更新的采伐迹地，应首先选用R对策种（红桦、牛皮桦、山杨、日本落叶松、朝鲜落叶松和华北落叶松）进行人工更新，待群落形成以后，再引进青杆、巴山冷杉和秦岭冷杉，形成异龄混交林，R对策种作为过渡林分，主要是培育中、小径材，最终形成青杆、冷杉顶极群落。②对已经具有良好天然更新的山杨、桦木林，或为提高林分质量需要改造的山杨、桦木林，应模仿自然演替规律，在其林下及早栽植青杆、冷杉，人为使这一自然过程加速。这一更新途径在东北林区已经被用于红松阔叶林的恢复，效果很好。

4 结语

综上分析可以清楚地看出秦岭林区森林不仅具有重要的经济价值，同时在维持生命系统正常机能方面作为生物学—生态学和社会—精神学价值更显重要。但由于传统林业经营方式使其多方面的价值不能得到持续体现，吸收新的林业思想，加强对强度干扰下森林结构、功能的动态规律研究，建立新的、多样的森林经营模式是秦岭林区林业持续发展的当务之急。

参考文献

[1] 徐化成. 森林的价值. 世界林业研究，1993，(4)：14-20.
[2] 邵青还. 第二次林业革命——“接近自然的林业”在中欧兴趣. 世界林业研究，1991，(4)：8-15.
[3] 赵士洞，陈华. 新林业——美国林业一场潜在革命. 世界林业研究，1991，(1)：35-39.
[4] 吕树润，罗克修. 浅谈我省森林采伐有关问题. 陕西林业科技，1991，(1)：4-6.
[5] 王进才. 秦岭应该划为水源涵养林区. 陕西林业科技，1981，(4)：50-51.
[6] 崔国柱，刘毅. 秦岭林区二十年森林采伐更新之回顾. 陕西林业科技，1991，(1)：9-11.
[7] 李孟楼，吴定坤，刘朝斌，等. 落叶松叶蜂的生态对策及其防治策略. 西北林学院学报，1992，7（4）：114-121.

[8] 北京大学，陕西长青林业局联合大熊猫研究小组. 秦岭大熊猫的自然庇护所. 北京：北京大学出版社，1988.
[9] 冯书成，韩广钧. 秦岭森林的蓄水保土作用. 陕西林业科技，1985，(1)：51-58.
[10] 雷瑞德，王建让，谢应忠. 秦岭南坡林地蓄水功能的初步研究. 陕西林业科技，1985，(专刊)：20-23.
[11] 李世文，杨茂生，孙丙寅，等. 沣峪林场八种落叶松引种试验研究. 西北林学院学报，1988，(1)：17-24.

“近自然林”——一种有发展前景的“人工天然林”*

张硕新　雷瑞德　陈存根　刘建军

摘要

本文简要论述了“近自然林”的由来、内涵以及在中欧国家的实施情况，认为发展“近自然林”是 21 世纪我国林业持续发展的重要途径之一，并针对我国的具体情况，提出了相应的对策和建议。
关键词：近自然林；持续发展；人工林；天然林

回归自然是当今世界上人类与自然融合的一种社会现象，是人类生态觉醒的重要标志。林业上的回归自然界早在 1880 年已由 Karl Gayer 提出，为目前倍受人们推崇的“接近自然的林业” 理论发展开了先河。当时，由于社会经济发展的需要，限于林业科技水平和人类生态意识的局限性，这种理论未能得到广泛应用。20 世纪以来，由于资源枯竭和环境污染对人类的胁迫日趋加剧，传统林业的弊端不断暴露，人们才重新认识到 Gayer 理论的价值。“接近自然的林业”现已在中欧各国全面开展，得到政府和各级林业部门的大力支持。为了推动我国林业事业的健康发展，林业部在论及林业的长期发展战略时指出：应对“林业分工论”“生态经济林业”“系统林业”“新林业”“接近自然的林业”等一些当代中外林业发展战略的论点、学说的吸收乃至融合进行深入研究，提出以为国民经济建设、人民生存和社会发展提供优质资源与环境为目标的持续林业发展战略，建立起我国发展持续林业的决策支持系统。

本文就“近自然林”的内涵及怎样开展这方面的工作谈一点初步认识，以供商榷。

1　历史回顾

在 19 世纪后期，工业资本在中欧兴起并迅速发展，古典林业和工业用材林的理论和实践已经历了一段璀璨的繁荣时期，德国杰出的林学家 Karl Gayer 于 1880 年提出了“接近自然的林业”的思想和理论，见之于他的《造林学》著作中。1895 年，Gayer 在《混交林的营造和抚育》这一指南性著作中对他的理论作了进一步阐述，为林业理论的

* 原载于：西北林学院学报，1996，11（S1）：157-162.

发展开创了一个崭新的阶段。他认为，森林是自然界各种因子共同作用的产物，具有多样性和稳定性；在人们单纯经营人工林时，着眼于木材和高额土地纯收益的获取，忽视了自然力的巨大作用，漠视自然界各种因子错综复杂的相互关系和自然体的多样性，只按照主观愿望去繁殖、培育和经营森林；正确的做法应在森林经营活动中遵循自然规律，尽可能利用自然力，注意保持森林的多样性，重视森林的永续利用和发挥其综合效益。

如果说 20 世纪以前是以木材生产为中心建立起了林业发展的理论体系、技术体系和经济运作模式，那么，进入 20 世纪后，“接近自然的林业”的诞生和发展，经历了半个多世纪的阵痛。随着社会发展和科学技术进步，森林的物质生产功能（不单纯是木材生产）、公益环境功能、景观游憩功能及在生物多样性保护中的作用逐渐被人们所认识，面对人工林大面积发展导致的生产力下降、地力衰退、病虫害蔓延和自然灾害频频发生造成巨大经济损失等严重后果，开展了对传统林业的反省和批判。德国在 20 世纪 50 年代初和 80 年代先后出现了两次规模较大的批判速生用材林经营思想的运动。慕尼黑大学 Escherich 教授认为：如果我们的人工林在几十年内越来越厉害地遭虫害而必须花费更多的工作、时间和金钱去与之斗争的话，那么找出的最终原因是 19 世纪把天然生长的森林全部改变为人工的、物种贫乏的人工林。抽去了对生命来说极为重要的防御力量……。奥地利著名林学家 Mayer 于 1981 年深刻地指出：几百年来一直集约经营的森林由于皆伐使混交树种大大减少，林分结构不稳定；由于森林营造和经营方法陈旧使生产力明显下降；这种“远离自然的林业”意味着长期的生态欠账，抛弃了森林的持续生产力，置林业于极大的风险之中……[1]。针对单纯经营针叶速生用材林的传统做法，德国成立了“拯救阔叶林委员会”。第二次世界大战以后，德国大力主张将纯林改造为混交林，于 1949 年成立了“德国适应自然的林业工作者同盟”（该组织 1989 年发展成为有 10 个国家参加的“欧洲与自然相知的林业工作者同盟”），按照“接近自然的林业”理论开展研究工作。

到 20 世纪后半期，传统林业的弊端在欧洲已成为毋庸争辩的事实，欧洲的学者们已着手建立发展林业的新理论体系。在批判传统林业思想的同时，继承了其中的“合理内核”——永续经营的思想，并进一步发展和完善。Plochmann 认为：永续性不应是生产多种物质、产量和效益的持续性、稳定性和平衡性，而应当是保持森林生态系统效益的持续性。Gaertner 指出：永续性是一种行为标准，它要求人们在经营森林时考虑充分满足当代和后代人的社会、经济和文化要求，并保证森林生态系统的多种功能。永续性具有不可忽视的道德性，真正的永续经营同时也发挥了景观生物和永续利用。鉴于生物多样性保护和自然保护的要求，给“接近自然的林业”赋予新的内涵。Eucke（1992）认为：“接近自然的林业”建设就是要把造林活动纳入以自然保护为目标的行动准则中去。面对自然界的森林，人们不能只是简单的“保护自然或利用自然，而是以严格的永续利用来保护自然，使自然保护从静止的、被动的、在强大的经济利益面前退缩的行为，上升到动态的、发展的、利用本身经济价值的有效益的活动”[2]。Goppinghaus 认为“接近自然的林业”可以缓和林业与自然保护的矛盾。在林业理论不断发展和完善的基础上，Mayer 提出了群落——生态基础上的造林理论，并贯穿在他的《造林学》著作之中；Leibundgut 的《森林抚育》把“接近自然的林业”思想融入森林经营活动之中，他们的著作先后几次再版[3-5]，成为欧洲造林和经营方面的权威著作。这些都为“接近自然的林业”理论发展和林业生产中付诸实施奠定了基础。

2 基本思想

“接近自然”是林业生产中的一个高级目标，要求针对地区群落选择树种，地区群落是指冰河纪后最早的原始森林。在经营的目标计划中，要使当地群落的乡土树种得到充分表现，确保森林在自然结构所允许的偏离幅度前提下制定相应的经营措施，使乡土树种、外来树种有一个合理的比例。

“近自然林”是根据一定生境上潜在植被的特征，按照森林发生发展的自然规律培育成健康、稳定、多样的混交林，兼备人工林和天然林的优点，既具有集约经营的人工林生长迅速的特点，又具有天然林稳定、持续发挥多种效益的特征，是人工林与天然林的有机结合。经营“近自然林”的目的不只是为了单纯的经济利益，而是依据自然规律采用相应的经营措施，充分发挥森林的物质生产功能和环境、景观效益。

Bruening 和 Mayer 根据“近自然林”的原理提出了经营技术原则：①要求森林的营造、抚育和收获必须尽可能与所在地生境、天然植被的自然关系接近，而不是致力于天然的森林类型；②森林的建立要充分利用自然力，人工促使自然力得以充分发挥，禁止采用与立地条件不相宜的措施，以保持森林群落的稳定性[6]。

Mayer 对林业生产的主要过程论述了自己的“近自然”观：尽量选用生态-生物学上稳定的树种，以保持立地的生产力；尽可能采用具有经济-超经济效益的树种，以长期最有效地利用林地生产力；力求使造林“生态化”，建成“近自然”的、多级结构的稳定林分，以保证综合效益的持续发挥；实现森林集约经营和利用技术动态化，符合自然变化规律，以保证森林经营的持续性；慎重确定森林间伐的原则和方法，以不断提高乔林的经济和超经济生产力；森林中的狩猎要建立在生态学协调的基础之上，既保证野生动物有合理的种群密度，又不明显影响森林生态系统的自组和更新；这就要求具有足够数量的、训练有素的、拥有林学和生态学知识的、并经常进行培训的专业劳动力，以确保在森林经营利用的长周期生产过程中，对森林生态系统进行“无摩擦”的调控[1]。

笔者认为“近自然林”的经营技术必须满足以下要求。

1）有利于充分利用自然力，适合当地的生境条件。以较小的投入获得最大的综合收益。

2）有利于保护物种的多样性和景观的完整性。以所在地潜在植被的发生发育规律为依据，为森林内的植物、动物、微生物等创造协调的生存发育环境；同时要求提高森林生态系统的美学价值。

3）有利保持森林群落的相对稳定性。使经营的森林群落与潜在稳定群落的结构相融合，保证群落物种构成的多样性和群落结构的合理性，提高森林的抗干扰（如环境污染、自然灾害、人为破坏等）能力。

4）有利于森林的持续发展。森林是重要的可再生资源，要使自身生态环境的保持和优化具有持续性，物质生产（木材和其他多种产品）具有持续性，综合效益发挥具有持续性。

5）有利于森林的社会、生态、经济效益充分发挥。把森林经营纳入物质生产、环境建设和游憩事业协调发展的轨道，把森林作为人类社会活动和自然环境总体的结构成分，以充分发挥森林的综合效益。

要达到以上几点要求，应积极开展林学、生态学、经济学和社会学等多方面的综合研究，在对森林生境进行科学评价的基础上，结合不同地区的社会经济条件，建立发展持续林业的决策支持系统，制定切实可行的“近自然林”的经营方案。

Huebner 和 Muehlhaeuseer [7]、Schirmer [8]、Volk [9]、Schumacher [10] 和 Zerle [11] 等运用“近自然林”原理对森林生境的评价做了大量工作，邵青还[12]对此作了较详细的介绍，可以借鉴。“近自然林”在生产实践中的具体应用可参阅 Mayer 的《造林学》著作。

3 综合评价

笔者认为：“近自然林”也可以称为“人工天然林”，因为从哲学的角度讲，自然界有二种自然体：一种是从来未受人为因素干扰的自然体；另一种是受人类活动轻度影响的自然体，即近自然体。事实上，前者在地球上已不存在，而近自然林属于后者，它是人对自然的改造力与自然力相融合，经营目标和经营措施与自然规律相融合的产物，在森林生态系统的弹性阈限允许的范围内，通过人为调控组建的结构优化、稳定高效的“人工天然林”，是兼有人工林与天然林特点的森林生态系统。

欧洲工业用材林的发展历史和弊病教育了欧洲人。Giese 和 Benjamin 指出，人工林比天然林易受害，演替早期阶段的树种比演替后期的树种容易受害虫危害，同龄林比异龄林易受害；林分结构愈复杂，种类愈多，抗病虫害能力愈强。天然林遗传变异性大、结构复杂、生境多样，对外力干扰具有较强的抵抗能力 [13]。

中国的人工林经营产生的生态问题也在教育着中国人。林业部指出：①树种单一，遗传基因窄化，使病虫危害日益加重，由于生态失去平衡造成的病虫灾害，仅仅依靠被动的防治是难以奏效的；②针叶化倾向严重，轮伐期短及经营措施不当，地力衰退，林分生长量下降；③人工林区生境和生物多样性严重下降，群落结构简单，在生态上十分脆弱；④陡峻坡地的人工林经营，造成不同程度的水土流失，环境条件恶化。

Perry 等 [14] 阐述了天然林具有较高生产力的理论依据，即：①阴阳树种混交可以充分利用环境资源，提高生产力；②天然林中同一树种的遗传变异大，可形成很多生态型，提高环境资源的利用效率；③同一树种不同遗传型混交对环境变化的胁迫具有缓冲作用，保证森林健康正常的生长。徐化成和郑均宝的研究结论是：河北省的油松人工林多为粗放经营，生产力较油松天然林低。西北林学院教学实验林场在秦岭南坡中山地带引种栽培华北落叶松纯林，仅 20 多年时间，已引起林地肥力下降，百余种害虫肆虐。

随着社会经济的发展，人类对森林的干预越来越强烈，原始林不断退缩，次生林不断扩大。若单纯依靠自然力恢复森林，将产生很多不稳定的低价次生林。据笔者研究，秦岭林区多代萌生锐齿栎林的生产量比原生锐齿栎林低 70%左右。极有必要使人力与自然力融合，建立和培育优质高产的“近自然林”。

奥地利维也纳的森林可被看成是“近自然林”发挥多功能效益的成功范例。奥地利政府从 1925 年起就按“接近自然的林业”理论经营森林，划分了天然立地类型保护区、动物保护区、稀有花卉保护区、森林草原与干草地过渡地带稀有生境保护区，4 个天然公园。平均林木蓄积量达 263.3m^3/hm^2，10 万 hm^2，森林年生产木材 40 万 m^3；同时还发挥着保护水源、提供游憩场地、保证野生动物栖息繁衍、防风和美化环境的作用。奥地利农林部认为“近自然林”在经济上也是合算的，天然更新可以降低营林成本，如 1989 年仅用苗 35 万株，若完全人工更新则需苗 100 万株；“近自然林”通过延长轮伐期培育大径材提高单株林木的经济价值；“近自然林”的经营技术能充分利用自然力，减少能源和劳力支出，降低经营成本。只有科学地借鉴天然林的生产原理，充分利用自然力，才能以较少的花费建成持续发展的、高于平均生产力的“近自然林”。德国、瑞士等国不少林业企业按“近自然林”的要求经营森林，取得了很好的成功经验。

总之，“近自然林”深深地扎根于自然发展规律与经济运作规律相结合的基础之上，其经营要求的技术含量高，具有明显的综合效益，较人工林和单纯依靠自然力恢复的天然次生林有着无可比拟的优越性，有着广阔的发展前景。

4 几点建议

当前，对推广“近自然林”在一些国家尚有争论，美国还在讨论究竟是按 Franklin 的“新林业”思想去做，还是实施林务局的“新远景”计划。但“近自然林”已在德国、奥地利、比利时、挪威、斯洛伐克、荷兰、波兰和法国等国家全面兴起，必将在实施的过程中不断深化和完善。我国目前的林业生产水平和基础条件，完全实行“近自然林”的经营模式还有一定难度，但林业几乎是唯一能改善生态环境，生产可再生资源的特殊产业，其重要地位已被全社会所认识，森林的可持续发展已成为林业经营的长期目标。因此，吸收、借鉴甚至融合“接近自然的林业”理论和技术，探索适合中国国情的林业发展道路，已是我们面临的一项重要任务。为此建议如下。

1）全面开展森林发生、发展和演变的规律研究，在各代表性区域探索潜在性稳定的森林植被的类型、结构和恢复途径，为在各类型区组建稳定的森林生态系统奠定基础。

2）开展全国性的森林生境评价工作，对森林立地的稳定性、森林结构的稳定性、生产周期的稳定性、持续发展的稳定性建立科学的评价体系，为持续发展林业的经营决策提供依据。

3）我国森林资源与需求有较大缺口，人们对现存森林单位面积的功能效益期望值过高，故对现有人工林、天然林稳定性和持续发展的机理与对策进行研究，以充分发挥其综合效益。

4）研究并建立森林恢复、现有森林经营过程中充分利用自然力的技术体系；研究各区域乡土树种间及与外来适生树种间相互耦合的机理和模式，制定混交林的营造和经营技术。

5）为了缓解木材的供需矛盾，可适度发展短生产周期的工业用材林；但应对立地选择、树种搭配、产量和需求预测、灾变与对策、培育措施体系等进行慎重的研讨，以提供尽可能全面的保证。

6）改革林业教育；扩大林业新知识、新技术的普及工作；以提高林业职工素质，保证林业规程和技术措施的落实。

7）在林业企业体制改革的同时，制定相应的政策和法规，规范企业的行为，规范森林培育和经营利用过程中的技术行为。

8）深入进行森林效益的计量研究，把森林的生态效益、社会效益纳入到现有的经济关系和商品经济规律中去，使全社会认识森林的价值，真正实现森林的价值并占据应有的地位。

参考文献

[1] Mayer H. Die 10 oekologischen Wald-Wild-Gebote fuer naturnahen Waldbau und naturnahe Jagdwirtschaft. Wien，1981.

[2] Euck B-G. Kosten und Nutzen eines Waldbaus auf oekologischer Grund lage. AFZ，1992，(2)：52-56.

[3] Leibundgut H. Die Waldpflege，2. Auflage. Bern-Stuttgart，1978.

[4] Leibundgut H. Die Natuerliche Verjuengung. Bern-Stuttgart，1981.

[5] Leibundgut H. Die Aufforstung. Bern-Stuttgart，1982.

[6] Bruenig E，Mayer H. Waldbauliche Terminologie. Wien，1980.

[7] Huebner W，Muehlhaeuseer G. Standortskartierung und Biotopschutz. AFZ，1990，(6-7)：155-156.

[8] Schirmer C. Verfahren und Ergebnisse der Waldbiotopbewertung. AFZ，1992，(1)：38-41.

[9] Volk H. Ziele und erste Ergebnisse der Waldbiotopkartierung. AFZ，1992，(1)：5-9.

[10] Schumacher W. Waldbiotopkartierung in Baden-Wuerttemberg. AFZ，1992，(1)：3-4.

[11] Zerle A. Waldbiotopkartierung. AFZ，1992，(20)：517-521.

[12] 邵青还. 德国：接近自然的林业——技术政策和技术路线. 世界林业研究，1993，6(3)：63-67.

[13] Giese R L，Benjamin D M. Interaction of insects and forest trees//Young R A. Introduction to Forest Science. John Wiley & Sons，Inc.，1982：161-185.

[14] Perry D A，Molina R，Amaranthus M P. Mycorrhizae，mycorrhizospheres，and reforestation：current knowledge and research needs. Canadian Journal of Forest Research，1987，17(8)：929-940.

“近自然”生态工法理论和实践的发展与当今坡面整治技术的思考*

彭 鸿 张海峰

摘要

本文回顾了“近自然”水土整治理论的发展历程。介绍了“生态工法”的内涵及其在各个领域的应用现状。我国传统水土保持各项措施与“生态工法”的要求有一定的差距，特别是过去的坡面整治技术措施过于人工化，单一化，没有体现自然生态系统的“个性”，因而是不稳定和不可持续的。实践中沿袭过去兴修水利设施和基本农田的河川沟道治理模式，以土、石坎梯田和埂边植树代替原来坡面的自然面貌。从治理的强度、频度和代价等方面看，均背离了“近自然”治理的思想。近几十年来，“近自然”水土理论不断发展壮大，但国内关于“近自然”整治的理论和技术探讨在水土保持领域还是空白，需要引起水土保持工作者的重视。本文就如何在实践中贯穿“生态工法”的原则于水土整治的各项措施中，封禁和培育并进，营造接近自然的稳定的坡面防护体系，真正体现人与自然的和谐、可持续发展，这是新时期水土工作者需要研究和探讨的前沿课题。

关键词：生态工法；坡面整治；生态工程；近自然

早在 20 世纪初我国学者在大江大河的治理实践中已经认识到土壤侵蚀的三种主要方式，即风力、水力、重力侵蚀，并开始用径流小区进行土壤侵蚀的观测试验[1]。1940 年林垦设计委员会在四川成都召开第一次设计委员全体会议上确定了“水土保持”这个专用名词术语。20 世纪 60 年代后关君蔚先生提出了水土流失的概念，认为水土流失是在陆地表面由外应力引起的水土资源和土地生产力的损失和破坏。水土保持是研究水土流失发生的原因、规律和预测、治理的基本理论，据以组织和运用综合措施，防治水土流失、维持和提高水土资源和土地生产力，合理利用水土资源发展生产，有利于改善环境条件和自然面貌的一门以综合性为其特点的应用技术科学[2]。20 世纪 80 年代后水

* 原载于：山地学报，2005，23（6）：729-735.

土保持科学理论体系和技术得到进一步的发展，成为独立的跨学科的学科[3]。应该说，在不到百年内发展起来的水土保持学科还很年轻。

“综合防治”是水土流失治理的基本思想，这个思路可以追溯到20世纪40年代前后。如李仪祉于1938年提出的“治理坡耕地、培植森林、改良盐碱荒沟荒滩”的思路和“从坡、沟、川、滩层层设防，分层设防，保（就地蓄水保土）、拦（坎库拦淤）、排（排洪排沙）、淤（引洪淤灌）泥沙”的治理模式。马溶之于1946年强调土壤、植物和工程措施三结合的治理原则[4]，其后耕作措施在水土流失防治的重要性也引起了重视[5,6]。因此，工程、生物和耕作三大措施相结合，成了水土保持措施的核心内容。在分析了黄河中游小流域径流泥沙来源后蒋德麒于1966年提出了“坡沟兼治，治坡为主”治理方针[7]。朱显谟于1981年通俗地概括为“全部降水就地入渗拦蓄，米粮下川上塬，林果下沟上岔，草灌上坡下洼”的28字水土整治方略。20世纪80年代后，“综合治理”的思想完善，人们开始注意到经济效益和生态效益相结合的重要性，提出了“山、水、田、林、草、路”的综合配置[8,9]。

沟坡是土壤侵蚀的敏感区域和泥沙的源头，因此坡面整治成为水土保持的重要部位。坡面改造为梯田（实践中简称“坡改梯”）既可减少水土流失，又可提高农业生产效益，因而是坡面整治的重要措施[10]。在生产实践中梯田曾一度被作为成功的经验，冠以“大寨田”在全国推广应用。如今“大寨田”已时过境迁，但“坡改梯”的坡面治理模式沿袭至今。在我国长江中上游水土保持重点治理区采用石坎，黄土高原地区则为土坎梯地，其中坡度较大的地段的窄条梯地占有相当的比例，先不谈其投资和产出的效果如何，单就坡面的稳定性而言，已不容乐观[11]。

直到20世纪末，水土保持从理论上基本是强调措施的综合性，但不管什么措施，均以“治理”为出发点。在人类“征服自然”的过程中不断被自然惩罚后，资源和环境危机日趋明显。进入21世纪，生态经济可持续发展的问题成为学界和决策层讨论的热点。恢复生态学理论被引入到了水土保持领域，提出按照生态系统演变的规律，来恢复和重建植被，以防治水土流失。在实践中试图通过预防监督措施，“利用自然修复能力”进行生态修复。封禁治理成为水土保持的重要策略，如提出了封山禁牧、封山育林、“大封禁、小治理”等强调“封”和以“封”为主的水土保持指导思想。在总结研究了欧美等发达国家植被复兴重建的理论的实践经验，特别是同样面临巨大人口压力的中欧的水土整治策略后，已有学者质疑只“封”不“育”的水土保持生态修复措施的科学性[12,13]。

总之，我国水土保持一方面强调“综合治理”，另一方面又被动地封禁防护，在实践中常常矫枉过正，困扰了水土保持事业的发展。在经过几千年的自然资源开发利用后，经济利益的驱动使得保留一个绝对的原生生态系统和恢复到原来的自然生态系统的状态都是不可能的，而大动干戈地开山造田、培植单一的人工植被等治理模式又不能满足人们对生态系统服务功能的要求。提出“接近自然”的水土整治思想，探索“近自然”水土保持理论及其应用原则等具有很重要的现实意义。

1 “近自然”生态工法理论与实践

1.1 生态工法与生态工程

德国林学家 Hanns 在公元 1713 年提出“可持续利用”的建议，可持续森林经营的基础是“近自然林”（near-natural forestry）的营造，因为“近自然林”与该地的潜在植被最接近，因而它反映了当地的气候和立地状况，具有最大的稳定性[14]。同样是德国林学家的 Gayer 在 1880 年提出了“近自然林业”经营的理论。“接近自然”是林业生产经营的一个高级目标，“近自然林”是根据一定生境上潜在植被的特征，按照森林发生发展的自然规律培育成健康、稳定、多样的混交林，兼备人工林和天然林的优点，既具有集约经营的人工林生长迅速的特点，又具有天然林稳定、持续发挥多种效益的特征，是人工林与天然林的有机结合[15]。1938 年德国 Seifert 提出“近自然”河溪整治（near natural torrent control）的概念，指能够在完成传统河流治理任务的基础上可以达到接近自然、廉价并保持景观美的一种治理方案[16]。

在美国及一些英语国家，“近自然”整治被称为 ecological engineering 或者 eco-engineering。我国大陆常将其翻译为生态工程，台湾学界翻译为生态工法或“近自然”工法。在日本称为“近自然的工事”或“多自然型建筑工程法”。还有一些类似的术语如生态技术（eco-technology）、生态系统恢复（ecosystem restoration）、生态系统复兴（rehabilitation）等。目前生态工法尚无明确的定义与应用及使用范围，但综合国外相关资料，其广义的内涵可以说是“应用生物和非生物材料，对周边环境保育、维护、永续利用、修复及改良所实施的各项工程”，其狭义的内涵为“采用乡土材料，在尽可能不破坏当地生态和自然景观的条件下，对边坡、河流等侵蚀地段所做的整治工程措施”[17]。

我国大陆常将所有以整治和改善环境为目的的生态建设工程称为生态工程，如天然林保护工程、农田防护林建设工程、小流域综合治理等。这里有两层含义，一指各项生态工程措施，二指生态工程项目。应用于欧美、日本和我国台湾的生态工法概念，更强调工程措施实施中“近自然”材料的应用、景观美学的考量和各个生态因子的统一和谐等。如谷坊、拦沙坝的建设中，尽量避免用水泥、钢筋等，考虑用当地可及的柳桩、石头等材料。

1.2 “近自然”与人工生态系统

陆地生态系统的变化总是受到来自人类和自然本身两个方面的影响，从远离自然的工业建筑群到原始森林植被，各类生态系统按照其接近自然的程度可排列如图 1。

森林是陆地生态系统的主体，而人类在进入工业和电子时代后，未受任何干扰的原始森林生态系统几乎不复存在。介于原始林和人工林之间的“近自然林”首先成为林业界进行森林培育的目标，因为“近自然林”虽达不到原始林的要求但比原始林利用潜力更大（枯死木少，木材质量高），具有较好的稳定性，能够更好地为人类提供的服务功能。

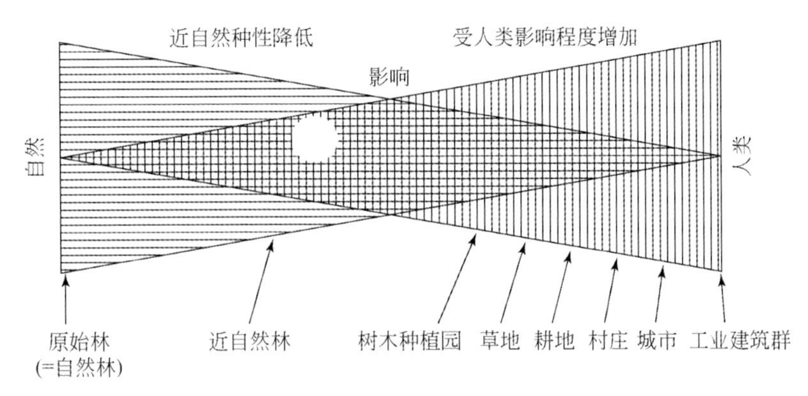

图1 生态系统按照其“近自然”的程度排序

“近自然”生态系统和不合理的人工生态系统在演变推动力、能量平衡、物质循环、生物群落组成等方面大相径庭（表1）。

表1 “近自然”生态系统与不合理的人工生态系统的区别

特征	“近自然”生态系统	不合理的人工生态系统
演变的主要推动力	自然	人类
原则	利用自然力	征服自然
种类组成	由立地条件决定	由经济目标决定
能量平衡	平衡	非平衡
物质循环	物质输出和输入量最小化	物质输出和输入量无边界
稳定性	高	低
弹性	高	低

1.3 “近自然”理论的发展与应用

从20世纪70年代初开始，生态工法的理念在美国、日本等地区被应用于各个领域[18]，如在20世纪60～70年代人们试验建造、恢复湿地和盐水生态系统以防止农耕区非点源污染对周边湖泊和海洋生态系统的威胁，这种方法现今已被广泛接受，并被认为是较成功的“近自然”治理工程的范例之一[19]。北欧开始用这种方法防止斯干达农耕区的非点源污染物质进入波罗的海。美国用同样的方法保护墨西哥海湾不被污染[20]。在美国新泽西州，人们拆除了沿 Delaware 海湾建造的堤防工程，废止了成千上万公顷的人工草场，从而恢复了海岸18世纪前的沼泽景观[21]。研究还表明，人为建造一个“近自然”的生态系统代价很大。以建造于美国 Arizona 沙漠上的一个能够满足人类生息和劳作需求的人工生态系统“生物圈2号（Biosphere 2）”为例，其造价约为10亿美元/（km^2・a）[22]。

总之，以“近自然”整治为基本理念的生态工程在欧美、日本、新西兰等国早已从理论探索过渡到了具体实践阶段。虽然目前主要体现在湿地和受非点源污染物的农耕区及荒溪的治理、滑坡地和矿区等的复垦、公路规划和城市建设的生物措施等方面，但研究的范围逐步扩大，进入了针对具体措施的更精确的实验阶段。随着研究的深入，生态系统“近自然”恢复和经营的应用范围几乎遍及林业、农业、建筑、交通等各个行业和领域。

20世纪80年代开始，“近自然”工法的概念被引入我国台湾，在工程建设、流域治理等方面得到广泛应用，并有制定了相关的政策和技术规范。大陆学界关于“近自然”整治理论和技术探讨也始于林学领域，刘建军等[23]根据中欧“近自然林业”的思路和实践经验，提出了我国秦岭林区人工林改造和天然次生林复兴的对策。雷瑞德和张硕新[24]、邢震和潘锦旭[25]均指出，“近自然林”培育和经营是以实现森林资源永续利用和林业可持续发展必由之路。将“近自然”森林经营方式应用于杉木人工林的经营试验表明，与采用常规方法比，“近自然”森林经营方式能够取得更高的生产力并能更好地调剂林地土壤养分供需状况[26]。流域“近自然”治理方面的研究不多见。高甲荣[27]介绍了中欧荒溪（德文“wildbach”）近自然治理的进展，2002年又阐述了河溪（英文“torrent”）近自然治理的概念、发展和特征，提出了河溪近自然治理的原则[28]。不论是荒溪还是河溪，均以河道的近自然治理为重点，但与水土保持的范围及特征尚有相当大的差距。

2 坡面整治技术的检讨

以小流域为单元，采用工程、生物和耕作三大措施，合理配置“山、水、田、林、草、路”，考虑生态经济和社会效益，进行综合治理是当前水土保持的基本策略。小流域综合治理的重点部位是坡面、沟头和沟缘，其中坡面产（泥）沙量占流域产（泥）沙总量的一半以上。以黄土高原丘陵沟壑区为例，坡面产（泥）沙量占流域产（泥）沙总量的百分比达55.98%～85.23%[29]。因此坡面侵蚀治理显得尤为重要，并在生产实践中总结了坡改梯地的方法遏制水土流失，采用“大垄沟”种植，“水平阶”“燕翅形整地”“鱼鳞坑”造林等措施来拦蓄水分，控制土壤侵蚀。这些措施的生态经济效果应该说是明显的，但过分地兴修梯地、整地造成原地貌的彻底改变，从自然景观和生态序列上已“远离”自然。

近年来，人们对可持续发展观和恢复生态学的思想有了进一步了解，专家学者和政客纷纷呼吁人与自然的和谐相处。在曾经遭到放牧、垦植、采伐利用等的严重退化的地段，开展“生态修复”工作。黄河生态工程、水土流失预防保护工程、天然林保护工程等可以说是这一新的水土保持理念在实践中的具体体现。但在操作中往往走向只重视封禁保护而不管培育的极端自然保护主义。

2.1 过于人工的坡面措施

主要表现在过于注重工程的坡改梯地、灌浆坡面和各类整地措施。这里仅以坡改梯地、灌浆坡面为例进行讨论。

兴修坡地的目的是从事农业，如不是修田以种植水稻，在坡度<10°和>30°的坡面采取任何改梯地措施都是多余的，因为<10°的坡面不影响使用任何农业机械，<30°的坡面

上从事农业耕作事倍功半。

坡改梯地的直接优点是拦蓄水分，减缓水蚀，但梯田化的坡面，自然景观单一化，同时不良后果还在于：①增大了重力侵蚀的可能性，坡面因而重力侵蚀的风险而长期处于不稳定状态，直到梯田垮塌，形成新的自然坡面为止。我国山区 20 世纪 70 年代修建了“大寨田”（即梯田），现今的保存率不足 60%就是一个例证。②梯地必须不断加固维修，增加了生产成本。③坡改梯后坡面表面积增加，使得地表蒸腾加强并加剧地坎面一定范围内干旱，特别是干旱的黄土高原地区这种后果特别明显，几乎抵消了梯地拦蓄水分的作用。④土壤水热交换及土壤生物的活动由于乍起的陡坎被切断，因而在相当长的时期内不利于坡面物质和能量交换以及坡面的可持续利用。

如果必须修筑梯地的话，梯地倾角多大就很重要。如黄土高原地区，黄土自然堆积形成的坡度 45°和自然休止角 35°为工程设计标准（图 2），利用自然堆积力量，可减少人工筑埂的费用，形成的软埂坡面接近自然休止状态，有利于植被恢复和土地利用。但实践中常见倾角>45°的梯地，特别是垂直石坎梯地（图 2），从工程力学上说高于这个角度就已偏离“自然”。

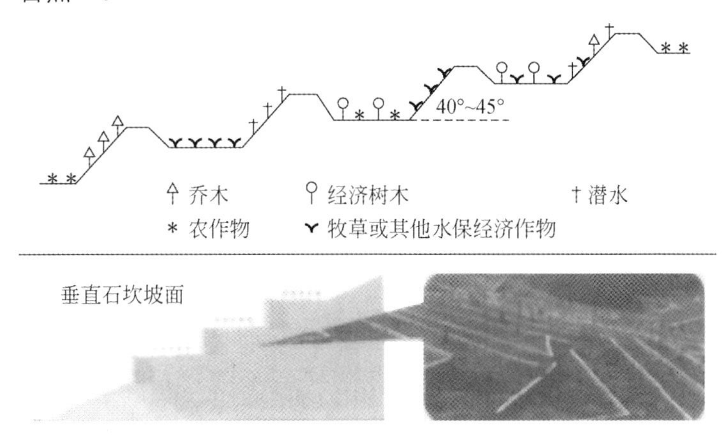

图 2　坡面整治的不同工程措施示意图

灌浆能够快速固定坡面，遏制坡面土壤侵蚀和坡面动植物活动。灌浆坡面本来应用于一些特殊地段，如水库大坝，目的是避免植物坡面上植物根系和动物活动造成空隙而引发渗漏塌陷等风险，但近年来高速公路、铁路建设等在坡面处理时，常采用灌浆的方式来修建护坡。大面积的灌浆坡面景观在自然生态系统中无异于工业建筑，从陆地生态系统的演替序列上，它远离“自然”，是自然生态系统的陌生成分。灌浆坡面修建成本高，稳定性很差，没有土壤植被的覆盖和缓冲，是经不起多年的风雨剥蚀的。

2.2　依靠“自然力”的生态修复

森林是陆地生态系统的主体，因此生态修复首先以恢复森林植被为主。我国过去的森林采伐以皆伐为主，同时实践中倾向“伐大留小”，而在很多地段，连幼树也被当作薪材伐除了。反复砍伐、放牧、开垦后导致水土流失，最终导致两个后果：①土壤基质旱化和贫瘠化；②先前稳定森林群落中的优良遗传基因随之流失。因此不仅是水土流失问题，更重要的是基因流失、生物多样性降低和生态系统的崩溃。

在破坏力被终止后，依靠“自然力”的植被恢复的根本在于：①修复区域不断得到有机质、养分和水分等植物生长必须物质的补充和积累；②地下“种子库”尚存，因而能够延续下一个植被阶段；③通过“种子雨”补充外来基因。如果土壤被破坏，“种子库”不发挥作用的话，植被恢复靠“种子雨”补充繁殖体，同时缓慢积累有机质和养分，以改善土壤条件。可想而知，如果没有人工措施，依靠“自然力”恢复植被是一个漫长的过程。在我国的绝大部分次生林区，如秦岭林区，依靠“自然力”恢复植被应该是可能的，但必须等待至少二三百年的时间。在黄土高原地区，由于土壤基质早已遭到破坏，土壤侵蚀严重，依靠“自然力”恢复植被就不现实。如白于山区，近年来通过“设施养羊”、封禁防护措施使退耕地上的草本植被很快得到恢复，但这些以菊科、禾本科植物为主的草本群落生产力低下，要恢复到与该区生物地理条件相符的相对稳定的森林草原阶段，没有人工措施的话，至少应在几百年以上。又如黄土高原南部乔木区域，栎林为潜在植被，但多年的造林实践证明，直接播种或者栽植栓皮栎成功的可能性很小，因为土壤基质在经过几千年来的破坏后早已经极端旱化和贫瘠化。相当地段由于水土流失导致表层土壤丧失，没有结构的岩土母质成为“土壤”，因此必须选择先锋类型的草种和灌木。依靠“自然力”恢复植被就是坐等，是被动和不科学的。这种指导思想导致土地资源的浪费，土地不能及时发挥其应有的生产力。同时也导致人力的浪费。造林和培育植被本身能够提供很多就业职位，被动坐等使人们失去了机会，导致大量劳动力涌入城镇及其他行业。

3 结语

综上所述，近几十年来“近自然”水土整治理论不断发展，应用范围不断扩大，成为生态系统修复和重建的重要发展方向。但国内关于“近自然”整治的理论研究和技术探讨在水土保持领域几乎空白，实践中仍沿袭过去兴修水利设施和基本农田的河川沟道治理模式，以土、石坎梯田和埂边植树代替原来坡面的自然面貌，从治理的强度、频度和代价等方面看，均背离了“近自然”治理的思想。另一方面，生态修复工作中过度夸大“自然力”的作用，因而实践中往往走向只重视封禁保护而不管培育的极端自然保护主义。

生态工法的最终目的是营造一个接近自然的生态系统，真正体现人与自然的和谐，因而具有最大的稳定性和可持续性。我国传统水土保持各项措施与生态工法的要求显然有一定的差距，特别是坡面整治的措施过于人工化、单一化，没有体现自然生态系统的“个性”，因而是不稳定和不可持续的。如何在实践中融生态工法于水土整治的各项措施中，封护时兼顾培育，促进生态系统的进展演替，营造接近自然的稳定的坡面防护体系，是新时期水土保持工作者需要研究和探讨的前沿课题。

参考文献

[1] 任承统. 1936. 森林与保土防塌. 林学，1936，(5)：34-40.

[2] 关君蔚. 水土保持原理. 北京：中国林业出版社，1996.

[3] 辛树帜，蒋德麒. 中国水土保持概论. 北京：农业出版社，1982：1-287.

[4] 马溶之. 黄河中游之水土保持. 土壤季刊，1946，5（1）：1-12.

[5] 黄委会西北工程局，黄委会水利科学研究所. 西北黄土区农业技术措施及其对保持水土和增产作用的初步研究. 黄河建设，1958,（2）：26-32.

[6] 张心一. 用蓄水保土的耕作措施加快黄土丘陵地区的改造和建设. 水土保持，1985，（6）：2-4.

[7] 蒋德麒，赵诚信，陈章霖. 黄河中游小流域径流泥沙来源初步分析. 地理学报，1966，32（1）：20-36.

[8] 龚时旸，蒋德麒. 黄河中游黄土丘陵沟壑区沟道小流域水土流失及治理. 中国科学，1978，（6）：671-678.

[9] 朱显谟. 黄土高原水蚀的主要类型及有关因素. 水土保持通报，1982，（3）：40-44.

[10] 黄委会水利科学研究所. 复式梯田是黄河中游黄土地区一项多快好省的水土保持措施. 土壤，1960，（1）：16-18.

[11] 曹世雄. 山地农业. 北京：中国农业科技出版社，2001.

[12] Coster J E，Peng H，Zhang Q L. Forests of West Virginia，U. S. A. and Shaanxi，China：a study in forest exploitation and recovery. Journal of Forestry Research，2004，15（1）：49-54.

[13] 苗光忠，彭鸿. 中欧森林植被重建与城乡发展考察管见. 中国水土保持，2004，（2）：13-16.

[14] Mosandl R. Waldbau zwischen；ökonomie und；ökologie. Rundgespräche der Kommission für；ökologie. Bd. 12“ Forstwirtschaf t im Konf liktfeld；kologie 2；konomie”，2000：S. 107-117.

[15] Burschel P，Huss J. Grundriß des Waldbaus-Ein Leitfaden für Studium und Praxis. 2. Aufl. Berlin：Parey Buchverlag，1997.

[16] 高甲荣，肖斌. 荒溪近自然管理的景观生态学基础——欧洲阿尔卑斯山地荒溪管理研究概述. 山地学报，1999，17（3）：244-249.

[17] Kangas P C. Ecological Engineering：Principles and Practice. Boca Raton：Lewis Publishers，Inc.，2003：1-472.

[18] Ammer U，Pröbstl U. Freizeit und Natur-Probleme und Lösungsmöglichkeiten einer ökologisch verträglichen Freizeit-nutzung. Berlin：Verlag Paul Parey，Hangburg，1991：1-228.

[19] Manci K M. Riparian ecosystem creation and restoration：a literature summary. US Fish and Wildlife Service Biological Report，1989，89（20）：1-59.

[20] Mitsch W J. Restoration of our lakes and rivers with wetlands-an important application of ecological engineering. Water ScienceTechnology，1995，31（8）：167-177.

[21] Lefeuvre J C，Mitsch W J，Bouchard V. Eco-logical engineering applied to river and wetland restoration. Special Issue of Ecological Engineering，2002，18：529-658.

[22] Marino B D V，Odum H T. Biosphere 2. Introduction and research progress. Ecological Engineering，1999，13：3-14.

[23] 刘建军，雷瑞德，陈存根，等. 近自然可持续发展的森林经营理论与秦岭林区森林经营对策. 西北林学院学报，1996，11（S1）：163-169.

[24] 雷瑞德，张硕新.“近自然林”与中国森林资源的可持续发展. 林业科技管理，2001，（2）：34-66.

[25] 邢震，潘锦旭. 政治生态学及其在林业上的应用和发展. 世界林业研究，2003，16（3）：12-15.

[26] 张鼎华，叶章发，王伯雄."近自然林业"经营法在杉木人工幼林经营中的应用. 应用与环境生物学报，2001，7（3）：219-223.
[27] 高甲荣. 近自然治理——以景观生态学为基础的荒溪治理工程. 北京林业大学学报，1999，21（1）：80-85.
[28] 高甲荣，肖斌，牛健植. 河溪近自然治理的基本模式与应用界限. 水土保持学报，2002，16（6）：84-91.
[29] 陈皓. 黄河中游小流域的泥沙来源研究. 土壤侵蚀与水土保持学报，1999，5（1）：19-26.

论我国林业生物质能源林培育与发展*

白卫国　张　玲　翟明普

摘要

能源危机和生态环境压力使世界发达国家纷纷转向发展和利用生物质能源，发展生物质能产业也是我国缓解能源供应压力和解决环境问题的途径之一。林业生物质能资源培育是一项系统工程，要从统筹资源培育和产业发展、进行现状及发展潜力调查评价、制定资源培育及产业发展总体规划、加强科技和加强优惠财税政策等方面做好工作；同时，处理好产业与生态、森林多目标培育的关系，处理好国家、企业和能源林经营者三者之间的关系，以促进我国林业生物质能产业健康快速发展。

关键词：生物质能；能源林培育；生物质产业；发展策略

生物质是指绿色植物等利用光合作用将二氧化碳、水和其他无机物合成的有机质和有机质形成的各种有机体，包括有机体被利用转化过程的各种有机残渣，如各种农作物植株、林木、灌草、藻类、生活有机垃圾、动物粪便等及其他残体。生物质能即是储存在生物质中的能量，它是生物质在形成过程中绿色植物通过光合作用的光反应过程将太阳能转化储存于生物质中的化学能。生物质的能量源于太阳，只要太阳不熄灭，绿色植物等就能源源不断地利用太阳能合成生物质能。绿色植物等的生长、储存有机质和能量、分解为无机物、无机物被绿色植物吸收这个过程循环反复，因而生物质能是一种可再生能源。据估计[1]，全球森林面积约占陆地的1/3，每年森林生长量占全球陆地植被年生长量的65%，森林每生产10t干物质，可吸收16t二氧化碳，释放12t氧气，光合作用过程伴随能量转换和储存，所以每年通过光合作用固定大量的碳和贮存大量的能量，因而发展和利用林业生物质能潜力很大。

能源是社会经济发展的动力支持，据测算[2]，全世界已探明的煤炭、石油和天然气，若按目前开采和利用的速度，分别可以再利用100年、30～40年和50～60年。化石能源利用产生有毒物质和大量废气，导致全球生态环境恶化、物种灭绝等一系列问题。追求天-地平衡、人与自然和谐和可持续发展成为世界共同的话题。世界组织相继研究制定了《蒙特利尔议定书》《联合国气候变化框架公约》《京都议定书》等公约、协定，

* 原载于：林业资源管理，2007，(2)：7-10.

提出了通过财政激励、税收和关税等政策，提高能源利用效率，限制和减少废物和有害气体排放，发展新能源和可再生能源、二氧化碳固定技术，促进森林可持续经营、造林和再造林，发展温室气体的汇和库等。发展生物质能源，既能实现温室气体的汇和库，又为能源利用提供后续保障，再加上其清洁、安全又可再生，使得生物质能资源继化石能源、自然能、核能之后，被认为是经济社会发展的第四大动力资源，开发和利用生物质能源成了 21 世纪一个新亮点。美国、日本、印度、巴西及欧洲等国家已开始发展利用生物质能源。

1 我国生物质能资源开展利用情况

能源是我国经济增长的重要支柱，据统计，仅占我国能耗 13%左右的石油，每年加工形成的各种产品、材料等的工业增值占我国 GDP 的 15%以上；2001～2005 年，我国能耗量分别为 14.3 亿、15.2 亿、17.5 亿、20.3 亿和 22.2 亿 tce，平均能耗年增长 11.7%；为了保持经济增长势头，我国每年要大量进口原油，2003 年 9740 万 t，2004 年 1.4 亿 t，2005 年 1.3 亿 t。随着经济发展的态势，石油进口量将进一步增大。

我国政府十分重视能源发展，在“九五”、“十五”和“十一五”期间，将可再生能源的开发利用列入重点研究计划，纳入我国能源发展战略中。目前生物质气化技术、甜高粱茎秆制取乙醇技术、纤维素废弃物制取乙醇技术、生物质热裂解液化技术、生物质燃料压缩成型技术、利用植物油生产柴油技术等科技研发取得了阶段性成果，一些研究成果已经进入中试阶段，少数成果进入示范推广阶段[3]。2005 年，我国《可再生能源法》的颁布实施和“十一五”期间能源发展战略的制定，标志着我国生物质能发展进入了新时期。

我国生物资源十分丰富，据估计，我国生物质能源至少有相当于 7 个大庆的能源产出量[1]。每年农作物秸秆约 7.2 亿 t，森林采伐、木材加工等环节的废弃物约有 1.4 亿 t，各种抚育修枝每年约有 1 亿 t，合计量约相当 4.8 亿 tce[1]，林木果实、天然树脂年产量超过 350 万 t[2, 4]，此外，还有大量的生活有机垃圾和动物粪便等。但是，我国生物质资源利用方式非常粗放，森林采伐、造材、加工等过程中各种剩余物由于运输不便和再利用成本过高而被遗弃，城市乡村生活垃圾及废弃物被遗弃或埋掉，造成生物质资源大量浪费，同时也给生态环境带来污染和破坏。如何充分利用现有的生物质资源，减少浪费，减小对生态环境危害，是发展生物质能源面临的机遇和挑战。

根据第六次全国森林资源清查结果显示，全国森林面积 1.75 亿 hm^2，森林覆盖率 18.21%，林分单位面积蓄积量为 $84m^3/hm^2$，平均郁闭度 0.54，平均胸径 13.8cm，年均生长量 $3.6m^3/hm^2$[5]，表明我国林地生产力还没有充分发挥出来。此外，我国还有宜林荒山荒地沙荒地 0.55 亿 hm^2，以及边远性和废弃土地资源 1 亿 hm^2[1]。若通过科学经营提高林地生产力，加速宜林荒山荒地沙荒地的绿化，种植小桐子、黄连木等高产木本能源植物，对发展生物质能资源来说具有不可估量的潜力。

2 加快我国林业生物质能资源发展

以为保障我国能源持续供给和维护生态安全为目的，结合我国国情民情林情和生物质能产业发展的现状，培育林业生物质能资源和发展相关产业，是解决“三农”问题、加快林业发展的新路子。

1）做好全国林业生物质能资源发展利用的统筹工作。培育生物质能资源和发展生物质产业是一项系统工程，涉及经济社会各个方面。发展林业生物质能资源及其产业，要从林业的实际出发，以现有的森林、林木、林地和可利用资源为基础，密切联系社会经济的实际需要，客观分析评价现阶段人力、财力、技术、设备等条件，确定生物质能资源培育及产业发展的中长期目标，大力营造良好的产业发展环境，有计划、分步骤、稳妥地推动林业生物质能资源培育和产业发展。

2）开展全国林业生物质能资源现状及发展潜力调查评价工作。掌握资源现状和客观评价发展潜力是推进林业生物质能资源培育的基础，摸清现有生物质能资源的数量、分布、可利用程度、最佳利用方式和宜林荒山荒地沙荒地和边际性土地的分布、面积、立地情况，为科学制定发展规划、合理设计产业布局和制定适度利用限额提供支撑。目前，我国生物质能资源的准确数量、分布以及宜林荒山荒地沙荒地和边际性土地的具体情况还没有完全掌握，所以，要尽快开展生物质资源本底调查工作，为全国林业生物质能资源培育和产业发展的规划制定提供可靠支撑。

3）制定全国林业生物质能资源培育及产业发展的总体规划。发展和利用生物质能源包含有政府行为、企业行为和能源林经营者行为，直接或间接地涉及多方面的利益，也受社会环境、经济形态、科技能力和产业发展阶段等多种因素的制约，在发展初期则主要决定于国家行为和价值取向。发展生物质能这一新兴产业，政府要首先做好全国生物质能资源培育和产业发展的总体规划，要根据全国生物质能资源现状、发展潜力和发展目标，因地制宜、分区施策，做好全国林业生物质资源培育规划、产业发展规划、科技发展计划和市场拓展规划，使林业生物质产业实现资源培育、科技发展、产品加工和市场拓展实现规模、协调、经济、高效发展。

4）加强林业生物质能相关科技研发工作。产业要发展，科技要先行。目前，生物质产业发展面临很多技术挑战，要加强生物质能的科技研发工作，将林业生物质能科技研发列入国家科技发展规划，优先安排资金。积极借鉴和引进国外先进的生产技术和设备，通过学习、消化和吸收，形成具有自主知识产权的、适合国情、林情的技术和手段。加快生物质能资源苗木培育技术研究，培育良种壮苗。创新森林培育技术研究，提高现有森林和能源林单位面积产出。加强生物质能源和生物基产品的研发，降低生产成本，提高产品质量。制定林业生物质能产品的相关标准，规范市场准入制度。

5）提高林业生物质能资源规模化培育水平。产业要发展，资源是基础。要按照全国林业生物质能发展的资源、产业、科技和市场拓展等总体规划以及优先发展领域，有计划、成规模地培育林业生物质能资源。转化生物质能资源培育研究成果，提高能源林培育水平。要根据产业需求和能源林培育的目标，选择合适的能源林林木种类和品种造林，实现区域集中，种类连片。利用良种壮苗、科学造林、加强抚育和合理收获等措施，提高林地产出水平。充分利用宜林荒山荒地沙荒地和边际性土地，选用抗逆性强的高能植物种类，提高林地资源产出。要积极将发展林业生物质能源林与林业重点工程建设相结合，推动能源林培育。

6）出台优惠财税政策鼓励林业生物质能资源培育。补充完善林业相关政策，制定鼓励林业生物质产业发展的配套措施。对能源林项目和以利用林业废弃物发展生物质能的产业，采取技术支持和减免税收等政策予以鼓励。加大生态状况恶劣、立地条件差、造林困难地区造林的财政投入和补贴。鼓励生物质能资源培育与产业开发利用相结合，倡导“农户-能源林-企业”结合等模式，鼓励外资、民间资本进入，鼓励新种类能源植物的引种和试种。设立林业生物质能源及产业发展专项基金，对技术力量强、有一定经济实力、管理比较规范、有发展潜力且从事生物质能资源培育和产品开发的社团和企业，给予一定限额或比例的贴息贷款支持。

3 处理好林业生物质能资源培育中几方面的关系

发展林业生物质能资源及其产业，既是对传统林业森林资源培育利用的继承，也是现代林业建设的一个新方向。促进林业生物质能资源培育及产业健康发展，必须正确处理好以下几个方面的关系：

1）正确认识并处理好林业生物质能产业发展与林业生态建设的关系。生态建设是当前和今后一段时期林业发展的主旋律，林业生物质能资源培育及产业发展必须服从和服务这个主题。培育和发展能源林，增加森林资源总量，提高森林覆盖率，增强了对生态环境的改善力度。利用宜林荒山荒地沙荒地、退耕还林地以及难利用地等，选择适宜的乔木或灌木树种发展能源林，宜乔则乔、宜灌则灌，科学培育、合理收获，避免片面追求经济利益最大化而忽视自然规律，使生态环境遭到破坏和产业发展遭受挫折，要实现林业生物质能产业发展和生态建设互补共赢。能源林建设既培育增加了资源，也为林业重点建设工程结束后缓解经济压力提供了出路。

2）处理好生物质能资源培育和森林资源多目标培育之间的关系。森林资源具有多种功能和多种效益，能满足社会经济多样化的需求。当前我国林木、林果、林化、林副等各种原料和产品还很短缺，森林资源所提供的各种旅游、休憩等公众服务功能还很弱，还远远不能满足经济社会发展和人民生活水平提高的需要。发展能源林培育要处理好与森林资源多目标培育利用的关系，避免与正常森林资源培育争山争地争资源的现象，防止为上新项目、为出新业绩而不切实际地发展能源林和生物质能产业。要统筹协调好林业生物质能发展与森林资源多目标培育的关系，进行资源合理搭配和综合利用，实现优势互补和经济效益最大化。

3）处理好资源培育与科技及产业发展的关系。生物质能产业是一个新兴产业，生物质能资源效益发挥与科技进步和产业发展息息相关。只有在具备成熟的科学技术和产业实体的条件下，林业生物质资源才能被开发转化为成型产品，使生物质能资源实现其经济价值，能源林培育才可能得以延续和发展。所以，培育和发展能源林要紧密结合生物质能科技发展的动态、阶段性成果和最终目标，联系生物质能产业规划和产业实体发展情况，根据能源林培育的特点，科学规划、循序开展，避免盲目冒进。

4）处理好国家、企业和能源林经营者之间的关系。林业生物质能产业发展的成败和效益对国家、企业和能源林经营者来说是损益与共。国家要从宏观方面做好引导，促使生产要素向生物质能资源培育和产业聚集。生物质能生产企业作为独立的经济实体，要不断提高技术水平和生产能力，在法律许可范围内，结合实际条件和市场需求，自主解决资源供应和与能源林经营者的合作模式，自负盈亏。能源林经营者作为自主经营的法人实体，在国家法律许可下，自主经营和选择合作模式，独立与企业签订供销合同。政府要依法加强对企业和森林经营者的监督，确保公正、公平、合理和自主，避免包办、承办和干涉企业及能源林经营者的合法经营活动。

参 考 文 献

[1] 贾治邦. 大力推进林业又快又好发展发挥林业在建设节约型社会中的作用. 中国林业产业，2006，（11）：4-9.

[2] 石元春. 发展生物质产业. 中国农业科技导报，2006，8（1）：1-5.

[3] 戎志梅. 从战略高度认识开发生物质能产业的重要意义. 精细化工原料及中间体，2006，（7）：7-10.

[4] 国家林业局. 2005 中国林业统计年鉴. 北京：中国林业出版社，2006.

[5] 国家林业局. 中国森林资源报告（白皮书）. 北京：中国林业出版社，2005.

椒粮间作及其效益的初步研究*

朱 健 冯敏杰 陈存根 张兴奋
袁长民 朱 鸣 张建芳 李有才

摘要

本文总结了坡台田地埂花椒和平川地花椒林网的间作形式以及以“花椒||小麦、玉米”为主的6种间作模式，并对其产生的效益进行了研究，其结果是土地利用率提高30%～50%；光能利用率亦明显增强；地埂栽椒后冲毁率由过去11.34%下降到2.52%；风速较过去减弱17%～28%；高温季节气温降低1～3℃，空气湿度增加10～15个百分点；栽椒后4a平均每公顷经济收入提高21.9%。同时，还从间作的水平结构和垂直结构方面进行分析论证，提出了相应的椒粮间作优化模式。

关键词：椒粮间作；模式；效益

椒粮间作是陕西韩城浅山台塬地区种植业的一个特点。从提高土地利用率、提高光能利用率、建立立体生态经济结构等诸多方面来看，无疑是一条农村脱贫致富的有效途径。本研究通过对西庄生态林业示范区内椒粮间作的类型、方式、结构、效益等的调查，采用对比分析的方法，揭示这一混农林业的特点、生产规律、作用机制，进而寻求一种适合陕西渭北黄土高原的椒粮间作的最佳优化模式，使之在生产中广为应用。现将研究结果总结如下。

1 试验地概况

试验地在韩城市西庄镇沿山11个村，51个村民小组，共计2331户，10 342口人，有劳力4429人，其中从事农业的劳力占84%，从事林业的劳力为16%，在农业劳力中有60%的人兼营林业。土地面积约4310.3hm^2，其中农业用地面积为1880.1hm^2，为总面积的43.6%；林业用地面积1472.4hm^2，为总面积的34.2%；牧业用地面积617hm^2，为总面积的14.3%；特用地面积340hm^2，为7.9%。现有椒粮间作面积1366.6hm^2，栽植

* 原载于：防护林科技，1997，(2)：15-17，60.

花椒 80 万株，覆盖率达 51.58%。

西庄镇属于渭北浅山丘陵旱塬区。该区光照充足，热量适中，是韩城大红袍花椒的理想产区，平均降雨量 560mm，年均气温 13.5℃，1 月份平均气温-1.5℃，7 月份平均气温 26.6℃，≥10℃的积温 4593℃，全年无霜期 210d 左右。

2 椒粮间作类型

本试验区是个富山多塬的浅山丘陵区，地形复杂，小地貌差异显著。据调查，在农业耕地中，坡台田占 80.2%，平川地占 8%，在坡台田中，由于海拔、坡度、坡向、土壤等因子的影响，而表现出不同的形式。具体反映在台田宽度、台高差等方面。因而，该区的椒粮间作主要是充分利用台田地埂，建立地埂花椒林网与农作物间作的一种形式。依据土地类型条件具体分为两大类。

2.1 坡台田地埂花椒间作形式

在台田地埂按 2～5m 的株距栽植花椒。地埂宽为 50～80cm，埂高 20～40cm，为了保证花椒有足够的营养面积，一般在地埂内保留 lm 左右的营养带。

2.1.1 开放式

沿坡台田地埂单行栽植花椒的一种间作形式。

2.1.2 封闭式

沿坡台田的边缘地埂和台基部各栽植 1 行花椒的间种形式，形成“椒林围田”的封闭式结构。

2.2 平川地花椒林网间作形式

2.2.1 带状混交型

以 3m×4m 的株行距栽植双行花椒林带，带间距 10～15m，林带走向多为南北向。

2.2.2 方田林网型

单行栽植，株距 3～4m，网格宽 10～15m，长 10～20m。

3 间作种类

椒粮间作按照植物相生相克理论和群众的间作经验，一般可分为 6 种间作模式：花椒||小麦、玉米模式；花椒||棉花模式；花椒||小麦、豆类模式；花椒||豆类、瓜类模式；花椒||蔬菜模式；花椒||药材模式。其中以“花椒||小麦、玉米”间作模式最为普遍，约占 80%。

4 椒粮间作效益

本研究以花椒||小麦、玉米模式为例，分别从土地利用率、光能利用率、固埂作用、改善小气候、经济收益等方面进行了初步调查研究。

4.1 土地利用率

试验区椒粮间作70%以上为地埂花椒椒粮间作形式，其农业用地为山坡、塬面、沟坡台田。为了保护坡台田的水肥条件，防止水土流失，一般在台田边缘保留50cm的空地修筑地埂，闲置未用。以地埂花椒为模式的椒粮间作，充分利用了这一农田空地，提高了土地利用率。若按花椒实际栽植面积计算，可提高土地利用率 9%～20%；若按花椒植株数折合占地面积计算，可提高土地利用率30%～50%。据此，在坡台田栽植地埂花椒，每年可增加农业用地面积229.6hm^2。

4.2 光能利用率

花椒的树体结构为疏散型，透光性能良好，加之树形低矮，对农田内作物的光照没有明显的影响。而椒粮间作形成立体复合结构，合理充分地利用了空间，增加了光合面积，单位面积上的生物量大大增加，从而提高了光能利用率。以地埂花椒为例，平均每株花椒有40%左右的树冠伸向埂外，既不占地，又加大了光合叶面积，是梯台田提高光能利用率的一个典型例证。

4.3 固埂作用

椒粮间作在本示范区的又一特殊作用是花椒的固埂作用。本区土壤结构疏松，渗透力强。雨水冲刷严重，破坏了农田的完整性，甚至冲毁农田，导致水土流失和土壤肥力下降。栽植花椒后，由于花椒根系发达，如盘结的网状根把土壤包扎起来，形成深约60cm的加固层，从而增加了地埂对雨水冲刷的抵抗力。据调查，由于在地埂栽植花椒，地埂的冲毁率由过去的11.34%下降到2.52%。

4.4 生态效益

由于大面积的椒粮间作，从而在农田内部形成完整的花椒林网，使农田小气候环境得到改善。据测定，椒粮间作区风速比过去减弱40%左右；高温季节农田气温降低1～3℃；空气湿度增加5个百分点。农田小气候的改善，不仅改善了农业生态环境，而且美化了山庄景观。

4.5 经济效益

从宏观看，土地、光能利用率的提高和生态环境的改善，是增加单位面积产量和收入的主导因素。从微观看，农村经济结构的调整，椒粮立体复合经济模式的建立，家家户户因地制宜，充分利用地埂资源，大种花椒并逐步实行集约经营，出现了椒兴粮增，收入年年增加的新局面（表 1）。

由表 1 可见，随着间作面积的增加、花椒产量的逐年提高，其经济收入占总产值的比例也逐年增加，达到了椒粮双丰收。

对于不同的立地条件和不同类型的农耕地，椒粮间作后比单一的种植粮食所产生的经济效益有明显差异。一般来说，立地条件越差，台田宽度越窄越能显示椒粮间作的重要作用。在示范区东部有部分极干旱、瘠薄的坡台地，台田宽度不足 10m，作物一年一熟，平均产小麦 1200～1500kg/hm^2，接议价收入不足千元，实行椒粮家间作后，沿地埂平均可栽植花椒 420 株/hm^2，第 4 年可产花椒 30kg，收入 420 元，平均经济收入提高 21.9%；第 7 年花椒进入盛果期，产花椒可达 345kg/hm^2，收入 4830 元，经济收入提高 68.9%，而且花椒易经营，好管理，投资小，利润高，既不影响粮食产量，又保证了农田的稳产。

表 1　示范区农林牧经济收益结构

年份	总收益（万元）	种植业（万元）	林业（万元）	畜牧业（万元）	其中：椒粮间作			
					经济收入（万元）	占总产值（%）	粮食收入（万元）	花椒收入（万元）
1988	561.35	293.27	209.40	58.68	367.60	65.48	185.60	182.00
1989	628.16	301.39	254.59	72.18	399.58	63.61	189.58	210.00
1990	781.32	336.91	337.64	106.77	499.19	63.98	219.19	280.00
1991	1031.83	380.72	504.46	146.65	702.92	68.12	268.92	434.00

5　椒粮间作优化模式

实践和经验都充分证明，椒粮间作确是渭北黄土高原发展生态林业的好形式，但为寻求一个充分、合理、高效、均衡的结构模式，就要考虑生态林业工程这个大系统内部的生态平衡、地形特点、立地条件、小气候环境等因素，如果单一地追求经济收入而忽视系统的内部协调发展，必将产生“过剩和不足”，物能循环脱节，不但不能获得理想的收入，而且会导致系统新的不平衡，为此，我们在分析研究的基础上，针对本地区不同的立地条件，提出了相应的间作模式，以便在今后的生产中取得更大的生态效益和经济效益。

5.1　椒粮间作的水平结构

椒粮间作的水平结构由椒带走向、株距、农作物水平布局所组成。.

5.1.1　椒带走向

粮间作不同于其他林粮间作，花椒树体比较矮小，一般只有 3～4m，而且树冠透光性能良好，加上本区农业耕地多为南向坡台田，因而对农田的遮阴影响不大，据调查，东西走向的椒带北侧只在上午和下午有少量的遮阴，其宽度一般不超过间作营养带宽；而南北走向的椒带除在清晨和傍晚有很少遮阴外，其余时间光照都很充分。因而，椒带走向对农作物生产影响不大，可随地形而定。

5.1.2 株距

根据对不同立地条件下成龄花椒树冠的测定可知，树冠南北平均冠幅为 2.2～3.5m，东西向冠幅平均为 2.8～4.0m。为了保证椒树的营养面积，便于管理和采摘，株距一般应为 3m。

5.1.3 农作物水平布局

在行距为 5m 及 5m 以下的间作地，宜种植豆类、绿肥等低秆作物；在行距为 10m 的坡台田间作地，宜种植粮食作物；平川地由于具备灌溉条件，可种植各种农作物。

5.2 椒粮间作的垂直结构

由于椒粮间作的特殊性，其垂直结构主要表现在花椒的树形上。树形应以自然开心型为好，不留树杆或留 30m 矮秆，一级侧枝保留 3～5 个，并采用人工修剪的方法培育树形及结果枝，树高宜控制在 4m 以下。

以上结构模式是建立在以粮为主，椒粮兼收的基础上，充分考虑了本地区的耕地条件和花椒的生长习性，适合于生态、地形和耕地条件类似的地区推广。

论我国东北林区森林可持续经营*

白卫国　王祝雄

摘要

东北林区是我国的主要林区之一，区域森林资源表现出森林面积增大、森林覆盖率提高，森林蓄积量减少、森林质量下降，幼中龄林比重大、森林抚育滞后的态势。本文从社会对森林经营认识偏差、森林经营的经济驱动力的不平衡、现行法律和技术的缺陷、现行利用和保护政策的制约，以及现行管理机制的不完善等方面详细剖析了制约我国东北林区森林经营的深层次原因，有针对性地提出了加强可持续森林经营理念、实行国有林区森林管理和森林经营分离、实施对森林经营财税扶持政策、活化森林经营市场、加强森林经营基础性投资、厘清部门职能、实施优质高效林培育工程等切合实际易于操作的具体思路和措施，以期促进东北林区的森林可持续经营。

关键词：东北林区；森林可持续经营；策略

森林资源是构建林业三大体系的物质基础。没有充足的高质量的森林资源，就难以提升林业三大功能，就谈不上建设现代林业。第六次全国森林资源清查结果表明，我国森林资源发展呈现出面积、蓄积双增长的态势。但是，我国森林资源质量还不高，平均每公顷蓄积 84.73m^3，相当于世界平均水平的 77%①，森林生态系统比较脆弱，森林资源及其产品供给还不能满足国民经济快速发展和人民生活水平日益提高的需要，与建设现代林业和建设生态文明还不适应，与世界林业发达国家相比还有较大差距。本文以对我国东北林区的调研为基础，以吉林、黑龙江两省为例，探求我国东北林区的森林资源经营发展出路。

1　东北林区森林经营现状及问题

从中华人民共和国成立到“八五”计划的 30 多年里，为支援国家经济建设，东北林区进行了大规模的森林开发，大面积皆伐、过度采伐现象十分普遍，森林资源数量锐减、质量快速下降。1987 年，我国实行森林采伐限额制度，过量采伐得到一定程度的控

* 原载于：林业资源管理，2008，(6)：1-7.

① 数据来自联合国粮食及农业组织的《2005 年全球森林资源评估报告》。

制，1998 年天然林保护工程的实施和建设资金的投入，天然林采伐量得以调减，森林培育加大了力度。但是，由于社会经济矛盾年久积深，天然林保护工程并未从根本上扭转森林资源下降颓势，在同一林地上回头采 2～3 遍，甚至 4～5 遍的现象仍很普遍，森林难以得到休养生息，林地生产力持续下滑。据调查统计，吉林省在中华人民共和国成立初期森林覆盖率为 28%，当前达 43.2%，提高了 15.2 个百分点；中华人民共和国成立初期森林平均蓄积 131m^3/hm^2，当前森林平均蓄积 103m^3/hm^2，平均每公顷下降了 28m^3。黑龙江在中华人民共和国成立初期森林覆盖率为 40%，有林地面积为 1670.7 万 hm^2，当前森林覆盖率 43.6%，提高了 3.6 个百分点，有林地面积增加到 2007 万 hm^2；中华人民共和国成立初期森林平均蓄积 110.6m^3/hm^2，当前仅 82.3m^3/hm^2，平均每公顷下降了 28.3m^3；中华人民共和国成立初期全省森林蓄积 18.48 亿 m^3，其中 85%为可主伐利用的成过熟林，当前全省森林蓄积为 16.5 亿 m^3，下降了近 2 亿 m^3，成过熟林仅占 17%，下降了 68%，且大多分布在自然保护区及高山陡坡、跳石沟塘等难以主伐利用的地方。东北林区森林资源的总体表现为有林地面积增加，区域森林覆盖率提高，但林分平均郁闭度低，龄组结构不合理，中幼林所占比重大，部分地区中幼林面积占 80%以上，森林蓄积、森林质量、单位面积蓄积量不断下降，林分平均胸径约 14cm，且正以每年 0.2cm 的速度下降。据测算，东北林区用于木材生产的采伐量已大大超过现有森林承载力，黑龙江森工集团合理年采伐量应不超过 100 万 m^3，仅为现行限额的 1/4。吉林省合理年采伐量约为 100 万 m^3，为现行限额的 1/2，其他单位合理年采伐量也约为现行限额的 1/3～1/2，区域可主伐的森林资源近于枯竭。

森林经营是进行林业生产活动的主题，我国《森林法》对开展森林经营进行了规定，并把森林经营方案作为各级林业主管部门和森林经营单位开展森林资源经营工作的重要依据。国家林业局多次下文要求各地加强森林经营工作，2006 年出台了《森林经营方案编制与实施纲要》。东北林区通过加大人工造林、人工促进天然更新、林中空地补植、疏林地补植、封山育林、退耕还林、无林地造林等营林措施，提高了区域森林覆盖率，并且森林经营工作在局部地区成效显著。吉林省汪清林业局近 50 年来积极与科研院校合作，探索试验采育林经营模式，坚持严格按照森林经营规程和技术标准开展森林经营，在复层异龄混交林中实施采育择伐作业，采取采坏留好、密间稀留、控制采伐强度、保护幼苗幼树、补植珍贵树种、配置良种壮苗等经营措施，取消皆伐作业，严格控制不合理的森林消耗，实现了林分在组成上针阔混交，在时间序列上多世代，在空间分布上复层，森林资源越采越好、越采越多的可持续经营模式，目前林分平均年生长量达 6.24m^3/hm^2，比同等立地条件下天然林提高了 3.28m^3/hm^2。黑龙江省林口林业局借鉴德国近自然林业的理论，根据“保阔栽针、栽针引阔”的原则，探索人工纯林和天然低质残次林改造模式，培育针阔混交林。通过对人工营造的落叶松实施近天然林改培，使其由纯林改培成针阔混交林；对人工营造的红松林进行抚育，使部分改培成红松果材兼用林，使森林抚育与生产相结合、短期效益和长期目标相结合。此外，东北林区通过采伐限额管理、木材生产计划调整、育林基金收取补贴、10cm 以下抚育材收益鼓励等，以及农田防护林更新改造等政策和措施的探索，有效地促进了区域森林经营工作。

虽然，东北林区在促进森林经营方面取得了一定成绩，但是整体森林经营状况不容乐观，区域森林经营意识淡薄，“重采轻育”森林经营模式仍占主导地位。在森林经营方案的编制及实施方面，部分森林经营单位编制了森林经营方案，很多地方没有编制过森林经营方案，已经编制的森林经营方案在指导思想、经营方法、采用技术和经营措施等方面还比较落后，难以实现森林可持续经营。当前在东北林区还有大约超过有林地面积 50%的幼中龄林急需抚育，特别是在天然林资源保护工程禁伐区的森林，近十年中没有采取任何经营措施。20 世纪 60～70 年代大面积皆伐后天然更新形成的高密度次生林和人工营造高密度红松林、落叶松林等，因长期没有抚育，现已成为残次林和低质低效林。幼中龄期是森林生长的高峰期，幼中龄林抚育影响着森林蓄积量的增长和质量的高低，若不及时抚育必将导致林分退化，东北林区幼中龄林抚育已成为了一个急待解决的问题。多年来，东北林区重产出、轻建设，导致林区森林经营基础工作十分薄弱，政策落实缓慢，技术规程陈旧，林道等基础设施差，严重掣肘了林区森林经营工作的开展。据调查，黑龙江省平均林道网密度仅 $1.1m/hm^2$，吉林省平均林道网密度 $2.4m/hm^2$，基本上为砂石路和土路，很多是过去木材生产作业后遗弃的冻板道，达不到我国平均林道密度 $4m/hm^2$ 的标准，远低于国际上平均林道密度 $8m/hm^2$ 的水平。

东北林区森林资源现状可谓过去几十年森林经营的缩影，存在的突出问题具有普遍性。一是经营理念缺失。以木材生产为中心和追求当期经济效益最大的思想长期以来一直主导着森林经营管理工作，重采轻造，重造轻育，长时期、不间断掠夺性采伐和利用，造成了森林资源严重破坏。二是天然林资源保护工程措施缺陷。通过近十年的建设，天然林资源保护工程在一定程度上缓解了森林资源危机，但其不合理的分类区划和禁伐区全面禁伐政策等又阻碍了正常抚育活动，耽误了部分森林最佳经营期。三是体制机制弊端。东北国有林区实行企业自主经营森林资源，收支独立核算，企业为保证经济收支平衡和经济利益最大化而加大森林采伐，很少顾及森林经营及质量。四是经营基础条件落后。林道等基础设施薄弱、经营标准缺乏，技术规程陈旧，经营法规不健全等，使得森林经营工作得不到保障。五是抚育采伐限额得不到落实。当前国家对东北林区森林抚育采伐限额总量充足，但由于缺乏有效监督措施，经营单位为保证其刚性支出和维持生存经济底线而将采伐指标集中用于主伐生产木材，甚至出现将抚育间伐、更新改造指标挪用作主伐，形成了抚育采伐指标不足的表象。

2 制约森林经营原因剖析

为促进森林经营工作，就必须诊断清楚阻碍森林经营工作的症结所在和症因，做到对症下药。森林经营工作可分为森林营造、森林抚育、主伐利用三大阶段，分析东北林区森林资源及经营生产实践，反映出各地普遍存在“抓两头、空中间”的现象，森林抚育处于严重缺位状态。剖析原因，主要在以下六个方面。

一是对森林经营工作的认识存在偏差，科学抚育森林意识不强，管理部门重视不够。长期以来，东北林区森林经营处于自然状态，采伐多以天然林为主，视森林为天赐之物，即使是林造了，也是望天生长，很少人工抚育。在以木材生产为主导和以经济收益最大化为目标的时代，人们思想中林业就是造林和采伐，林业工作被看作是一种科技含量较低、操作简单的体力劳动，反映在工作业绩上就是造林面积和木材产量。同时，对森林抚育工作，没有明确目标，没有评价标准，没有责任追究规定，森林抚育工作成绩难以在领导任期政绩中反映，因而得不到领导者的重视，导致对森林抚育工作，管理部门不抓，森林经营者不搞，森林质量无人问津。东北林区多为山区，交通闭塞，经济落后，人口素质和生产力水平较低，林农靠山吃山，企业以林养人，普遍缺乏经营森林认识和经验，认为林业就是粗放管理和经营，想怎样就怎样，形成了部分地区林业工作“重采轻育、重造轻抚、重量轻质”的惯性。

二是森林经营工作各阶段经济收益不均衡，使得对森林抚育缺乏积极性。与森林主伐利用阶段相比较，森林抚育阶段表现为投入多、产出少。森林抚育多以清除杂灌草、病腐木、枯立木、被压木、霸王树等为对象，幼龄林抚育基本不出材，中龄林生长抚育出少量材，且材质差、市场售价低，抚育收入普遍低于成本。据保守测算，平均每公顷幼中龄林抚育收入低于成本750元，同时受林龄、林相、交通、抚育方式、劳动力价格、木材市场波动等因素影响，森林抚育环节多表现为亏损，抚育越多，亏损越大。因而，各地森林经营单位对森林抚育工作没有积极性。加之森林经营收益周期长，森林火灾、病虫害或偷砍盗伐等风险随时存在，国家在森林资源保险和收益保障等方面的机制和政策还很不完善，森林抚育从长远看虽然是一本万利，但投资者望而却步，多追求短期收益，降低投资风险，不愿进行森林抚育投入。

三是森林抚育工作缺乏必要的法律保障和技术支撑。森林具有多样性、复杂性和多效益性，森林抚育要求根据森林生长规律，对不同森林采取不同的抚育技术，国家实行森林采伐限额管理、森林分类经营等，这些都决定了森林经营工作具有很强的政策性和技术性。我国《森林法》及《森林法实施条例》虽然对森林经营管理专设了一章，但在条款中既无森林抚育的内容和要求，更无与森林抚育紧密相关的责任追究，使得森林抚育考核工作无法可依，森林抚育脱离了森林资源管理工作核心。现行森林抚育技术规程多是20世纪六七十年代借鉴苏联做法，针对原始林制定的，其条款与现实天然次生林和人工林在树种组成、径级结构、单位蓄积及株数、树干形数等方面不符合。若按原有规程规定进行抚育，则达不到抚育森林的目的和效果，若要达到预期抚育目标势必突破现行规程，属违规作业要受到追究，从而使森林抚育工作陷入两难境地，造成东北林区部分高度密植人工林未能及时抚育，林分密度偏大，枯立木、病腐木和生长不良林木占了较大比例的状况。

四是森林经营主要政策还不健全。目前对森林实行限额采伐，但限额制定和实施中将所有森林资源消耗包括采伐及抚育间伐等纳入“一本账”管理，在市场经济条件和企业追求短期经济效益最大化的情况下，普遍存在森林经营单位节余抚育限额或借用抚育间伐之名行木材采伐之实的情况。东北林区天然林资源保护工程调减后，没能有效进行监管，各企业局为维持企业正常运转和经济生命线尤为如此，造成主伐占用抚育指标畸形和限额效能失控。同时，实际情况表明，东北林区天然林资源保护工程实施十年来，通过调减木材产量，有效缓解了森林压力，促进了森林资源的恢复性增长。但由于当时天然林资源保护工程上马急、区划时间紧，工程区的“两类三划分”和相关政策不完善，调减后的木材产量仍然远远超出了森林资源的承载力，工程在一定程度上阻碍了森林经营工作的开展。表现在，区划分布区位不尽合理，如公路沿线易于开展森林经营活动的森林，很多被划成了禁伐林；山脊岩石裸露区域不少森林被划为了商品林；禁伐区、限伐区、商品林区的比例过于绝对化，商品林比例偏低，形成用三分之一的商品林地承担二分之一的木材生产任务，大大加重了这部分森林的负担，造成这部分森林质量急剧下降。禁伐区在经过近十年封育，林分密度自然增大，林木自然枯死率增高，森林火灾、病虫害隐患增高，林冠下树种更新环境日趋恶劣。若不及时完善政策，促进科学开展森林抚育，只会延缓森林增长，导致森林生态系统退化的恶果。

五是不合理的社会负担遏制了森林抚育投入的经济命脉，窒息了森林抚育工作的整体推进。当前，东北林区国有森工企业承担着巨大的办社会职能，经测算，每年森工企业承担的文教卫生、公检法司、街道管理、社区建设等社会性事务支出费用，占到企业木材销售收入的 60%。东北林区经济收入主要来源于木材生产和国家天然林资源保护工程补贴，在天然林资源保护工程投入固定和木材生产逐年调减情况下，企业为了保证基本运转，维持职工生计和维护林区社会稳定，迫使最大可能地用足森林采伐限额和追求最大经济效益，不可能投入大量资金和用有限的采伐指标进行森林抚育、做“低效”投入和“亏本买卖”。同时，有限的收入也不可能过多投入林区道路建设、森林资源规划设计调查等基础性工作，导致东北林区普遍存在森林经营基础条件薄弱，林道网密度过低，森林资源家底不清，森林经营方案没有编制，森林抚育工作缺乏科学依据，森林经营处于盲目被动的状态，使得抚育工作敷衍了事，抚育间伐“采大留小、采好留坏”，形成掠夺式采伐资源，森林质量日趋下降的态势。

六是森林经营管理职能缺位和森林抚育管理工作遗失。多年来，由于林业工作的重点放在了森林营造阶段和森林采伐利用阶段，忽视了森林抚育阶段，管理机构在职能界定与责权划分上，形成了营林管理部门主抓苗木繁育、森林营造，把住了森林资源入的关口；资源管理部门主抓森林采伐和消耗，把住了森林资源出的关口，而对入关口后和出关口前的森林抚育阶段缺失了管理主体，形成森林经营管理工作的真空。同时，由于管理部门在职能界定上的不易明确性，加之基层森林经营管理机构名称不一、职能各异，形成多头管理或管理错位的表象，而森林抚育工作实际无人问津，造成森林抚育与管理脱节，森林抚育游离于管理工作之外，如林区同志形象描述“森林抚育多年来找不到管理的婆家”。

3 推进东北林区森林可持续经营的策略

森林需要经营，只有通过经营，才能发挥森林的最大效益和功能。但又不能仅就森林经营谈经营，否则路子就会愈走愈狭窄。森林经营的问题不仅关系到森林能否实现可持续经营，而且关系到林区经济社会能否实现可持续发展的问题。应当把森林经营放到整个社会的政治、经济和文化建设的环境中，加以综合考虑和统筹安排。正如国家林业局贾治邦局长在 2008 年全国林业厅局长会议上所强调的，森林经营工作是现代林业建设的永恒主题，要把森林经营列为林业工作的重中之重，贯穿到林业生态建设的全过程。作者经过缜密思考，认为应从以下几个方面推进东北林区森林可持续经营。

3.1 树立正确的经营理念，实现从以取材为主向森林可持续经营转变

森林不仅具有生产木材和其他实物性林产品的经济功能，还具有释氧固碳、调节气候、净化空气、涵养水源等生态功能，以及为人类提供观光娱乐、亲近自然的文化功能。森林经营就是通过一定的思想、策略、技术和模式，对造林、培育、管护、利用等全过程进行科学管理，维持森林生态系统的健康和活力，提高森林三大功能的生产能力。加强森林经营，为经济社会拓展环境容量，已是世界发达国家普遍采取的做法。要实现我国森林数量的持续增长和质量的大幅提高，为国民经济高速发展提供应有的支撑，必须实行“四个转变”，加快森林经营步伐。即由长期以来森林不经营、望天收的落后观念，转变为以经营促进森林增长的科学理念；由以生产木材获取经济效益最大化为主导的经营目标，转变为以培育资源实现森林生态、经济、社会综合效益最大化为主导的经营目标；由林业工作者关心森林经营，转变为全社会共同关注和参与森林经营；由经营者单一投入，转变为国家、企业、个人等多方面多渠道投入，形成合力，共同推进。

实现这些转变，一是各级党委、政府要高度重视森林经营工作。把森林经营作为一项事关民生、事关经济发展的重要工作进行计划安排和部署落实；建立领导干部任期森林经营目标责任制，将森林经营工作开展及成效纳入领导干部政绩考核内容，真正做到认识到位，措施到位，工作到位，责任到位。二是各有关部门要协力支持。由于森林生态效益的外部性，森林抚育的公益性；森林经营需要投入，而且有风险；企业剥离社会职能，需要另辟渠道解决，等等。所有这些，如果没有计划、财政、国土、税务、信贷、保险等各相关部门的大力支持，森林经营工作将难以实质性推进。三是各级林业主管部门要坚定地承担起森林可持续经营的重任。把森林经营摆上重要位置，履行职责，做好规划，组织好力量，坚持不懈地一抓到底。积极宣传森林经营对促进经济社会发展的独特作用，争取社会各界的关心和支持，为森林经营工作创造良好的社会氛围。培训林业职工和教育林区群众科学对待森林经营，杜绝短期行为。

3.2 推进重点国有林区管理体制改革，从根本上清除制约森林可持续经营体制机制障碍

要认真落实中央林业决定的要求，推进国有林区管理体制改革。按照政企分开的原则，对森工企业局进行职能分解，重构组织，重建机制，将企业承办的政府职能分离开来，社会事务的管理职能移交地方政府负责，其经费纳入公共财政渠道；成立国有林管理机构，代表政府行使森林资源管理职能，经费纳入财政预算，实行收支两条线，建立上下垂直一体的森林资源管理体制。按照建设现代企业制度和分工协作的原则，推进现有森工企业改制，组建森林经营公司，使其成为森林经营的独立法人，通过竞标方式承担森林经营任务；对企业职工进行合理安置和分流，减轻人员过剩对资源带来的压力。

同时，要理清林业主管部门内部各机构的职责。森林经营是林业主管部门的重要职责，与多个内设机构相关，但不是所有的机构都来一起抓，应有分有合，各司其职，分工负责，形成合力。森林经理，即森林经营管理，包括造林、培育、管护、采伐、更新等多个环节。造林培植是基础，成林经营是关键。营造林机构要负责做好造林到成林阶

段的工作，包括育苗、整地、造林、幼抚、培植，3～5年成林之后纳入资源管理。资源管理机构要根据森林可持续经营标准，负责资源调查、规划、建档、发证，组织编制、监督实施经营方案，下达计划、审批设计、检查验收、监管采伐和经营利用中间的木材产品，对森林资源实施严格管护和科学经营。正如基层所说，森林经营是森林资源管理的重要组成，两者密不可分，经营是为了培育、优化资源，管理是为了更好地保护和发展资源，二者是同一个事物，都是为了资源的数量增长和质量提高，这才是真正意义上的森林经营。

3.3　完善政策措施，加大对森林经营的扶持和支持力度

建立对森林经营的财政补贴政策。对森林营造、幼林培育、透光抚育、间伐抚育、低质低效林改造、公益林抚育、非机械集材等给予补贴，提高森林经营的比较效益，激发森林经营者抚育森林的积极性。设立专项资金，扶持珍贵树种培育、大径材林培育和优质高效林培育。

设立林产品加工优惠税费政策。鼓励木材加工企业利用抚育小材小料及造材、采伐剩余物，这是一举多得的好事情。既可以扩大投入森林经营的力量，加快森林经营速度，又可以为木质生物能源、人造板生产提供可持续的原料，增加相关产品的市场供应。国家应对利用抚育材和剩余物加工的产品实行税费减免政策，也可考虑根据企业所加工的产品数量中使用这类原料的比例，实施等比例退税。还应支持和鼓励企业就地加工，合作加工。

创新森林采伐限额管理政策。坚持“一个前提、两类构成、三项统一、四管齐下”，制定和实施采伐限额。“一个前提”，就是坚持以森林可持续增长为前提；“两类构成”，就是将现有森林采伐限额划分为商业性木材生产采伐限额、经营性森林培育间伐限额两类，实行分类监管；“三项统一”，就是限额统一编制、指标统一下达、执行统一检查，严格考核和奖惩；“四管齐下”，就是取消商品材采伐限额、改为两类限额单列，取消木材生产计划、改为下达森林经营计划，商业性限额的编制和执行严格监控在森林资源承载力的范围内，经营性限额据经营规划严格监控在森林抚育面积、合理强度的范围内。

创新森林经营的制度环境。完善有关森林经营的法律规定，确立森林经营方案的法律地位。在我国《森林法》或相关法规的修订中要明确规定，森林经营的标准、森林经营单位和地方政府实施森林经营的责任。依法检查督促各地森林经营方案的编制和实施工作，对不经营、违规经营，引起资源破坏的，要依法追究相关责任人的责任。根据我国森林资源实际，以实现可持续经营为目标，抓紧修订现行的森林经营规程，研究制定国家森林经营原则性指南，指导各地依据当地自然条件和森林资源情况制定翔实性操作指南，监督各森林所有制主体有效开展森林经营。

3.4　引入市场机制，活化森林经营

搞活商品林经营，要建立行之有效的经营激励机制。充分调动林业企事业单位职工和林农从事森林经营的积极性。对商品林幼林培植、透光抚育、间伐抚育等，明确目标，

制定标准，确定投入费用，由职工分片承包，进行经营管护；对抚育出材收益，由森林管理机构和承包职工按比例分成，适当照顾承包者利益。吸纳附近社区群众参与森林抚育工作，可比照林业职工的做法执行。对农林交错带、浅山区的，零星分散、易于分户经营的国有商品林，制定管护标准，签订合同，由林业职工实行家庭承包经营管护，零星荒山荒地由职工造林并归其所有。还可以制定优惠条件，吸引林业加工企业、社会企业，甚至国外企业参与商品林经营，实行“企业+职工”“企业+农户”等经营模式，把森林经营与市场结合起来，逐步建立多元化投入森林经营的新机制。对公益林也可以采用职工承包方式进行抚育和管护，关键是要做到底数清楚，规划具体，目标明确，责任到人，政策落实。

鼓励森林经营单位参加森林可持续经营认证。加强东北林区森林可持续经营的试点示范和总结推广工作，积极探索制定符合我国森林特点的可持续经营原则、模式和标准。对商品林、公益林，分类明确营造、抚育、管护和利用的具体目标和经营措施。通过认证，把森林经营与市场有机地、规范化地连接起来，促进森林经营走上良性发展的轨道。

3.5 加大基础性投入，夯实森林经营工作的基础

国家要加大对东北林区基础设施建设的投入，改善林区道路、水电、通讯等生产生活设施状况，使林区至少达到当地农村基础设施的水平。加强林道、防火道、苗圃等森林经营基础建设，为开展森林经营工作创造基本条件。

加强对森林经营和生态状况的动态监测，推进森林资源经营管理信息化建设。加快推进森林资源规划设计调查，规范森林资源档案管理，推进林业经营规划和森林经营方案的可续编制和严格落实。出台森林抚育指导性意见，提倡“依林定向、依留定株、依促定产、依地定树、依事定责”的森林经营策略。

强化林业科技创新，着力提高森林经营的科技含量。加快完善森林经营的技术支撑体系，与时俱进地科学修订造林标准，完善森林经营规程和技术规范。出台森林质量评价标准、低质低效林改培标准，以及两类林可持续经营技术纲要。要分别森林经营环节和时段，研究、试验、总结、推广成型配套的技术规范、技术模式。组织科研院校与经营单位广泛合作，重点攻关，突出抓好优良树种选育、森林抚育、森林主伐、木材集运、林产品加工等技术的创新研发和推广工作。对低质低效林改培技术、树种置换等方面也要积极进行探索和试验。讲求森林经营技术投入的普及性、实效性。进一步加强基层经营管理人员的业务培训，加强对林业职工和林农相关技术的传播，提高经营森林的基本技能。建立鼓励人才向林区流动的激励机制。

3.6 启动优质高效林工程，以工程推动森林经营大发展

为推进森林经营管理体制机制创新，发挥投资、政策、科技的集成效应，形成森林经营的规模效益，启动优质高效林工程。启动这项工程，有利于集中力量、攻克技术、协调各方、落实政策，有利于快速提高森林经营水平、充分发挥林地生产力，有利于从根本上推进区域资源危机、经济危困等突出问题的解决，同时也有利于巩固和扩大天然林资源保护工程建设成果，并在全国其他地方产生辐射效应，全面带动我国森林经营的大发展。

东北、内蒙古林区森林资源集中、生态区位重要、培育珍贵树种和优质森林条件优越、过去是将来也应当是我国重要的木材和林产品生产基地。可先在这片林区规划2000万 hm^2 有林地面积，约占林区森林面积的一半多点，实施优质高效林培育工程。通过全面调查，合理规划，明确目标，落实措施，科学制定工程实施方案。在工程实施中，集中资金和科技投入，创新政策和经营管理，统筹安排包括林道建设和维护、森林抚育经营、补植补造和改培、其他等相关建设内容；着力推进针、阔纯林建成针阔混交林、单层林建成复层林、改造低质低效林等多种模式，加速培育优质高产林、大径材林、果材兼用林、食用油料林、高效能源林，特别是紫椴、水曲柳等珍贵树种林。在继天然林资源保护工程解决森林资源“护”的问题后，启动这项新的工程以解决森林资源“育”的问题，促进森林资源不仅有量的增加而且更有质的提升。

论我国林业数表体系建设*

白卫国　王祝雄

摘要

本文叙述了我国林业数表的发展历程与现状，分析了存在的问题和原因，并从提高思想认识、明确思路、完善体系框架、合理建设规划、科学规范管理、增强技术支撑、开展试点示范等方面提出了推进全国林业数表体系建设的策略。

关键词：林业数表；现状；不足；发展对策；体系框架

林业数表是指反映林木、林分各林学测树因子之间，林学测树因子与林地生态环境测量因子之间，林分测树因子特点与经济社会评价因子之间等数量关系的表式、图式、数学式等的总称，是调查、监测、计量和评价森林资源的“度量衡”，是森林资源及其生态状况动态监测、森林资源经营利用、森林资源资产化管理以及多效益评估评价的基本工具，在集体林权制度改革、森林可持续经营、依法治林、参与全球气候变化监测、开展国际森林碳汇评估及碳交易等工作中具有不可替代、不可或缺的作用和地位。要推进我国的林业数表工作，就必须了解我国林业数表的过去和现在，认识存在的不足，明晰建设目标和途径，建立相关制度和措施，促进林业数表建设工作有序开展。

1　我国林业数表的发展历程

我国林业数表研究和编制工作起步较晚。在中华人民共和国成立前，林业数表研究和编制基本是空白。中华人民共和国成立后，林业数表工作开始起步，经过 50 多年的发展，逐步形成了我国林业数表体系。其发展大致分为四个时期。

第一时期是林业数表的技术引进铺垫期，为中华人民共和国成立至 20 世纪 60 年代中期。初期我国林业数表建设处于空白，技术缺乏，人才缺乏。为了进行森林资源开发，邀请苏联专家指导开展林业数表编制工作，由于受人力、技术等限制，仅编制了少数主要树种的树高级表、树高级立木材积表、材种等级表、材种出材量表等。通过该阶段的工作，为林区开发提供了一定的基础依据。同时学习、借鉴苏联林业数表编制技术与经验，锻炼、培养了一批队伍，为我国林业数表发展做了技术铺垫。

* 原载于：林业资源管理，2009，（1）：1-7.

第二时期是林业数表编制技术的发展与传播期，为20世纪60年代中期至20世纪70年代中期。将以数理统计为基础的抽样调查技术引进森林调查，林业数表编制在编表单元确定、样本采集、模型选择、数表检验等方面有了较大改进，我国林业数表精度、质量显著提高，林业数表编制技术实现了突破。此后，林业数表编制理论、技术探索基本停滞，林业调查队伍被解散或下放。但是，随着调查技术人员的流动，林业数表编制技术随之在全国传播，这也为新一轮林业数表编制工作做了必要的人力和技术准备。

第三时期是林业数表工作蓬勃开展时期，为20世纪70年代末至20世纪90年代初。随着改革开放，林业数表编制工作全面复苏。1978年，在收集全国180个树种的19.7万株样木资料的基础上，编制形成了56个二元立木材积表，由中华人民共和国农林部作为行业标准颁布实施。1979年在福建省开展地位指数表编制试点工作，汇集了当时全国调查、科研、高校中林业数表方面的大多数专家和学者，为林业数表建设献计献策。此后的十余年间，全国各地陆续开展林业数表工作，当时几乎所有的林业调查队伍、研究机构、院校（系）都参与了林业数表编制工作。1989年原林业部颁布实施《林业专业调查主要技术规定》，对编表技术进行了规范。“七五”重点攻关课题“全国用材林基地立地分类评价及适地适树研究”涉及从南到北20个省（区）多个主要树种的一元立木材积表（模型）、立地质量评价表、收获表、生长过程表、林分密度控制图的研制。20世纪90年代初，为了促进林业数表规范化、标准化和系列化建设，原林业部组织开展了“两率一表”标准化工作，并于1996年颁发实施了《森林生长量生长率编制技术规定》。但是随着林业“两危”（资源危机、经济危困）的出现，“两率一表”标准化工作被迫停止。

第四时期是林业数表建设停滞与恢复时期，为20世纪90年代中期至2008年。改革开放和社会主义市场经济为我国经济发展带来了前所未有的生机，但由于林业数表建设资金投入缺乏、技术发展停滞、人才培养断代，从“八五”末期到“十五”十多年期间，林业数表建设缓慢不前。到了“十一五”期间，生态建设受到前所未有的重视和关注，特别是随着全国集体林权制度改革推进、森林可持续经营目标的确定、依法行政和依法治林的实施以及与全球气候变化监测相关的森林碳汇评估、碳交易等国际议程制定，我国林业数表建设工作受到重视。从2005年开始，国家林业局陆续进行投资，并将林业数表建设列入中央财政投资项目；2007年，将林业数表建设纳入《全国林业标准体系构建与中长期发展规划（2006—2015）》；2007～2008年，对全国林业数表开展了摸底调研；于2008年底，召集全国林业数表方面的部分专家，共同商讨我国林业数表建设问题，以为系统推进全国林业数表建设做好准备。

2 我国林业数表的现状

在几代林业数表工作者的努力下，我国林业数表建设取得了显著的成绩，有力地支持林区森林资源开发和国家经济建设，主要表现在以下几个方面。

2.1 林业数表建设具有一定规模

2.1.1 林业数表种类和数量

据调研反映，全国已经编制的林业数表根据用途可归为森林蓄积量和产品分类计量数表、地位质量评价数表、森林经营数表三大类 21 种。其中，森林蓄积量和产品分类计量数表包括一元立木材积表、二元立木材积表、树高级立木材积表、标准表、形高表、生物量表、材种出材率（量）表、根径材积表、立木材积生长率（量）表、树高断面积蓄积量标准表、航空相片立木材积表和相对树高曲线模型表 12 种；地位质量评价数表包括地位指数表（地位级表）、森林立地分类系统表（立地类型表）和立地质量等级表 3 种；森林经营数表包括生长过程（率、量）表、森林经营类型表、森林经营措施类型表、造林类型表、主要用材树种培育类型参考表和造林类型区树种选择参考表 6 种。全国按区域记载的林业数表有 976 个。其中，华东监测区 103 个数表，东北监测区 371 个数表，中南监测区 270 个数表，西北监测区 232 个数表。2003 年以前编制的 900 个，2003 年以后全国有 17 个省编制修订林业数表 55 项 76 个表。

2.1.2 林业数表在各地区分布情况

一元立木材积表和二元立木材积表在各省级单位均有编制，根茎材积表在 21 个省级单位有编制，树高出材率（量）表在 15 个省级单位有编制，树高断面积蓄积量标准表在 13 个省级单位有编制，地位指数（地位级）表在 13 个省级单位有编制，立木材积生长量（率）表在 11 个省级单位有编制，形高表在 11 个省级单位有编制，生长过程（率、量）表在 9 个省级单位有编制，树高级立木材积表在 6 个省级单位有编制，标准表在 5 个省级单位有编制，航空相片材积（蓄积）表在 4 个省级单位有编制，生物量表、森林立地分类系统（立地类型）表、立地质量等级表各有 2 个省级单位有编制，森林经营类型表、森林经营措施类型表、造林类型表、主要用材树种培育类型参考表、造林类型区树种选择参考表仅在福建 1 个省级单位有编制。

2.1.3 林业数表分树种（组）编制情况

全国各类型林业数表涉及冷杉、云杉、落叶松、油松、栎类、桦木、杨树、柳树、桉树等 76 个树种（组）。最多为二元立木材积表，涉及 62 个树种，其次，树高断面积蓄积量标准表 56 个树种，材种出材率（量）表、立木生长量（率）表、地位指数表（地位级表）各 55 个树种，一元立木材积表 54 个树种，生长过程（率、量）表 48 个树种，根茎材积表 41 个树种，形高表 38 个树种。编制了标准表的有 28 个树种，编制了树高级立木材积表有 25 个树种，编制了立地质量等级表有 22 个树种，编制了相对树高曲线模型表有 15 个树种，编制了生物量表有 11 个树种，编制了森林经营类型表有 6 个树种，编制了航空相片立木材积表和森林立地分类系统表（立地类型表）各有 2 个树种。

2.1.4 各地编制林业数表的树种（组）数

目前，各省均有一定数量树种（组）的林业数表，涉及树种（组）最多的是四川（重庆部分套用四川数表），涉及 33 个树种（组），其次，黑龙江 22 个树种（组），吉林省 19 个树种（组），龙江森工 17 个树种（组），山西 15 个树种（组），湖北、云南各 13 个树种（组），西藏 12 个树种（组），内蒙古 11 个树种（组），辽宁、广东、陕西、甘肃各 10 个树种（组），江苏、湖南、山东、宁夏各 9 个树种（组），北京、广西、海南 8 个树种（组），河北、福建、河南、贵州各 7 个树种（组），内蒙古森工、安徽 6 个树种（组），江西 5 个树种（组），浙江、新疆、大兴安岭森工 4 个树种（组），青海 2 个树种（组）。

2.2 林业数表编制理论、技术方法得到发展

森林生态学、森林经理学和测树学等理论的发展为林业数表的研究、编制和应用提供了理论基础和科学依据。经过五十多年的探索与实践，我国林业数表编制技术得到了长足的发展。以数理统计理论为基础的抽样技术的引入应用，使得林业数表编制中抽样样本数量确定更加科学和合理，极大地提高了工作效率。误差检验技术和 3 倍标准差剔除异常样本方法的应用，使得编制的林业数表更加可靠。数学建模技术引进和应用，实现了林业数表编制从图解法向数式法的转变，提高了林业数表的精度，特别是树木生长模型的应用，使林业数表模型具有了生物学意义上的解释，提高了数表的适用性。遥感技术在森林资源调查与监测的应用，促进了航空像片立木材积表、航空像片林分材积表、航空像片数量化林分蓄积量表等编制技术的发展。特别是计算机技术和计算机图形图像技术的发展和应用，实现了数表编制数据的采集、输入、处理、建模、参数求解、模型检验、结果输出等工作的自动化，使得建立的林业数表模型精度更高、应用效果更好，同时将编表人员从繁重的数据处理工作中解放了出来，降低了工作强度和工作量，提高了编表效率。

2.3 林业数表技术队伍不断充实

伴随着林业调查监测事业的发展和调查监测队伍的壮大，林业数表技术队伍不断充实。建国初期，我国从事数表工作的仅仅是受苏联专家指导、培训的少数技术人员。从 20 世纪 50 年代末，我国教育和科研逐渐培养出林业专业人才，林业数表人员得到补充。20 世纪 60 年代技术人员的流动和林业调查规划工作的开展，林业数表编制技术在林业调查规划行业得以推广。特别是 20 世纪年 70 年代后，我国林业院校培养的大批林学专业人才，逐渐成为林业数表的中坚力量。目前，国家林业局各直属林业调查规划设计院、各省林业勘查设计院，以及市级调查队伍，基本都有林业数表编制的专家或技术人员。

3 我国林业数表建设存在的不足

虽然我国林业数表工作取得了一些成绩，但是还要看到，林业数表建设还是比较滞

后，与现代林业发展需要相比较还存在明显的不足，还不能满足集体林权制度改革、森林可持续经营、开展森林资源及其生态状况综合监测和林业法制化建设等工作的需要。主要表现在以下几个方面。

3.1 不能满足当前森林经营管理的需要

我国现用林业数表大多数是 20 世纪后半叶为配合林区资源开发、木材生产和支援国家经济建设而编制的，主要用于原始林蓄积估测和出材计量。进入 21 世纪以来，生态建设越来越受到重视，实施森林分类经营、分类管理工作逐步深入开展。但是，目前还没有与之相适应的服务于商品林和公益林估测计量、经营管理的林业数表，用于评价森林经营管理效果的林业数表也是空白。

原有林业数表是根据原始天然林林分结构编制的，适合于原始天然林的估测计量。经过五十多年来的经营活动，森林在径级结构、龄级结构、树高结构、树种组成等方面与原始天然林相比较，已经发生了很大变化。当前我国森林主要以天然次生林、人工林，特别是人工速生丰产用材林和短轮伐期工业原料林为主，这些林种在培育目标、培育措施等方面已不同于原始天然林，而服务于这些林种估测计量和经营管理的林业数表缺乏编制。若继续应用原有的林业数表对当前林分进行估测计量和经营指导，则会产生很大误差，甚至得出错误结论。

促进森林可持续经营，不但要考虑林分现实情况、培育目标，而且还要根据林地的生产力、预测未来林分的生长状况，合理采取森林经营、保护和管理措施。但是我国原有林业数表注重于森林、林分木材计量，特别是多集中于一、二元立木材积表的编制，而缺乏用于促进森林可持续经营的数表、林地生产力评价等相关数表，因而难以支撑森林可持续经营工作的顺利推进。

3.2 不能满足当前林业改革和依法治林工作的需要

由于受当时林业数表编制工具、手段和技术的局限，早期林业数表精度较低，使用允许误差限较大，适合粗放式森林经营管理。随着集体林权制度改革的推进，改革中伴随着森林、林木等的林权流转、抵押拍卖、折价入股等都需要精准地评估森林、林木、林地的实物量及其价值量。目前林权流转中以原有林业数表对森林、林木蓄积进行估测计量，然后根据木材单价对林分价值予以估价，而作为评估基本标尺的部分林业数表，其精度难以达到对森林、林木资产价值的精确计量，且对林地价值量评估的林业数表还是空白，因而难以准确处理林业改革中出现的相关利益矛盾。

依法行政、依法检查监督各地对森林资源经营管理政策的执行情况，也需要借助林业数表。例如，目前对各地森林采伐限额执行情况的检查，主要借助地径材积表进行推算。地径材积表多是通过一、二元立木材积表和林木生长特点推导计算而来，其精度难以完全保证，因而对森林采伐限额执行情况检查的结果容易引起争议。

同样，在依法打击破坏森林资源违法犯罪活动中，需要根据森林资源被破坏的程度和数量，依法对违法犯罪行为进行定性和量刑，需要借助林业数表对破坏数量和破坏程度进行准确测评，而原有林业数表难以达到精度的要求，从而影响了林业执法的权威性。

此外，我国林业数表仅有1978年编制的56个二元立木材积表纳入国家标准，且年代已久、缺乏修订，应用效力降低。其他林业数表尚未纳入国家、行业或地方标准体系，使得一部分林业数表应用缺乏强制性和权威性。

3.3 林业数表建设缺乏系统规划

从各省级或区域层面来看，林业数表编制缺乏系统规划。林业数表编制工作主要集中在一元立木材积表和二元立木材积表，对其他表种的编制涉及较少，且没有按起源分别进行编制。

各地对林业数表的修订工作缺乏系统考虑和安排。早期编制的林业数表由于种种原因没有适时进行修订或更新，有的已不适应当前森林准确计量和科学经营管理要求。据调研统计，在2003年以前编制的900个林业数表中，已不适用的有62个。

对新增表种和新引进的树种的林业数表编制缺乏规划计划。当前林业生态建设所需要的森林可持续经营、森林质量及经营评价、森林生物量、森林碳汇评估等林业数表建设还没有进行规划和列入编制计划。近十年来，新生速生树种和引进树种种类增多、栽培广泛，而关于这些速生树种的林业数表建设也缺乏计划，使得经营利用缺乏科学依据。

3.4 林业数表技术支撑能力不强

目前，国际上对森林经营和管理的计测已远远超出了仅仅用图表、模型的表达方式，随着计算机技术、计算机图形技术和摄影测量技术的发展与成熟，这些技术逐步被引入对森林进行自动计测，极大地提高了工作效率。生物数学模型技术在森林计量建模中的应用和发展，使对林木、森林的估测预测更加准确。宏观遥感监测与微观植物生理模型技术的结合应用，使得大尺度监测气候及环境变化成为可能。与国际技术发展相比，我国林业计测技术发展十分缓慢，目前仅有1989年原林业部颁发的《林业专业调查主要技术规定》中“林业数表”内容作为森林计测技术的基本依据，关于同一树种组、不同数表间的衔接问题依然没有解决，技术发展与革新没有跟上新技术发展步伐。近二十多年来，原有科研、技术人员流失，人才培养断代，林业数表项目锐减，技术发展停滞不前。

3.5 林业数表标准化、系列化和规范化进程缓慢

林业数表编制和修订工作量大，经费支出大，需要进行大量投资。由于没有稳定的资金来源渠道，工作经费缺乏，严重制约了我国林业数表编制、修订工作正常开展，阻碍了数表建设的系列化、标准化和规范化进程。

4 推进我国林业数表建设的对策

推进我国林业数表建设，首先要提高思想认识，明确建设的思路、原则和方法，加大投入，完善体系，规范管理，推进科技创新和成果转化，促进林业数表工作有序开展。

4.1 推进林业数表建设的形势迫切、意义重大

是推进集体林权制度改革的迫切需要。当前，集体林权制度改革在全国范围内如火如荼地开展。在改革的过程中，将伴随着依法明晰产权、放活经营、规范流转、科学经营、保障收益、减轻税费、林业融资、完善林木采伐管理机制、编制森林经营方案等系列具体工作，这些无不与林业数表应用相关，林业数表的准确与否、完善与否，将直接影响这些具体工作和服务的质量，将对林农、投资者和国家的利益产生直接作用和重大影响，也将直接影响集体林权制度改革的整体推进。

是推进森林可持续经营的迫切需要。森林可持续经营要求以整个森林生态系统为对象，开展经营活动必须遵循森林、林木生长规律，保持森林生态系统的健康、稳定和活力，经营活动不应超出其调节能力的阈值，否则将造成生态失衡和破坏。林业数表是反映森林、林木生长规律，森林、林木最佳产出，林地生产力及生产潜力，以及对森林采取最佳经营措施的最直接、最科学、最基本的工具，也是长期以来林业工作者开展各项森林经营活动的度量和标尺，是编制森林经营方案的基础支撑依据之一。林业数表的完善与否、精确与否，直接作用森林经营方案的编制、经营措施的采取、森林产品的收获计量和森林经营效果的科学评价。

是依法治林、完善我国森林资源监测体系的迫切需要。《森林法》及其条例对森林资源保护和利用进行了多方面的规定，如实行森林限额采伐制度、监测森林资源消长和森林生态环境变化的情况、加强对森林资源保护管理的监督检查等。对这些法律规定的落实，无不需要借助林业数表，从数量上对森林资源的利用和保护情况进行度量，因而，林业数表完善程度和精确程度，将影响林业依法检查监督的实施，将直接决定林业执法依据的可靠性、执行效果的权威性，同时，也影响对区域乃至全国森林资源保护与发展成果、林业生态建设成效评价的时效性和科学性。

是参与国际森林议程的迫切需要。在国际上，全球气候变化已受到普遍关注，碳汇、碳交易等已成为热门话题，拓展和完善我国相关的林业数表，有助于更精确测算评估我国森林的碳汇能力，有助于在国际碳交易中把握主动性，提升我国负责任大国的形象和地位。

4.2 明确建设的思路、目标、原则和方法

推进林业数表体系建设，必须从服务林业工作大局出发来谋划。林业生态建设已成为现代林业建设的主旋律，集体林权制度改革是当前林业工作的重中之重，森林经营是林业工作的永恒主题，森林资源及其生态状况综合监测是林业建设成效的真实反映。林业数表工作要以服务林业生态建设、集体林权制度改革、森林可持续经营和森林资源及生态状况监测为着力点，健全林业数表体系，提高林业数表技术水平，规范林业数表管理，努力实现林业数表的系列化、标准化和规范化，全面提高林业数表服务能力和水平。

推进林业数表体系建设，必须坚持以人为本、明晰事权、产研结合、分工协作的原则。林业数表建设是一项技术性、应用性很强的工作，仅仅依靠一个层面的力量是难以推动，仅仅生产或科研一个领域去努力是难以提高，必须调集管理、经营各个层面力量，

调动生产、科研、教学等相关领域的积极性，各尽其责、各显其能，才能破解林业数表建设面临的难题。

推进林业数表体系建设，必须坚持统筹兼顾的根本方法。结合国情、林情和林业数表工作实际，从生产、技术和管理等方面，研究林业数表建设的战略和对策。系统梳理我国现有林业数表情况，对适用数表进行整理纳入新的林业数表体系，对不适用的林业数表进行剔除。根据新时期林业建设的需要，对现有数表体系进行合理补充，增加新的表种。既要考虑数表建设的长期目标，又要优先开展实践中急需数表的建设工作，突出实践特色。

4.3 大力推进林业数表体系建设

推进我国林业数表体系建设，要以科学发展观理论为指导，以实现林业数表的系列化、标准化和规范化为目标，结合实际，面向未来，全面构建现代林业数表体系框架。体系框架在横向上要确定我国林业数表的类型组成、服务目标和适用范围等，在纵向上要考虑数表的表种、服务的层面和生产经营实践。对横向数表类型组成的确定，要汲取以往林业数表框架中的科学体系和成熟部分，结合当前数表类型和生产需要，展望未来林业建设的方向和工作需要，拓展和补充新的数表类型。在纵向上要根据国家、省级、区域或经营单位不同尺度、不同层面的工作内容和需求，系统确定林业数表体系的表种。林业数表服务层面和范围要系统考虑森林的培育、管护、利用和林产品加工，以及对森林各阶段及其生态状况综合监测与评估，在横向上确保数表间的衔接，在纵向上保持数表表种的完备。

推进我国林业数表体系建设，要科学合理编制林业数表建设规划。在全国林业数表体系框架下，根据各类型林业数表的应用目的和服务对象，确定林业数表的管理层面和编制原则。编制和实施林业数表建设规划，要按照事权划分原则，确定各类型、各表种建设的责任层面和承担主体，做到中央的事情中央办、地方的事情地方办，形成科学合理的责任分工。根据地理范围和区域立地环境特点，森林、林木生长，以及服务生产需要，确定编制林业数表种类及相应取样单元或区域。要结合国家和各地的财力、人力、物力和技术力量，根据现代林业建设的需要，做到全面协调、统筹兼顾，建章立制，区分轻重缓急，有计划、有步骤地加以推进。

推进我国林业数表体系建设，要提高林业数表体系的建设水平，将林业数表建设纳入国家标准化建设体系之中，把我国林业数表建设成为国家标准、行业标准和地方标准，提高林业数表的权威性和对经济社会发展的支撑力度。要严格按照标准体系建设的有关要求，开展数表的规划、编制、审验、颁布、实施等相关建设工作，提高林业数表工作水准。

推进我国林业数表体系建设，需要进行林业数表建设专题立项。林业数表是森林资源和林业生产活动中的“度量衡”，是一种基础标尺工具。林业数表建设是一项具有显著的公益性、基础性工作。由于长期以来投入不足，使得林业数表现状与实际需要差距很大，需要进行系统化、规模化补充和完善，需要投入一定的财力、人力。需要从基础建设投资、财政投资等多方面开辟筹资渠道，加大对林业数表建设的经费保障。要根据事权划分和任务分工，从国家层面、省级层面、区域层面等设立林业数表建设专项，落实专项建设经费，解决林业数表建设资金不足的问题。

4.4 规范林业数表管理

规范林业数表管理，必须出台科学的林业数表建设指导性意见和数表管理办法。要根据全国林业数表建设的体系框架、建设规划，遵循事权划分原则，出台全国林业数表建设指导性意见或原则性管理办法，各地根据指导性意见或原则性管理办法，结合区域林业数表建设、管理工作和林业生产经营实际情况，制定各地区的林业数表管理办法、实施细则等。林业数表管理办法要对数表的编制总体、资料收集、样地设置、树种（组）确定、编表方法选择、数表检验等事项进行明确，对数表修订更新条件进行规定，对数表的审批、颁布、使用等事项进行规范，使得林业数表工作有据可依。

规范林业数表管理，要对林业数表编制技术及应用进行规范。组织技术力量对1989年原林业部颁布的《林业专业调查主要技术规定》有关林业数表部分进行研究，借鉴吸纳近年来在林业数表方面的理论创新、科研成果、实践经验，结合现代新技术的发展，对有关的技术环节进行修订完善，提高林业数表建设的科学技术水平。

4.5 增强林业数表建设的技术支撑

要加强林业数表建设的专题攻关研究。对全国林业数表系列化、标准化、规范化建设中全国林业数表体系框架的具体构建、系列表种的确定、编制技术标准的规范统一、编制体系的区划与组织、编制单元区域的确定等关键性、难点性、瓶颈性问题，有针对性地进行科研专题立项，集聚优势技术力量进行技术攻关，增强林业数表建设的科学性。

要加强全国林业数表体系建设科技支撑。系统梳理我国林业数表研究中成果、技术和经验，去伪存真，结合我国林业数表体系建设实际，遴选优秀成果和成熟技术予以吸纳。同时，要积极关注、研究国际上在林业数表研究、编制、应用等方面的先进技术、成功经验和好的做法等，结合我国林业数表建设技术需求，进行引进、消化、吸收和再创新，以弥补我国现有技术的不足，形成拥有自主知识产权的林业数表技术体系。

要加强林业数表建设的技术队伍培养。林业数表建设是一项技术性、实践性都很强的工作，必须发挥科研院所、大专院校研发创新优势和生产单位的实践优势，倡导和鼓励产学研相结合。通过参与科研课题、项目合作、技术培训、业务开展等多种形式，加强对林业调查队伍林业数表有关技术的培训，形成以各级林业调查技术队伍为主体，科研院所、大专院校数表技术力量为辅助的林业数表建设力量。

要建立林业数表建设的专家工作机制。成立各级由科研院所、大专院校林业数表领域的知名学者、专家和林业调查规划行业林业数表工作的骨干力量组成的林业数表建设专家组，建立专家组工作机制，集中研究林业数表建设中的方向、体系框架、技术标准等重大技术问题和难点问题，为各级林业数表建设提供决策支持。

4.6 以试点示范带动全国林业数表建设

开展全国林业数表建设，要试点先行、稳步推进。通过开展试点示范，探索、制定、验证实现林业数表系列化、标准化和规范化的有效途径和方式方法，发现问题、制定措施、积累经验，示范、引导和规范各地的林业数表建设工作，加快全国林业数表建设进程。

试点的选择，要根据全国林业数表建设的目标，综合考虑各地林业数表建设的工作情况，当地科研、技术队伍的支撑情况，以及林业数表在林业改革、森林可持续经营、林业执法、森林资源及生态状况调查监测等工作中的应用及需求情况，选择有一定工作基础和技术优势的省份率先开展试点工作。

试点工作要从数表体系构建、数表发展规划、数表技术革新、数表规范管理等方面系统开展，统筹安排全省数表工作，合理进行权责划分，科学进行表种布局，全面引入专家工作机制，多渠道谋划资金投入，规范进行数表编制、验收、发布和更新管理等工作。试点工作要紧紧围绕林业数表建设的焦点、亮点，以及实践中急需数表类型，进行集中攻关，确保成效。

一种新的土地利用/土地覆被变化监测模型的建立与实践

白卫国　李增元

摘要

土地利用/土地覆被变化研究（LUCC）是深入了解全球环境变化动态的重要途径，研究中多采用对土地利用图件、统计数据和历史资料等进行比较，借助地统计学方法、遥感方法、地理信息系统方法和建立模型方法进行分析，模型建立研究是其中最活跃的部分。目前建立的模型有线性模型、统计模型、系统模拟模型、AI-模型和 CA 模型。在分析现有模型特点和问题的基础上，本文提出了一新的土地利用/土地覆被变化监测模型。该模型融合了遥感和地理信息系统技术在土地利用/土地覆被变化监测中的技术思想，简单、易用；经实践试验符合土地利用/土地覆被变化监测的需要和要求。

关键词：土地利用/土地覆被变化；监测模型

1　引言

近年来，随着工业文明的发展而带来的一系列环境问题，如全球变暖、物种灭绝、大气污染、水土流失、土地沙漠化等，这些问题困扰着人类。考虑到土地利用/土地覆被变化是全球环境变化研究的突破口之一，自 1990 年起，“全球地圈与生物圈计划”和“全球环境变化人文计划”开始积极筹划综合性的研究计划，并于 1995 年发布了《土地利用/土地覆被变化研究计划》[1]。土地利用/土地覆被变化研究（land-use and land-cover change，LUCC）是深入了解土地利用/土地覆被变化复杂性的重要手段，通过对土地利用和土地覆被变化情况的描述、解释、预测以为制定对策提供依据。

2　土地利用/土地覆被变化研究进展

Lambin 认为土地利用/土地覆被变化主要有三种形式，即转化、退化和土地利用强度的变化[2]。Turner 认为土地利用变化造成土地覆被变化主要有：渐变（modification）、转换（conversion）和维护（maintenance）[1]。土地利用和土地覆被之间联系非常密切，土地利用变化导致土地覆被变化，而土地覆被变化也将产生新的土地利用方式。

土地利用/土地覆被变化研究方法多是采用对土地利用图件、统计资料和历史资料等的分析比较来获得土地利用/土地覆被变化的信息[3]。随着科技进步，研究中逐渐引入了新的技术，主要包括地统计学方法、遥感方法、地理信息系统方法和模型方法。

地统计学方法是统计学的一个分支，以区域化随机变量（regionalized variable theory）为基础研究自然现象的空间相关性和依赖性，通过空间相关分析或变异分析了解生命体活动与空间的关系。Bruin 于 2000 年提出了应用地统计学——协同克立格（cokriging）方法来研究土地覆被类型中的空间不确定问题[4]。

到 20 世纪末，卫星遥感在全球和区域尺度上土地利用/土地覆被研究与应用方面得到发展，如以 MODIS 数据建立了全球 1km 空间分辨率土地覆被数据库[5]。但是，目前由于卫星数据分辨率的问题、处理技术不完善和高昂的费用问题，利用遥感数据进行大比例尺、高精度地表达全球土地利用/土地覆被变化状况还达不到，通常仅限于案例方式研究土地利用/土地覆被变化的热点地区。

地理信息系统的空间叠置分析和空间统计分析具有较强的空间信息处理能力，近年来它被广泛应用于土地利用/土地覆被变化研究中[6]。Skinner 应用 GIS 对流域林地空间变化进行了研究[7]。Boerner 应用 GIS 对俄亥俄州中部地区 46 年间土地利用/土地覆被变化进行了研究[8]。Miller 应用高分辨率 DEM（digital elevation model）数据和土地覆被解译数据为数据源，通过对像元-像元一一进行对比，检测土地覆被变化的空间分布，并对研究景观内的不同土地覆被类型的扩展进行量度进行[9]。Munroe 等应用 GIS、RS 和计量经济学的方法分析 Honduras 西部的土地覆被变化[10]。

3 土地利用/土地覆被变化模型研究进展

模型研究是土地利用/土地覆被变化研究的核心内容之一。长期以来，借鉴或建立的模型很多。如描述对环境影响的“I=PAT”，I 表示影响（impacts），P 表示人口（population），A 表示富裕程度（affluence），T 表示技术（technology）公式[11]、马尔可夫链转移概率模型[8]、以地租理论为基础 Alonso（1964）城市土地模型、Von Thu¨nen 种子侵蚀模型[12]、二元概率模型（binary probit models）、随机效果概率模型（random-effects probit model）[10]，此外还有人工智能模型（AI-模型）、元胞自动机（cellular automata，CA）模型等。

随着土地利用/土地覆被变化研究和其他相关研究的展开，模型建立研究也不断发展。最初建立的模型多为线性模型和统计模型，线性模型如“PAT”模型。统计模型如典型相关分析模型、马尔可夫链转移概率模型等。典型相关分析模型把原来较多变量转化为少数几个典型变量，通过这较少的典型变量之间的相关系数来描述两组多元随机变量之间的关系。该类模型明显的不足首先在于假设土地利用变化与驱动因子间存在线性关系，实际情况并非如此；其次它不能反映空间变化情况。经典的马尔可夫链过程是一种特殊的随机过程，该模型的核心是通过一定时段内土地利用类型间的转移概率，来确定此后任一时期土地利用变化的条件概率，该类模型同样缺乏空间表达能力。

随着对事物的认识，研究者认为应把一个区域当作一个系统整体来分析，因而建立了系统模拟模型。系统模拟模型则把复杂的自然、社会、经济系统抽象概括为不同的方程，来表述土地利用变化过程。其有效性依赖于是否整合了影响土地利用变化的主要因子，因子之间的关系是否被合理地表达出来，以及模型预测土地利用变化生态和经济影响的能力。系统模拟模型有助于了解土地利用变化对生态环境等方面的影响，但该模型研究中最大的难点在于如何利用地理空间来反映现实空间的驱动因子和过程。

在深入探讨土地利用/土地覆被变化过程中，研究程度越来越细化，研究者逐渐引入了 AI-模型、CA 模型等。这种模型中融合了人们对事物发展规律的认识以及事物发展动向的判断，在某种程度上更能反映和模拟土地利用/土地覆被变化的动态；但是，其所包含的规则和算法极其复杂，目前还处于探索阶段。

4 土地利用/土地覆被变化监测模型的建立

4.1 本模型的特点及优点

本研究根据目前土地利用/土地覆被变化研究中的实际需求，提出并实践一新的土地利用/土地覆被变化监测模型。该模型的特点是融合了遥感和地理信息系统技术在土地利用/土地覆被变化监测中的技术，该模型的优点在于简单、易于理解和应用；模型的优点还在于对土地利用/土地覆被变化监测的精度只受土地利用/土地覆被分类精度的影响，模型对分类专题图的处理结果精度为100%。

4.2 模型的工作流程

该模型的技术框架和工作流程如图 1 所示。第一步，需要对影像进行几何校正，使两期影像配准精度在土地利用/土地覆被监测要求的精度范围内。第二步，对影像进行土地利用/土地覆被分类，在分类结果和分类精度符合土地利用/土地覆被监测的目的和精度要求后，按模型的土地利用/土地覆被类型赋值表（表 1）给各类型赋值，不同期的专题图上的相同类型被赋予相等的值，得到不同期的土地利用/土地覆被专题图。第三步，对两期专题图进行图像运算，以第一期影像所产生的专题图上各像素值减去第二期影像所产生的专题图上对应位置各像素值，得到两期影像专题图的运算值矩阵。第四步，查找模型的土地利用/土地覆被类型变化查找表（表 2），监测土地利用/土地覆被类型间的变化情况，按照模型的变化类型-矩阵值调整表（表 3）对运算值矩阵中值进行重新调整，输出两期土地利用/土地覆被类型变化结果图。表 1、表 2 和表 3 赋值原则见后文叙述。

该模型已经在商用遥感软件 ERDAS 平台的 Spatial Model Maker 模块支撑下得以实现。并且该模型也可以在其他软件的支撑下采用同样的思路建立并得以实现。

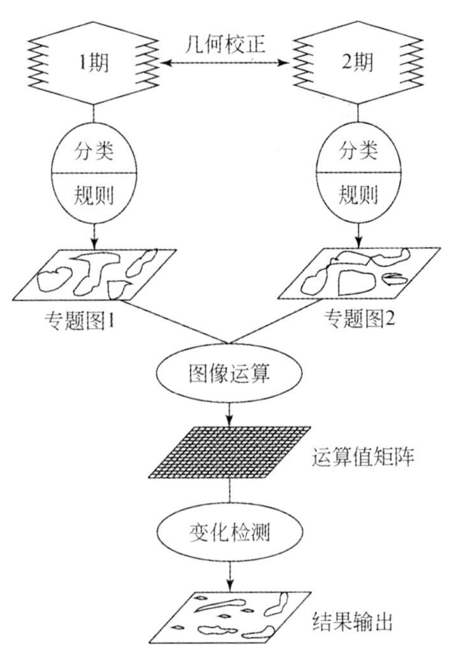

图 1　土地利用/土地覆被变化监测模型流程图

4.3　模型的内核表及赋值原则

表 1 为模型的土地利用/土地覆被类型赋值表。表 1 类型行的数值代表不同的土地利用/土地覆被类型，类值行的数值为对各类型所对应专题图上各类像素的赋值，该值与表 2 中的类值相同。

类值的确定原则为：两期专题图上除对应位置为相同的土地利用/土地覆被类型外，使任意两个类型的像素值相减运算之差值不重复，且赋值不能为 0 值。这就保证了，除两期专题图对应位置为相同的土地利用/土地覆被类型，像素值相减运算所得的差值为 0 值外，1 期专题图各个类型像素的值与 2 期专题图各个类型像素值相减运算所得的差值不重复。

表 1　模型的土地利用/土地覆被类型赋值表

类型	1	2	3	4	5	6	7	…
类值	100	60	30	10	6	3	1	…

表 2 为模型的土地利用/土地覆被类型变化查找表。表的第一列和第一行中的数值分别代表 1 期和 2 期专题图的不同类型；表的第二列和第二行中的数值分别为对 1 期和 2 期专题图对应类型像素的赋值；从第三列、第三行到表格右下角的数值为两期专题图各个类型之间像素值相减运算的差值。由表 2 可以看出，相同类型，两期专题图像素相减运算的差为 0 值，表示没有发生土地利用/土地覆被类型变化，土地利用/土地覆被类型维持原状态。不同类型，两期专题图像素相减运算的差值不为 0，且差值不重复。这表明，像素对应位置发生土地利用/土地覆被类型变化，并且不同的值对应不同类型之间

的变化，这使得通过差值检测是哪两个类型之间发生转化成为可能。

表 2 模型的土地利用/土地覆被类型变化查找表

1-2	2 期类型	1	2	3	4	5	6	7	…
1 期类型	类值	100	60	30	10	6	3	1	…
1	100	0	40	70	90	94	97	99	…
2	60	-40	0	30	50	54	57	59	…
3	30	-70	-30	0	20	24	27	29	…
4	10	-90	-50	-20	0	4	7	9	…
5	6	-94	-54	-24	-4	0	3	5	…
6	3	-97	-57	-27	-7	-3	0	2	…
7	1	-99	-59	-29	-9	-5	-2	0	…
⋮	⋮	⋮	⋮	⋮	⋮	⋮	⋮	⋮	⋮

表 3 为模型的变化类型-矩阵值调整表。表中类型变化列表示变化发生在哪两个类型之间，发生了什么类型之间的转化；其中的值十位数表示原类型，个位数表示所转化后的新类型。表中的矩阵值列为两期专题图各个类型像素相减运算后所得矩阵中所有可能的值。由表 3 可以看出，不同类型之间的转化对应两期专题图相减运算所得矩阵中不同的数值，这样，就可以根据矩阵中不同的数值检测出哪两种类型之间发生了转化。

表 3 模型的变化类型-矩阵值调整表

类型变化	矩阵值	类型变化	矩阵值	类型变化	矩阵值
12	40	37	29	52	-54
13	70	45	4	53	-24
14	90	46	7	54	-4
15	94	47	9	61	-97
16	97	56	3	62	-57
17	99	57	5	63	-27
23	30	67	2	64	-7
24	50	21	-40	65	-3
25	54	31	-70	71	-99
26	57	32	-30	72	-59
27	59	41	-90	73	-29
34	20	42	-50	74	-9
35	24	43	-20	75	-5
36	27	51	-94	76	-2

4.4 模型的后续问题

表 1～表 3 中仅列出少数数目的土地利用/土地覆被类型以供示例，该模型中土地利用/土地覆被类型数目可以根据实际需要添加或删减；但类型赋值必须符合模型内核表 1 中所确定的各个类型之间赋值原则。同时，类型的赋值可以进行调整或重新确定，但赋值的调整和重新确定也必须符合模型核心表 1 中所确定各个类型之间赋值原则，当然，对模型内核表 2 和表 3 也将需要作相应的调整。

该土地利用/土地覆被变化监测模型仅仅考虑了两期土地利用/土地覆被之间变化的监测，对于解决三期或多期土地利用/土地覆被变化序列监测问题还有待于探讨。

5 监测模型的实践检验

对该土地利用/土地覆被变化模型进行实例研究检验，以证明其实用性。本试验以监测区域土地利用变化来对该模型进行检验。

5.1 试验区域及特点

研究区域位于 98°13′39″E～101°37′21″E、34°55′42′N～37°30′59″N。跨青海省共和县、兴海县、贵南县、乌兰县、都兰县和同德县六个县区。区域地形为高山和高原，大部分区域相对较为平坦，平均海拔在 3300m 以上，属高原大陆性气候。

5.2 数据情况

1）获得两期影像，分别为：TM，日期 1987 年 8 月 15 日；ETM+，日期为 2002 年 8 月 16 日。

2）青海省共和县农牧业资源调查及区划图 1∶700000（1984 年）和农业区划数据。

3）2003 年 8 月外业实地调查数据。

5.3 土地利用/土地覆被类型的拟定

试验区域植被以草地为主，其次为农田，乔木林多为农田防护林、水渠防护林等很窄林带，且面积甚小，在遥感影像上呈分散像元；道路与裸地和低盖度草地在影像上的颜色、波谱特征相似，且特征细小，易受周围地物反射光谱影像；居民点一般较小，且与农田或草地交错，在影像上多以农田或草地的特征体现，这些地物在分类后以 1∶5 万图件的处理中会被清除掉。在进行野外实地调查中发现，研究区域的灌木低矮、稀疏、非成片分布，常与草本植物混生，在遥感影像上不易分辨开，估将与草本植物混生的低矮小灌木归入草地类型或草地覆被类型中。考虑到本试验的目的是对该模型的检验，故最终确定土地利用类型分为农田（F)、弃耕地或休耕地（F′)、高盖度草地（覆盖度>50%)（HCG)、中盖度草地（覆盖度 20%～50%)（MCG)、低盖度草地（覆盖度 5%～20%)（LCG)、水体（W）和未利用土地（B)。

5.4 遥感图像分类

1987 年 8 月 15 日的 TM 影像状况较好，基本无云遮挡区。2002 年 8 月 16 日获取的 ETM+影像上有大面积的云和云的阴影，云和云的阴影部位无地表信息，故在研究中予以剔除。在对土地利用/土地覆被变化监测中，对应 2002 年影像上有云的部分在 1987 年影像中也应去掉，以利于对有地表信息的共同部分进行比较。

应用迭代自组织数据分析技术（iterative-orgnizing data analysize technique）对所获得的 TM 影像和 ETM+影像进行无监督分类和图像分割，然后结合原始 TM 影像颜色和影像上不同地物的波谱曲线特征、地物纹理特征等进行判读、勾画、归类、合并等处理。

5.5 分类精度评价

以外业实地调查数据和相关图件资料对分类结果的准确性进行检查，结果如表 4 所示。

表 4　遥感影响分类精度检验表

土地利用类型	HCG	MCG	LCG	F	F′	B	正确	误分	精度
HCG（24）	22	1	1	0	0	0	22	2	0.92
MCG（27）	1	23	1	0	2	0	23	4	0.85
LCG（15）	0	0	15	0	0	0	15	0	1.00
F（14）	0	0	1	13	0	0	13	1	0.93
F′（3）	0	0	0	0	3	0	3	0	1.00
B（5）	0	0	1	0	0	4	4	1	0.80
总计（88）							80	8	0.91

水体外业无踩点，故与相关图件对照，验明分类结果无误。从单项或总体的分类精度来看，分类结果可以满足对模型检验的要求。

5.6 土地利用类型赋值

根据模型的土地利用/土地覆被类型赋值表（表 1）对分类后的两期专题图各个土地利用类型进行赋值。各个土地利用类型与模型中对应的类及类值如表 5 所示。

表 5　土地利用类型与模型中类型及类值对应表

土地利用类型	HCG	MCG	LCG	F	F′	B	W
模型中类型	1	2	3	4	5	6	7
类值	100	60	30	10	6	3	1

5.7 土地利用变化监测及结果

表 6 为各种土地利用变化类型的累计像素和面积统计表。转化类型列值十位数表示原类型，个位数表示所转化的新类型，如转化类型 12 表示由类型 1 转化为类型 2，即由 HCG 转变为 MLG；其余类推。

表 6 土地利用变化类型、累计像素及面积统计表

变化类型	累计像素	面积（hm^2）	变化类型	累计像素	面积（hm^2）
12	1 172 655	105 539	21	623 741	56 137
13	235 878	21 229	31	13 972	1 257
14	177 380	15 964	32	577 073	51 937
15	84 719	7 625	41	15 772	1 419
16	94 308	8 488	42	15 381	1 384
17	555	50	43	18 430	1 659
23	2 037 946	183 415	51	6 325	569
24	80 657	7 259	52	12 941	1 165
25	73 033	6 573	53	21 222	1 910
26	495 176	44 566	54	80 794	7 271
27	2 305	207	61	96 707	8 704
34	39 662	3 570	62	141 029	12 693
35	59 963	5 397	63	310 699	27 963
36	196 920	17 723	64	6 032	543
37	455	41	65	14 779	1 330
45	102 186	9 197	71	1 782	160
46	3 281	295	72	6 095	549
47	26	2	73	3 013	271
56	4 914	442	74	1 284	116
57	36	3	75	22	2
67	2 542	229	76	13 701	1 233

经检验，模型运行结果完全正确。

6 结语

该模型融合了遥感和地理信息系统技术在土地利用/土地覆被变化监测中的技术思想，简单、易用；经实践试验符合土地利用/土地覆被变化监测的需要和要求，值得推广。

目前，该模型仅仅考虑了两期土地利用/土地覆被变化的监测，对于解决三期或多期土地利用/土地覆被变化序列监测问题还有待于探讨。

参 考 文 献

[1] Turner II B L. Land-use and Land-cover Change Science/Research Plan. IGBP Report No. 35. Stockholm：IGBP，1995.

[2] Lambin E F. Modelling and monitoring land-cover change processes in tropical region. Progress in Physical Geography，1997，21（3）：375-393.

[3] Petit C C，Lambin E F. Impact of data integration technique on historical land-use/land-cover change：comparing historical maps with remote sensing data in the Belgian Ardennes. Landscape Ecology，2002，17（2）：117-132.

[4] de Bruin S. Predicting the areal extent of land-cover types using classified imagery and geostatistics. Remote Sensing of Environment，2000，74（3）：387-396.

[5] Fried M A，McIver D K，Hodges J C F，et al. Global land cover mapping from MODIS：algorithms and early results. Remote Sensing of Environment，2002，83（1-2）：287-302.

[6] Kienast F. Analysis of historic landscape patterns with a geographic information system-a methodological outlines. Landscape Ecology，1993，8（2）：103-118.

[7] Skinner C N. Change in spatial characteristics of forest openings in the Klamath Mountains of north California，USA. Landscape Ecology，1995，10（4）：219-228.

[8] Boerner R E. Markov models of inertia and dynamism on two contiguous Ohio landscape. Geographical Analysis，1996，28（1）：55-66.

[9] Miller D. A method for estimating changes in the visibility of land cover. Landscape and Urban Planning，2001，54（1）：93-106.

[10] Munroe D K，Southworth J，Tucker C M. The dynamics of land-cover change in western Honduras：exploring spatial and temporal complexity. Agricultural Economics，2002，27（3）：355-369.

[11] Myers N. Consumption in relation to population environment and development. The Environmentalist，1997，17：33-44.

[12] Walker R. Urban sprawl and natural areas encroachment：linking land cover change and economic development in the Florida Everglades. Ecological Economics，2001，37：357-369.

LUCC监测技术进展及对我国森林资源监测研究的借鉴

白卫国　张　玲

摘要

随着多学科交融和空间分析技术发展，作为全球环境变化研究重点内容之一的土地利用/土地覆被变化研究在理念、方法等方面有了较大发展。本文简述了土地利用/土地覆被变化研究的进展，详细阐述了研究的尺度问题和关注的驱动因素，从地统计学方法、遥感方法、地理信息系统方法和模型方法对研究方法的新进展做了系统总结，并对当前较为热点的模型方法较为深入论述，对各种方法的特点、适用性和限制性做了说明。以供全国和地方森林资源及生态状况监测研究和实践参考。

关键词：土地利用/土地覆盖变化；尺度；驱动因素；地统计学方法；遥感方法；地理信息系统方法；模型方法

1　LUCC研究的发展

随着近代科技的发展，人类对自然改造的能力越来越强，工业文明及人类迅速膨胀的物质需求形成了对自然资源掠夺式的利用。全球变暖、臭氧层破坏、热带雨林锐减、物种灭绝、水土流失、土地沙漠化、自然灾害频频发生等等，人们认识到自然资源并非“取之不尽、用之不竭”，地球生态系统的承载力是有一定的限度，超过这个限度，将会给人类带来灾难，阻碍人类文明的进步。

20世纪90年代，“全球地圈与生物圈计划”和“全球环境变化人文计划”相继发展，以土地利用/土地覆被变化（land-use and land-cover change，LUCC）研究作为全球环境变化研究的突破口之一，于1995年发布了《LUCC研究计划》，提出了三个研究重点：土地利用变化机制、土地覆被的变化机制、区域和全球模型。与之同时，联合国环境署启动了东南亚地区“土地覆被评价和模拟”项目，国际应用系统研究所开展了“欧洲和北亚土地利用/土地覆被变化模拟”研究，美国开展北美土地覆被变化的研究，欧洲也推出了欧洲的LUCC计划。LUCC研究注重于土地利用和土地覆被变化与全球变化因果关系，目的是理解土地覆被变化机制和建立全球动态模型，该研究计划在全球变化研究和可持续发展研究中占有重要的地位。作为全球环境变化研究的一部分，2001 年联合国提出千年生态系统评估计划，旨在满足决策者和公众所关心的由人类福利引起的生态系统变化和应对这些变化所采取的措施，倡导对生态系统的研究与人类福利的关系相结合，探索生态系统演变的驱动力。

土地覆被是指地球陆地表层和近地面层的自然状况，是自然过程和人类活动共同作用的结果，土地利用是指人类利用土地的自然属性和社会属性不断满足自身需求行为的过程。农业、牧业和城市建设指是土地利用；而森林、草原、土壤、冰川、水面等则属于不同的土地覆被类型。土地利用和土地覆盖变化之间的交叉研究使自然科学和社会科学相互交融，为人们认识自然及社会呈现出一个新的视角。

2 LUCC 研究内容及方式

土地利用变化机制是 LUCC 研究的核心问题，通过分析变化的历史及现状，寻求引起变化的自然和社会驱动力及它们之间的联系；根据土地利用现状、自然环境和社会发展状况，预测未来的土地利用动态，为土地利用规划和制定相应的方针政策提供基础信息。

土地利用变化的方式主要有土地利用转化、土地退化和土地利用强度变化三种形式。土地利用转化有多种形式，包括农业、林业、牧业等之间及各产业内部不同地类之间的转变，也包括利用类型与非利用类型之间的转变。土地退化包括土壤侵蚀、土壤盐碱化和土地沙化。土地利用强度变化涉及各种方式，通过技术改进、利用方式、利用数量和利用频度等对量和质产生影响。土地利用变化造成土地覆被变化主要有：渐变、转换和维护。渐变是由一种土地利用状况逐渐过渡到另一种土地利用状况，要经过一个变化期。转换是在某一时期由一种土地利用类型完全变换到另一种不同的土地利用类型。维护是指土地利用在某一时期发生了某些变化，但总体上还是维持原来的土地利用方式[1]。

对于土地利用变化的研究和描述，常从三个方面进行：土地利用随时间的变化，即土地利用的时间变化过程；土地利用随空间位置的变化，即土地利用的空间变化过程；土地利用引起土地质量状况变化，即土地利用的质量变化过程。这三个方面在土地利用变化的过程中同时存在，不可分割，研究者为了对土地利用研究和阐述的方便，常常将这三个方面分割开来，分别加以研究和解释。

3 LUCC 研究的尺度问题

系统过程表现都有一定的特征尺度，在特征尺度上表达最典型、最容易观察，有其主要控制因素和结果[2]，对系统的分析需要在与被监测的过程或现象相适应的尺度上进行。对 LUCC 过程的分析，尺度的选择对研究结果具有重要的影响。尺度指分析单元的空间范围、持续的时间或制度水平，它以分析单元的面积（长度）、时间段、社会组织（如个体、户、社区等）等表示[3]。在实际研究和应用中，尺度的含义常有四种，即，制图尺度、地理尺度、操作尺度和度量尺度。在地学分析中，研究对象或过程的空间尺度和时间尺度的确定非常重要[4]，对环境问题进行综合分析研究结果显示，分析环境变化的原因，需要对组成系统的主要组分以及这些组分的动态变化和相互作用进行多尺度、多维评估[5]。对土地利用变化的研究需要考虑研究对象的空间尺度、时间尺度以及对其有重要影响的人类社会组织尺度。

大尺度的分析应用的数据精度较粗的，在粗精度不可能检测到比较细的过程，即使数据是在比较细的精度上收集的。小尺度的分析可以观测到细微的过程，但在不同的尺度分析时，由于主要控制因素发生变化，使得小尺度的结果不能直接应用到大尺度上进行分析。为了在大尺度上对系统细微的过程有所发现或在小尺度研究基础上对系统大尺度的趋势有所把握，往往要进行尺度均衡或尺度扩展。但尺度均衡或尺度扩展使地区格局丢失，这正是过程表现阈值或非线性的问题所在。当在一个比较大的尺度上进行尺度扩展时，尺度阈值可能已被扩展，但其表现似乎并未扩展。当人们认识到特定过程的尺度，并且获取了高精度的数据，则能在这个尺度上较准确地进行分析。在小尺度上进行分析有助于鉴别系统重要的动态特点，这些动态特点在大的尺度上往往被忽略掉。而在大尺度上的现象和过程，在小尺度上也没有被人们注意到。

研究范围的确定应具有典型性和代表性，空间尺度的选择应当能反应区域土地利用变化的空间特征。时间尺度也是进行土地利用变化分析应考虑的重要因子，要与土地利用变化过程现象相当。同样，社会、政治和经济因素同样也有特征尺度，并且有更大的时间和空间差别。对一个给定尺度上的土地利用变化，分析结果往往受其他尺度上生态的、社会-经济的和政治的因素等相互作用的影响，单一尺度上的分析易于失去多尺度相互影响的重要信息。土地利用变化研究的空间尺度、时间尺度和人类社会组织尺度的选择因涉及的对象、变化类型、研究内容而异，但在实际研究工作中通常因各种因素的影响，导致选择的研究尺度往往与研究对象的特征尺度有一定差异。

4 LUCC 研究关注的驱动因素

LUCC 的影响因素多种多样，可分为自然因素和人文因素两大类。自然因素包括气候、火灾、和洪水等；人文因素包括人口、生活方式、经济政策、市场需求等。LUCC 主要是人类活动造成的，因而，考虑社会经济因素对 LUCC 的影响具有重要的意义。

影响 LUCC 的社会经济因素众多，如人口、对土地产品的需求、土地资源保护、技术发展、经济增长、富裕程度、价值取向及城市化等。Penner 认为大气温室气体的 20%～75%来自土地利用活动[6]。Bilsborrow 和 Ogendo 认为人口的增长是土地资源缺乏和原始土地类型转变为农田的根本驱动力[7]。此外，社会经济因素还包括土地使用政策、财政补贴、国际贸易、社会文化、能源、政治经济体制等诸多方面[8]。

技术发展改变了人类对土地资源利用方式和利用程度；交通的改善，改变了各类资源的可获取性，导致资源大范围的开发利用。对于经济的发展，部分研究者认为，随着工业化的发展、社会科技的进步、人民生活水平的提高，人们越来越注重保护自然生态环境；人口增长和经济发展以及社会需求的大幅度增长，加大了对自然资源的压力，这一压力在贫困地区往往造成土地利用方式的变化和生态环境的退化。但对技术改进、交通改善、经济发展在减轻土地压力、防止土地退化方面还缺乏进一步的探讨。

城市化是一种重要的区域土地覆盖变化类型，虽然占陆地总面积的比例尚不足2%，但对于以农业为主的平原地区而言，尤其对发展中国家而言，城市化常常是影响LUCC的主要原因之一[1]。

总之，影响LUCC的因素是多种多样的，并且具有很大的区域差异。此外，在不同的时间尺度上，其主要的影响因素也不尽相同。

5 LUCC研究方法新进展

长期以来，对土地利用变化监测都是对不同时期的各种土地利用图件、统计资料、历史资料和遥感数据等进行分析比较，获得土地利用变化的信息。随着学科交叉融会、空间技术、分析技术的不断发展，在土地利用变化研究中逐渐引入了地统计学方法、遥感方法、地理信息系统方法和模型方法。

5.1 地统计学方法在LUCC研究中的应用

地统计学是统计学的一个分支。已被广泛应用到分析各种自然现象，并被认为是研究空间变异的有效方法。地统计学以区域化随机变量为基础，研究自然现象的空间相关性和依赖性，它为LUCC研究提供了一个非常有效的分析和解释空间数据的工具。应用地统计学可以定量地描述和解释空间异质性或空间相关性，通过空间数据插值建立有关空间的预测模型；通过空间相关分析或变异分析可以了解生命体活动与空间的关系；并且可以对土地利用变化进行模拟。Bruin就提出应用地统计学——协同克立格（cokriging）方法可以研究土地覆盖类型中的空间不确定问题[9]。

5.2 遥感技术在LUCC研究中的应用

利用遥感对地观测研究起源于20世纪20年代，随着卫星对地观测技术和计算机技术的发展，使得在较大范围内对地观测成为可能。到20世纪80年代，人们已在洲际区域利用气象卫星数据进行土地覆盖变化研究；到20世纪90年代，人类已可以利用卫星数据研制开发具有统一分类方法、统一数据处理规范、具有统计精度评价结果、空间分辨率为1km的全球土地覆盖数据库[10]。

迄今，基于卫星遥感技术对LUCC监测的研究较多，可归纳为以下几个方面。

1）利用卫星遥感数据对地表LUCC进行分类，在分类的基础上监测变化。

2）从卫星遥感数据中提取能反映地表变化的指标或标志，建立这些指标或标志与地表类型之间的关系，以这些指标或标志的变化来监测土地利用的变化。

3）从多种分辨率卫星数据对地观测的比较和多种分辨率卫星数据的融合等方面研究利用多星数据、从多尺度对土地变化进行监测。

4）应用卫星数据与其他学科方法相结合，形成对土地利用变化多学科的研究。

5）利用高时间分辨率低空间分辨率卫星影像数据对LUCC进行监测。

6）研究利用高分辨率卫星影像数据和雷达数据土地利用/土地覆盖变化的监测。

5.3 GIS 技术在 LUCC 研究中的应用

LUCC 研究多是以空间信息为基础。GIS 对栅格数据、矢量数据、属性数据等数据的统一管理以及其强大的空间分析功能使其在 LUCC 研究中倍受青睐。

目前 GIS 在资源环境中的应用可概括为以下几个方面。

1）GIS 作为一种地理空间数据库可为资源环境科学研究提供基础信息及分析平台。在涉及地理空间关系的资源、环境、经济、景观等研究中，常采用以 GIS 建立基础信息数据库，分析资源、经济、景观等空间格局及变化。

2）GIS 作为一种工具，被用于进行空间要素的地理相关分析。但是，其统计分析功能比较单薄，还不能满足资源环境科学研究中的需要，大量的统计和分析工作还得借助常规的统计软件。

3）GIS 为资源环境空间数据的挖掘提供了方便，研究者可以在 GIS 数据库的支持下，应用 GIS 中提供的各种空间分析和查询工具生成多种多样的空间关系数据，以满足研究和管理的需要。

4）GIS 作为一种信息组合管理工具，将有关对象的 RS、GPS 和属性信息等进行链接，建立对应关系，便于空间相关等分析。

5）通过 GIS 进行二次开发。商业 GIS 软件的功能还满足不了专业研究方面的需求，GIS 开发商多以功能组件的方式为用户提供各种功能模块，用户可根据自己的需求进行一些组件式功能开发。

5.4 模型研究在 LUCC 研究中的应用和发展

模型研究是 LUCC 研究的重点内容之一，通过对变化和驱动机制的研究，建立模型来描述和预测区域和全球变化。长期以来，在 LUCC 研究中所借鉴或建立的模型很多，可概括为四大类，即描述模型、解释模型、预测模型和仿真模型。

描述模型通过分析揭示变化的幅度和速度以及空间分布特征，如综合土地利用动态度模型、土地利用程度变化模型、土地资源生态背景质量指数模型、重心模型等[11-13]。这些模型考虑的地表变量和变化驱动因子较少，其准确性和完整性方面仍需进一步完善。

解释模型通过相关分析方法解释驱动因素及变化成因，多采用多元变量统计方法，如典型相关分析模型等[14, 15]。典型相关分析模型通过对多元随机变量进行分组、分析、比较、筛选，使两个典型变量组合之间的相关性最大，以揭示两组多元随机变量之间的关系，该模型适合于各个变量之间本身具有较强相关性的标准变量组。该模型假设土地利用变化与驱动因子间存在线性关系，并且统计相关不一定存在因果关系，因而该模型存在一定的不足；另外，该模型的分析结果受研究区域限制，且不能反映空间关系。

预测模型则通过线性关系描述已发生的变化和预测未来变化，常用的有转移概率模型和系统模型。马尔可夫链过程是转移概率模型的经典，是一种特殊的随机过程。一般由初始状态转移矩阵和马尔可夫链的基本方程组成，数学计算和应用比较简单。转移概率模型可用于土地利用变化驱动力不明、机制不清的情况，但只能在稳定的变化过程的假设条件下预测短期内土地利用变化的状况，缺乏空间表达能力。系统模型把复杂的自然、社会、经济系统抽象概括为一些不同的方程，来表述土地利用变化。其有效性依赖于是否整合了影响土地利用变化的主要因子；因子之间的关系是否被合理地表达出来，以及模型预测土地利用变化的能力[1]；该模型研究中最大的难点在于如何利用地理空间来反映现实空间的驱动因子和过程。

仿真模型的发展是随着信息科学和计算机技术的发展而产生的，用以弥补描述模型、解释模型和预测模型的空间表达能力的缺乏。仿真模型将描述模型、解释模型和预测模型所考虑的因素设为条件，通过计算机绘图表达，模仿现实世界。如二元概率模型、随机效果概率模型、城市蔓延模型、农业种子侵蚀模型、CA 模型、AI-模型等。但是由于仿真技术本身较为复杂，加之 LUCC 驱动因素、驱动方式及相互作用等难以掌握和表达，所以仿真模型研究还处于初始阶段，与实际应用还有很大的距离。

6 对森林资源监测研究的几点借鉴

森林是陆地生态系统的主体，是土地覆被的核心类型，是土地利用的重要类型之一，也是全球 LUCC 研究的重要内容。我国是林业大国，长期以来，林业工作者在森林资源监测方面做了大量卓有成效的工作，为国家的林业建设做出了贡献，并形成了以森林资源连续清查为主线，森林资源规划设计调查为基础，多项专项监测并存的格局。但是目前也存在技术储备落后、创新不足、支撑不力等问题。借鉴国际上关于 LUCC 研究的方法，增强我国林业监测工作技术储备和创新，作者认为，应加强以下几个方面科技研发工作。

一是对现有各项监测技术体系进行整合研究。进行森林资源和生态状况的综合监测符合发展的趋势，但要进行综合监测，需要在技术体系上取得整合。目前我国林业各项监测工作在技术上存在着体系相互对立，标准不统一，相互不易衔接，数据难以整合，工作重复和数据冗余等问题，直接影响综合评价结果的可靠性。所以，开展相关技术体系及标准的衔接、规范和整合研究，是进行综合监测的技术需要，是进行综合评价的技术前提。通过研究和技术整合，实行在统一的架构下，内容包含林区资源、环境、水文、经济、社会，以及湿地、荒漠化、沙化及石漠化地区各个方面的所需信息；在技术上实现各子体系相互衔接、标准统一，数据格式和基础统计方法一致；对信息、数据采集进行统筹划分，实行基础信息和数据单项采集、多项共享，专项信息采集各有侧重；分析评价是在统一框架下，基础信息、基本指标相互衔接，专项评价及其扩展信息丰富、形式多样。

二是加强监测的多尺度扩展研究。目前，我国森林资源一类清查仅在全国或省级水平上对森林资源及其消长情况进行评价；作为森林经营管理基础支撑的二类调查，由于技术体系和时间段等因素影响，而不能应用于全国性宏观评价；三类调查仅服务于具体生产和对资源档案有限的修正；其他各项监测都服务于特定的目的。各项监测基本上是在各自的尺度上进行的，没有对体系从尺度上进行向上或者向下的扩展，使得监测结果仅适用于特定尺度。所以，以现有的技术体系为基础，加强对各项监测尺度扩展研究，探索空间尺度和时间尺度的扩展方法，建立完善的、易于进行尺度扩展的评价指标体系，实现多尺度分析和评价，有利于挖掘监测工作的最大效用，有利于促进我国森林资源监测技术水平提高。

三是加强森林资源等变化的驱动力分析研究。国内在森林等监测和研究方面也已加强了对变化的监测。通常做法是通过对两期或者多期监测结果进行对比，查找变化区域，统计变化类型和数量，并对变化做简单分析。但是，引起森林资源等变化的因素是多方面的，有直接因素和间接因素，有自然因素和社会因素，有短期因素和长期因素，有单一因素和综合因素，等等。这些因素有主要的、决定性的，有附属的、非决定性的，作用方式不同，作用程度不同，作用效果不同。加强对森林资源等变化的驱动因素分析和研究，有助于增进对森林资源等与自然、社会等相互关系的了解，有助于掌握森林资源等变化的规律。通过研究，探索出一套针对变化进行分析评价的方式方法和指标体系，以便为监测评价和生产实践服务。

四是加强对森林资源等变化的分析预测研究。对森林资源等进行监测，一方面是为了掌握情况、评价以往工作绩效；另一方面则是根据森林资源等的变化及规律，为制定和调整林业政策提供基础依据。对森林资源等的变化进行分析，预测未来森林资源等的情况，有助于决策者根据森林资源及林业发展的预期目标，更加合理地调整林业政策。在当前的生产监测工作中，由于没有理论和技术的支撑，对未来森林资源变化的预测还处于空白；在研究领域，关于森林资源等未来变化预测的研究报道并不多见。所以，加强对森林资源等变化预测方面的研究十分必要。通过研究，增加我国森林资源变化的监测技术储备，增强我国森林资源监测等的预测预警能力。

参 考 文 献

[1] Lambin E F. Modelling and monitoring land-cover change processes in tropical region. Progress in Physical Geography，1997，21（3）：375-393.

[2] Wilbanks T J. Geographic Scaling Issues in Integrated Assessments of Climate Change//Rotmans J，van Asselt M. Scaling Issues in Integrated Assessment. Swets and Zeitlinger，2002.

[3] Gibson C C，Ostrom E，Ahn T K. The concept of scale and the human dimensions of global change：a survey. Ecological Economics，2000，32（2）：217-239.

[4] Lam N，Quattrochi D A. On the issues of scale，resolution and fractal analysis in the mapping sciences. Professional Geographer，1992，44（1）：88-98.

[5] Smith S，Reynolds J F. Integrated Assessment and Desertification. Berlin：Dahlem University Press，2002.

[6] Penner J E. Atmospheric chemistry and air quality//Meyer W B，Turner B L. Changes in Land Use and Land Cover：A Global Perspective. Cambridge：Cambridge University Press，1994：175-210.

[7] Bilsborrow R E，Ogendo H W O. Population-driven changes in land use in developing countries. Ambio，1992，21：37-45.

[8] Reid R S，Kruska R L，Muthui N，et al. Land-use and land-cover dynamics in response to changes in climatic，biological and socio-political forces：the case of southwestern Ethiopia. Landscape Ecology，2000，15：339-355.

［9］de Bruin S. Predicting the areal extent of land-cover types using classified imagery and geostatistics. Remote Sensing of Environment，2000，74（3）：387-396.
［10］Loveland T R，Reed B C，Brown J F. Development of a global land cover characteristics database and IGBP discover from 1km AVHRR data. International Journal of Remote Sensing，2000，21：1303-1330.
［11］高志强，刘纪远，庄大方. 我国耕地面积重心及耕地生态背景质量的动态变化. 自然资源学报，1998，13（1）：92-96.
［12］庄大方，刘纪远. 中国土地利用程度的区域分异模型研究. 自然资源学报，1997，12（2）：105-111.
［13］王秀兰，包玉海. 土地利用动态变化研究方法探讨. 地理科学进展，1999，18（1）：81-87.
［14］张明. 区域土地利用结构及其驱动因子的统计分析. 自然资源学报，1999，14（4）：381-384.
［15］江洪，张艳丽，Strittholt J R. 干扰与生态系统演替的空间分析. 生态学报，2003，23（9）：1861-1876.

陕西省生态旅游资源基本特征及吸引向性评价*

王　谊　陈存根　朱耀勋　马秀芳

摘要

在对陕西省生态旅游资源归纳分类的基础上，分析了陕西省生态旅游资源的基本特征，提出了陕西省主要生态旅游资源吸引向性的模糊分级，为其开发决策提供参考。

关键词：陕西省；生态旅游资源；类型；特征；吸引向性

随着全球绿色浪潮的兴起以及“可持续发展”理念的拓展，生态旅游以其强劲的发展势头引起各国政府和学术界的广泛关注，成为旅游市场中增长最快的一支，以每年10%～30%的速度发展（整个世界旅游业发展速度每年是4%）[1]。作为旅游大省的陕西，进入20世纪90年代以来，由于过分倚重传统的历史古迹旅游资源，与全国兄弟省、市相比，旅游业位次逐年后移。尽管原因是多方面的，但供给与市场需求错位脱节是主要原因之一。换言之，单一的历史古迹类旅游产品早已不能满足内埠旅游者回归自然、参与娱乐的多样需求。因此，探讨陕西省生态旅游开发问题对陕西省旅游业的可持续发展有着重要指导意义。

1　陕西生态旅游资源的类型划分

生态旅游资源就是按照生态学的目标和要求，实现环境的优化组合、物质能量的良性循环以及经济和社会的协调发展，并具有较高观光、欣赏价值的生态旅游区[2]。众所周知，陕西省是我国历史文化遗产最为丰富的区域，实际上，就自然生态环境而言，南北过渡、东西兼有的特点，使其旅游资源种类丰富而类别奇特，更兼有因其地域特点而形成的独特的人文景观。笔者在实际调研的基础上，结合区域特点，将陕西省生态旅游资源分为4大类21种基本类型（图1）。除少数自然保护区暂不具备开展生态旅游的条件外，大多数具有开展生态旅游的良好条件。

* 原载于：西北林学院学报，2002，17（1）：77-79.

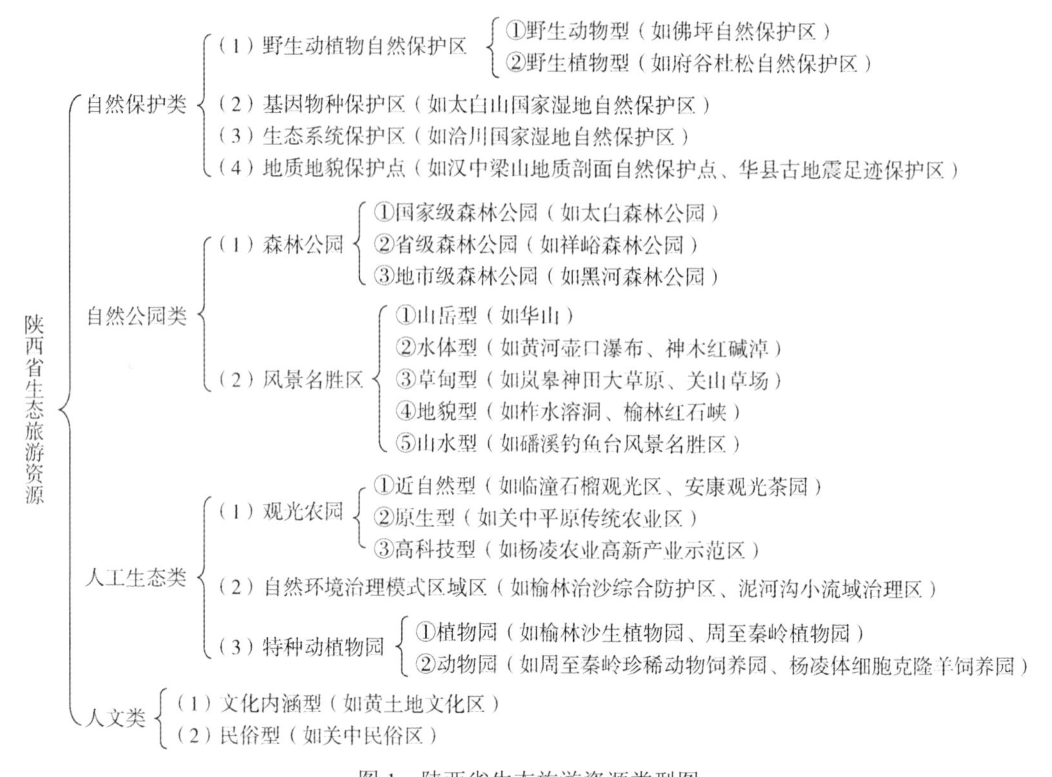

图1 陕西省生态旅游资源类型图

2 陕西生态旅游资源基本特征分析

2.1 类型齐全，数量丰富

陕西省位于我国内陆腹地，是我国同时具备温带、暖温带、北亚热带三大自然气候带的省份。独特的地形和多样的气候条件，形成了陕西丰富的生态旅游资源。在全国地区旅游资源总丰度排行榜中名列第4，仅次于山西、云南、浙江3省[3]。

各种地貌形态、岩性、造型、水系特征的充分发育，从而孕育了丰富多彩的山景水色。横贯中部的秦岭山脉，山高谷深，山峰林立，峪谷河流梳状分布，山脚温泉广泛出露，平均海拔2000m以上。势若天柱的秦岭主峰——太白山，峰峦起伏，以其高、寒、险、神秘莫测而闻名于世，在海拔3000m以上的高山地带，第四纪古冰川遗迹，历历在目。西岳华山以其形态神奇、惊险壮观的花岗岩地貌而“奇拔峻秀冠于天下”。伸展北部的黄土高原是世界上面积最大，发育最典型的黄土高原中心，沟壑纵横，雄浑粗犷。在这片神奇深厚的黄土地上，不但孕育了中华民族的历史文明和灿烂文化，也形成了如黄土般深厚古老而又质朴的风土民情以及人们与大自然为一体的生存精神，带有浓郁的地方特色，自成体系。长城沿线沙丘、沙地，绵延起伏，湖泊滩地逶迤相连，交错分布，俨然一派塞外风光，令人神往。黄河沿岸险峻壮美，壶口瀑布被誉为“天下奇观”，是我国第二大瀑布。位于神木县的红碱淖海子，是我国最大的沙漠淡水湖，水域辽阔，水势浩淼。陕南青山碧水，谷幽林密，众多的自然保护区犹如一颗颗璀璨的明珠镶嵌其中。喀斯特地貌更为山水秀丽的南国风光增色不少，奇山异洞，怪石嶙峋。商洛石瓮地区，是我国西北地区发现最大的古溶洞群。号称“八百里秦川”的关中平原，以土壤肥沃，农业发达而闻名。数千年来，这里是关中农耕文化、京畿文化的培育之地，有着典型的田园风光以及源远流长的民俗体系。

2.2 特色突出，品位较高

陕西省植物资源具有华北、华中、华南、西南、西南山地及西北内陆高原植物区系交汇的特征，是我国最大的“基因库”之一。植被类型十分丰富，针叶林、针阔叶混交林、常绿阔叶林、灌丛、灌木丛、典型草原、草甸草原、灌木草原、沙生植被、禾草及杂草类草甸、内陆盐生草甸、草本沼泽、内陆盐生植物以及陆水生植物等都有分布。从海拔 170m（汉江出省处）到 3767m（太白山顶）相对高差达 3500m 以上，植被的垂直地带谱在东亚温带地区均具典型性[4]。动物类别具有古北界和东洋界的过渡和交汇特性，种类繁多，共有野生动物 769 种，野生脊椎动物 738 种，其中鱼类 135 种，两栖类 28 种，爬行类 49 种，鸟类 377 种（其中国家一级重点类 9 种），兽类 149 种（其中一、二级重点类分别为 6 种、18 种）[1]。

全省现有风景名胜区 35 处，其中列为国家级的有西岳华山、临潼骊山、黄河壶口瀑布和宝鸡天台山 4 处。建立各类森林公园 50 处，已运营的有 20 多处，其中列为国家级的 9 处（即太白山、楼观台、终南山、天台山、延安、南宫山、天华山、王顺山等）。已建立各类自然保护区 13 处，即太白山国家自然保护区、佛坪国家自然保护区、周至国家自然保护区、牛背梁国家自然保护区、长青国家自然保护区、洽川国家湿地自然保护区、洋县自然保护区、老县城（周至）自然保护区、神木臭柏自然保护区、府谷杜松自然保护区、三门峡水禽自然保护区等。全省共开发建成各类旅游景区点约 180 余处，其中包括 1 个世界级旅游景点，10 多个国家级旅游景区点，6 个国家文化名城，1 个国家林业局示范森林公园，韩城党家村明清住宅、文庙被誉为“古建筑奇葩”。

2.3 分布广泛又相对集中，组合条件好

陕西省生态旅游资源组合优势的空间分布相对平衡，全省各地都有各具特色的生态旅游吸引物。关中地区拥有中国森林公园最为密集的生态旅游带——堪称“中国的阿尔卑斯山”的秦岭北坡，由 16 个森林公园连接着的海拔高度为 1600～2000m 的绿色长廊，其山、林、水、色等自然景观兼备与众多内涵丰富的人文景观交相辉映。陕北地区，围绕黄土、沙漠主体，叶片式分布着两大生态旅游区域，即沙漠生态旅游区以及黄土生态旅游区。而秀丽的自然山川和动植物风景资源则多集中分布于陕南的秦巴山地之间。在全国各地区主要旅游资源配合指数的比较中，陕西配合指数为 44[3]。配合指数是指主要旅游资源在全国比重的标准差系数。低于 50，则说明该地区旅游资源门类较齐全，数量较多，区内差异明显，区域内旅游资源组合状况较好。

综上所述，陕西省生态旅游资源的特征，可以概括为：类型齐全，与人文资源交相辉映，错落有致；特色鲜明，优势明显；分布广泛而又相对集中，具有较高的资源总体优势度和开发利用价值。

3 吸引向性评价

生态旅游资源的吸引向性是其吸引能力大小的具体反映，也是决定资源价值的主要方面。吸引向性的具体含义就是生态旅游资源吸引旅游者的源地指向性。一般可分为国际、国内和省内地方吸引向性3级。具有国际吸引向性的生态旅游资源独特性强，吸引力较大，对国际旅游者产生强烈吸引；国内吸引向性是指生态旅游资源中等，独特性较强，对国内广大地区旅游者有较大吸引力；省内地方吸引向性是指旅游资源独特性和丰饶程度一般，具有一定的吸引力，仅限省内区域。这3个级别的吸引向性中，一般国际吸引向性包括国内和省内地方二重吸引向性，而国内吸引向性则还包括省内、地方吸引向性，只有省内地方吸引向性比较单纯。

根据陕西省主要生态旅游景区（点）资源独特性以及近年来旅游客源市场分析，笔者提出了一个陕西省主要生态旅游资源吸引向性的模糊分级（表1），为其今后进行市场定位、产品定位、形象定位以及深度开发提供参考。

表1 陕西省主要生态旅游资源吸引向性模糊分级

级别	主要涉及的生态旅游景区（点）
国际旅游吸引向性	黄河壶口瀑布，西岳华山，黄土地文化区，关中民俗区，太白山国家森林公园，杨凌体细胞克隆羊饲养员，周至秦岭植物园
国内旅游吸引向性	骊山，华清池温泉，黄河龙门风景名胜区，榆林红石峡风景名胜区，榆林沙生植物园，红碱淖风景名胜区，安塞民间艺术馆，南泥湾风景区，宝鸡天台山风景名胜区（天台山，哑姑山），太白大鲵自然保护区，太白山国家自然保护区，楼观台国家森林公园，周至金丝猴自然保护区，牛背梁国家自然保护区，佛坪国家自然保护区，洋县朱自然保护区，洽川国家湿地自然保护区，延安国家森林公园（宝塔山，清凉山，凤凰山，万花山），柞水溶洞风景名胜区，杨凌农业高新产业园区，户县农民画展览馆，韩城党家村明清住宅，文庙
省内地方旅游吸引向性	二郎山，白云山，府谷杜松自然保护区，神木臭柏自然保护区，子午岭，天华山国家森林公园，唐玉华宫风景名胜区，三门峡水禽自然保护区，王顺山国家森林公园，黑河森林公园，终南山国家森林公园（翠华山，南五台），太平森林公园，黄巢堡森林公园，天台山国家森林公园，石番溪钓鱼台风景名胜区，圭峰山和高冠瀑布，小华山，嘉午台，蓝田辋川，蓝田溶洞，蓝田汤峪，关山草场，龙门洞风景区，吴山风景区，紫柏山风景区，定军山风景名胜区，汉中南湖风景区，小南海自然保护区，米仓山猕猴自然保护区，千子山风景名胜区，擂鼓台风景名胜区，南宫山国家森林公园，香溪洞风景区，化龙山自然保护区，岚水，丹江，岚皋神田大草原，瀛湖风景区，天竺山森林公园，南沙河风景名胜区，略阳江神庙祖的民俗博物馆，凤凰山风景名胜区，巴山湫，平利三里垭茶园，千家坪风景名胜区，洛南黄龙铺石门地质剖面保护点，华县古地震遗迹保护点，凤翔玉女潭风景区

参 考 文 献

[1] 邹统钎. 旅游开发与规划. 广州：广东旅游出版社，1999：268-277.
[2] 侯立军. 略论我国生态旅游资源的开发. 南京经济学院学报，1995，(4)：39-41，57.
[3] 王凯. 中国主要旅游资源赋存的省际差异分析. 地理学与国土研究，1999，(3)：69-74.
[4] 王克坚. 陕西旅游基础知识. 西安：陕西旅游出版社，1995：2-6.

陕北地区生态旅游资源的综合评价*

王 谊 陈存根 朱耀勋 马秀芳

摘要

运用特尔斐法及层次分析法，建立了陕北地区生态旅游资源综合评价模型和基层因子评估标准，并运用该模型，定性与定量相结合，对其不同地域系统的13个生态旅游景区（点）进行了评分，从而明确陕北生态旅游开发的等级系统，旨在指导其生态旅游开发与发展战略的制定。

关键词：自然生态环境非优区；陕北地区；生态旅游资源；综合评价模型；基层因子评估标准

陕北地区是全国生态环境最为脆弱的地区之一，在行政上包括延安、榆林2市，占陕西总面积的45%。延安市辖区1区12县，水土流失面积达2.88万km^2，占总面积的78%，尤其是黄土高原丘陵沟壑区，森林覆盖率仅为7%，现有森林多数为天然次生林，森林植被稀疏且分布不均，生态环境恶化态势仍十分严峻。榆林市辖1区11县，地处黄土高原与毛乌素沙漠交接地带，其中陕、蒙、晋西北长城沿线的沙地、沙荒土旱作农业区是我国北方4大沙尘源区之一，土地沙化不断扩大，生境十分脆弱。简言之，陕北地区属于生态敏感度较高，干扰抗逆性较小的自然生态环境非优区。对于此类地区而言，必须将生态旅游作为21世纪可持续发展的一项重要举措推出，这是因为不同于传统的旅游方式，生态旅游是环境保护、生态建设冲突最小的产业[1]，是一个既能节约环境资源，又能促进经济发展的双赢产业。从生态的角度来看，在陕北地区开发生态旅游，其生态教育功能将发挥得更加突出，更重要的是环保意识凸现，激发旅游者爱护环境、保护环境的自觉行为。因此，对陕北地区可持续旅游的研究不容忽视，其开发经验必将具有示范效应，对于整个西部地区旅游业可持续发展具有重要意义。

1 陕北生态旅游区概况

1.1 沙漠（地）生态旅游区

以榆林市为中心，位于毛乌素沙地边缘地区，具有各种沙地和沙丘类型，沙漠绿洲、

* 原载于：西北林学院学报，2002，17（3）：89-92.

湖泊、草滩景观相当完整，一派塞外风光。本区拥有号称“中国最大的沙漠淡水湖”的红碱淖，水面面积达 $67km^2$，水量充沛，蓄水量达 7 亿 m^3，本区还拥有沙生植物园以及世界著名的治沙防护综合体系，是沙漠成功整治的典范地区之一。

1.2 黄土生态旅游区

由沟壑和沟间地貌组成的陕北黄土高原是驰名中外的黄土高原核心地带，面积达 7 万多平方公里，黄土层厚 50～200m，早更新纪至晚更新世黄土地层齐全，由于是长期流水切割，形成长梁连绵、塬峁起伏、川塬相间的独特的黄土地貌景观。黄土桥、黄土柱、黄土塔、黄土墙、黄土峰丛等造型逼真，串珠状陷穴及完整的黄土剖面等都具有极高的观赏价值。本区还拥有位于延河中游的延安国家森林公园，景观林面积 $300hm^2$，森林覆盖率为 55.6%。

该区不但孕育了中华民族的历史文明和灿烂文化，也形成了如黄土般深厚而质朴的风土人情以及人们与大自然融为一体的不息的生存精神。黄土窑洞、秧歌舞、陕北民歌、安塞腰鼓、洛川鳖鼓、宜川胸鼓以及“层层梯田绕山转，沟底打坝成良田”的别具一格的田园风光，带有浓郁的地方特色，自成体系。

1.3 黄河峡谷生态旅游区

黄河峡谷自北向南，长超过 580km，谷深 300～500m，两岸峰峦重叠，多悬崖陡壁，河道弯曲狭窄，水流湍急，惊险幽深。本区拥有举世闻名的“壶口瀑布”，雄伟壮观，声震四野。滔滔黄河以 400m 宽的水面突然被挤成 50m 宽，形成万水急流注壶口的壮丽画面，气势磅礴。落差达 34m，是继我国贵州黄果树瀑布之后的第二大瀑布[2]。

2 评价的目的与方法

旅游资源评价是指按照某些标准来确定某一旅游资源在全部旅游资源或同类旅游资源中的地位，以确定某一旅游资源的重要程度和开发利用价值[3]。旅游资源或旅游地的综合评价，着眼于旅游资源的整体价值的评估，又称为旅游资源总体评价或旅游潜力评价。为了对陕北地区不同旅游地域系统的生态旅游资源进行开发价值的比较，并作出规划与管理意义的重要性排序，本文采用定性与定量相结合的方法——特尔斐（Delpi）和层析分析法对陕北地区适宜开展生态旅游的景区（点）进行了综合评价。通过建立统一的综合评价模型和评价指标体系，计算出陕北地区各生态旅游景点的量化得分，为制定陕北地区生态旅游开发与发展战略提供依据。

3 评价因子的选取

根据陕北地区的具体情况，建立了评价因子体系（图 1）：第 1 层设立资源条件 C_1 区域条件 C_2 区位特征 C_3 3 个因子，第 2 层因子选取 F_1～F_7 7 个因子，第 3 层因子即基层因子 S_1～S_{14}.

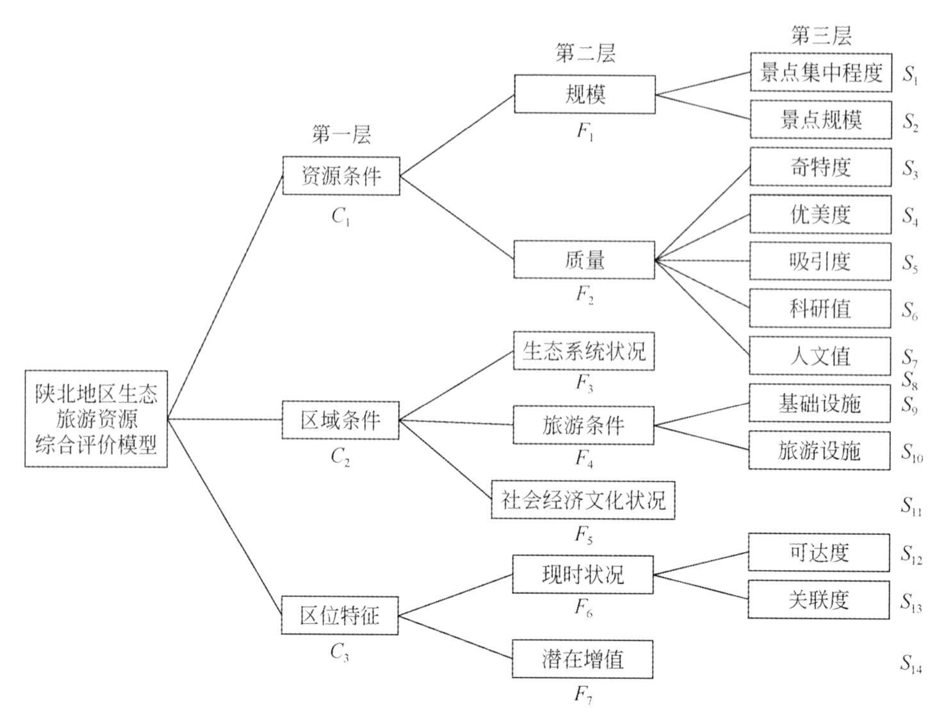

图 1　陕北地区生态旅游资源综合评价模型

4　基层因子的评估标准与综合评估

对基层因子的评价，建立一个统一标准，对于综合评价至关重要。本文沿用体验性评价与技术性评价相结合的方法，建立评估标准（表 1）。

根据表 1 所示标准，分别对陕北地区旅游景点进行打分，再按下式计算各景点的总分：

$$N_n = \sum_{i=1}^{14}(S_i \cdot A_i)$$

式中，N_n 代表第 n 个旅游景点的最后总得分，S_i 代表第 i 个基层因子的权重，A_i 代表第 n 个景点的第 i 个因子评分（满分 100 分），即可对各景（点）进行综合评价（表 2）。

表 1　陕北地区主要生态旅游资源综合评价基层因子评估标准

基层因子		权重	评分标准（分）				
代号	名称	(%)	100～90	89～70	69～50	49～30	29～0
S_1	景点集中程度	5	<200m	200～500m	500～1000m	1000m～1500m	>1500m
S_2	景点规模	5	宏大	很大	比较大	一般	比较小
S_3	奇特度	15	罕见	少见	稍少见	较普遍	很普遍
S_4	优美度	10	非常美	很美	较美	一般	不美
S_5	吸引度	15	很大	大	较大	一般	较小

续表

基层因子		权重	评分标准（分）				
代号	名称	（%）	100～90	89～70	69～50	49～30	29～0
S_6	科研值	10	非常高	很高	比较高	一般	较低
S_7	人文值	10	非常高	很高	比较高	一般	较低
小计		70					
S_8	生态系统状况	2	非常稳定	很稳定	比较稳定	一般	不稳定
S_9	基础设施	5	很好	好	较好	较差	很差
S_{10}	旅游设施	10	很好	好	较好	较差	很差
S_{11}	社会经济文化状况	3	很好	好	较好	较差	很差
小计		20					
S_{12}	可达度	5	一级机场，干线，高速公路经过	二级机场，铁路干线、支线，高速公路进过	靠近机场、铁路干线经过	远离机场，毗邻铁路与公路支线	远离机场铁路，乡村公路
S_{13}	关联度	3	极佳	很好	较好	一般	不好
S_{14}	潜在增值	2	很大	大	较大	一般	较小
小计		10					
合计		100					

表 2　陕北地区生态旅游资源综合评价

序号	景区（点）名称	资源条件 C_1							小计	区域条件 C_2				小计	区域特征 C_3			小计	总得分	开发等级
		F_1		F_2						F_3	F_4		F_5		F_6		F_7			
		S_1	S_2	S_3	S_4	S_5	S_6	S_7		S_8	S_9	S_{10}	S_{11}		S_{12}	S_{13}	S_{14}			
1	黄河壶口瀑布风景区	2.5	4.5	15	9.5	15	8.5	9.5	64.5	1.5	4.3	8.5	2.6	16	2.5	0.9	2	5.4	85.9	I
2	延安国家森林公园	1.5	2.8	12.8	8	14.3	6.9	10	56.1	1.9	4.5	9	2.7	18.1	4.3	2.4	1.5	8.2	82.6	II
3	榆林红石峡镇北台风景区	3.5	2.3	13.4	6	8	8	9.5	50.8	1.8	4.3	5	2.7	13.8	4	2.1	1	7.1	71.7	III
4	榆林沙生植物园	4	1	10.4	6.9	8	8.5	9	47.8	1.8	4.3	3	2.7	11.8	4	2.1	1	7.1	66.6	III
5	神木红碱淖风景区	2.5	4	14.3	9.5	15	7	9	61.3	1.6	3.3	8.5	2.6	16.1	1.8	0.9	2	4.7	82.1	II
6	定边沙地森林公园	4	1.8	14	9.5	14	8.5	9	60.8	1.8	3.3	8	1.5	14.7	1.9	0.9	2	4.8	80.3	II
7	佳县白云山风景区	1.8	1.3	10.4	7	9.8	6	8.5	44.9	1.9	4.5	5	2.6	13.9	2.5	0.8	1.5	4.8	63.6	III

续表

序号	景区（点）名称	资源条件 C_1							小计	区域条件 C_2				小计	区域特征 C_3			小计	总得分	开发等级
		F_1		F_2						F_3	F_4		F_5		F_6		F_7			
		S_1	S_2	S_3	S_4	S_5	S_6	S_7		S_8	S_9	S_{10}	S_{11}		S_{12}	S_{13}	S_{14}			
8	宜川蟒头山风景区	3.5	2	14	9.5	14	8.5	8.5	59.9	1.9	4.3	8	2.6	16.9	2	0.9	2	4.9	81.7	II
9	南泥湾风景区	3.3	2.5	9	9	10.4	7	10	51.3	1.9	4.5	8.5	2.7	17.6	4.3	2.4	1.5	8.2	77.1	III
10	神木二郎山风景区	4	0.8	9	7	9	6	9.5	45.3	1.9	4.3	5	2.6	13.9	2.3	0.9	1.5	4.6	63.8	III
11	黄土地貌区	1.5	5	15	9.5	15	9.5	10	65.5	1.5	3.3	5	2.6	12.5	4.3	2.4	2	8.7	86.7	I
12	府谷杜松自然保护区	3.5	3	13.4	9.5	8	8.5	6	52	1.9	3	3	2	9.9	1.5	0.8	2	4.3	66.2	III
13	神木臭柏自然保护区	3.3	3.3	13.4	9.5	8	8.5	6	52.1	1.9	3	3	2.6	10.5	1.8	0.9	2	4.7	67.3	III

注：①得分在85分以上为I级开发区；②得分在80～85分为II级开发区；③80分以下为III级开发区。

5 陕北地区生态旅游开发过程中应注意的几个问题

5.1 打破行政区域界限，制定科学规划

陕北生态旅游的特色和优势在于多样的环境域源、深厚的文化底蕴及丰富的自然旅游资源交融一体，以往由于行政区划的原因将其割裂开来，因而降低了陕北地区在陕西旅游资源大系中的地位[4]。目前，旅游业循着一条“政府主导型”的模式发展的。

陕北地区生态旅游要发展就必须站在政府的立场上，从区域全局的高度注重区域整体的作用，注重区域整体的旅游吸引培育和经济的发展。在市场经济的背景下，打破现有行政区划的界限，强化延安、榆林生态旅游产业的联合，将“大旅游、大市场”的观念贯彻于整个生态旅游规划之中，组织特色明显、主题突出、动静结合、丰富多彩的特色产品。加强旅游界和林业、环保、城建等部门的沟通和合作，切实结合实施的山川秀美工程、退耕还林工程、治沙综合防护林工程及森林公园和自然保护区建设等工程，构建新型的绿色旅游体系，制定生态旅游发展方略，确立生态旅游发展的基本策略、方向、目标、实施步骤及相应措施，正确处理好产业关联带动经济发展、资源合理配置以及生态环境保护的关系。

5.2 科学有序地加以开发，避免短期行为

生态旅游是科技含量较高的产业，应在科技的密切参与下运作，前提是不能破坏其赖以生存的生态环境，应严防掠夺式开发和最大限度地减少对环境的负面影响，更不能一哄而起，盲目开发。对于I级开发区应围绕“黄河、黄土”自然旅游资源，结合其因

地域特点而形成的独特的人文景观，以国际旅游为重点，国内旅游为基础，做好两个市场的宣传促销工作。优化旅游环境质量，增加生态旅游活动类型，提高生态旅游者参与性，延长旅游时间。II级开发区以培育国内旅游市场为主，在保护的前提下开发生态旅游资源，精心编排旅游路线，适度开发，做到少而精，充分挖掘自身特点，打出自己的拳头产品，培养游客的生态意识，环保意识，推动单纯的观光旅游向生态旅游过渡，促进旅游产业优化和地方经济社会发展。在此区域应尽量减少道路和其他设施的兴建，尤其防止城市化倾向。III级开发区与前两级的开发区不同，更具有生物多样性保护意义，对其开发更应慎重。因此，一定要坚持保护第一的指导思想，在遵循自然保护区和生物圈保护区管理要求前提下，严格限制旅游活动的范围和强度，制定周密的计划和严格的管理，运用不同手段进行旅游监测，使其保持长期持续健康的发展态势。

5.3 强生态旅游教育，对从业人员进行有效培训

成功的生态旅游有赖于高级导游、称职经理、熟练而有高技巧的从业人员的合作，来自有效的培训和良好的教育背景。因此，从事生态旅游工作的在岗人员上岗前必须经过职业培训，其内容包括生态旅游的实质、环境教育、森林公园和保护区的经营和操作程序、旅游法规以及其他的技术管理领域，使他们在旅游开发、经营中自觉运用生态学原理，增强自身环保意识，使陕北地区旅游资源永续利用，旅游业持续发展。

参 考 文 献

[1] 刘锋. 中国西部旅游发展战略研究. 北京：中国旅游出版社，2001.
[2] 王克坚. 陕西旅游基础知识. 西安：陕西旅游出版社，1995.
[3] 丁季华. 旅游资源学. 上海：上海三联书店，1998.
[4] 王谊，张晓慧，苟晓东. 自然生态环境非优质区旅游发展规划存在的问题——兼析陕北旅游发展规划. 西北农林科技大学学报（社会科学版），2002，2（1）：26-29.

陕西黄土高原小流域治理效益评价与模式选择*

王军强　陈存根　李同升

摘要

应用生态经济学的理论和方法对陕西黄土高原 11 条典型小流域进行了调查研究，按照小流域治理的特点划分了五种治理模式，并建立了一套比较完整适用的小流域评价指标体系；最后，应用层次分析法和多层次模糊综合评价法对五种治理模式的治理效益进行了综合评价。

关键词：小流域治理；效益评价；黄土高原

陕西黄土高原主要包括榆林、延安和渭北旱塬一些县市，占陕西全省土地总面积的45%，是水土流失严重、生态环境脆弱的贫困地区。这里沟壑纵横，地表支离破碎，大部分地区植被覆盖率极低，自然灾害频繁。长期以来，严重的水土流失、落后的经济状况，使世世代代生活在这里的几百万群众生活相当困难。小流域治理是解决本地区生态和贫困问题的基本途径之一。

1　调查研究区选择

根据资源环境、生态条件、社会经济条件、水土保持状况的差异性，以及综合治理开发模式的类型，选择黄河峡谷丘陵区、陕北丘陵沟壑区、黄河峡谷高原沟壑区和渭北旱塬黄土高原沟壑区的 11 个典型小流域（以下简称试区），应用生态经济学的原理和方法，进行调查研究。11 个试区的基本情况见表 1。

2　调查方法

本研究采用基础资料收集和实地调查相结合的方法。基础资料包括各试区历年治理情况统计表，各有关乡镇、区县、地市的统计年报资料（以 1999 年为主）。并与试区所在的

* 原载于：水土保持通报，2003，(6)：61-64.

市、县（区）人民政府所属的统计局、农业局、林业局、水土保持局或山川秀美办公室，乡、镇政府，以及世界银行贷款延河项目办公室等有关部门的负责人员座谈，详细了解当地的实际情况，查阅水土保持治理、农村经济发展、山川秀美工程建设方面的资料。

表 1　陕西黄土高原各试区基本情况表

调查区类型	试区	地点	面积（km^2）	人口（人）	基本农田（hm^2）	林草面积（km^2）	果园面积（hm^2）
黄河峡谷丘陵区	泉家沟	米脂县桥河岔乡	5.19	766	180	2.49	25
	纸坊沟	安塞县沿河湾镇	8.27	547	99	5.87	（未统计）
陕北丘陵沟壑区	湫滩沟	吴旗县薛岔乡	7.25	256	33	4.89	4
	韩家沟	志丹县周河乡	8.2	503	84	4.10	130
	罗沟	宝塔区姚店乡	4.78	432	86	2.87	104
	柳花峪	宝塔区河庄坪乡	3.63*	172	26	1.63	40
	任台	宝塔区柳林镇	5.0*	157	26	2.5	20
黄河峡谷高原河睿区	沆水	韩城市芝阳镇嵬东乡	39.15	11 817	1 475	19.58	（未统计）
	泥河沟	淳化县大店、石桥、秦庄乡	9.48	2 992	1 297	5.88	（未统计）
渭北旱塬黄土高原河睿区	东陈超	富县钳二乡	1.1*	602	100	0.72	78
	白家河	洛川县武石乡	2.2*	60	23	1.65	（无）

*为该村土地总面积。

实地调查在各试区有关人员（试验示范区负责人、村支书、村长、会计、农产等）的介绍和帮助下进行小流域基础资料调查、水土保持措施调查（按生物措施、工程措施和农业措施三部分进行调查）和小流域治理效益评价调查。

治理效益评价调查采用系统抽样与随机抽样相结合，一般调查和重点相结合的方法，根据人口、农田、收入等指标，并结合当地人员提供的信息，确定一定数量的典型农户进行调查。这些农产一般为该村农户数量的 20%，然后划分为三个层次（富裕、中等、贫困），在每个层次上随机抽取几户进行重点调查。以这几户的调查平均值并结合村、镇的统计数字作为研究使用数据。农产调查采用半结构式的调查方式，有调查提纲，但不只单单填写调查表，而是与农户座谈，进行开放式提问，引发家庭成员之间和邻居之间的讨论，以提高数据的准确性、可靠性和全面性。调查每个典型农产的资料包括：①家庭人口，劳动力，耕地面积，基本农田面积、果园面积。②农作物产量，果品产量。③牛、羊、驴、猪、鸡等的数量及饲料的来源。④主要经济来源，人均纯收入，劳动生产率。⑤产品价格，农作系统总投入（包括种子、耕种、肥料、农药、灌溉、地膜、管护、收割、费税等所有成本），总收入（粮食，果品等农产品及劳务收入）。⑥农产品商品产值。⑦种植习惯与技术。⑧对实施水土保持综合治理、退耕还林（草）的看法。⑨问题与打算等。

3 试区治理模式分类

根据各试区的调查资料和水土流失治理措施的特点可以把上述11个试区划分为五种治理模式。其中，混农林业模式采用工程措施和生物措施相结合，依靠本地资源优势开展地埂花椒、椒粮间作、果粮间作、粮桐间作等混农林业模式进行治理（包括泥河沟试验示范区、沆水试区）。经济林（作物）模式采用工程措施和生物措施相结合，因地制宜种植苹果、烟草等经济作物，在发展经济的同时促进水土保持治理（包括罗沟试区、东陈超试区、白家河试区）。生态农业模式以科技为先导，统一规划，合理利用土地，采用工程措施和生物措施相结合，山、水、林（草）、田、路全面综合治理，以生态效益保证经济、社会效益（包括纸坊沟试验示范区、泉家沟试验示范区和韩家沟试区）。林草模式营造混交林，灌木林，人工种草，从根本上改善生态环境（湫滩沟试区）。传统农业模式（对照区）采用传统的农业耕作方式，未开展全面统一的综合治理（包括柳花峪试区和任台试区）。

4 治理模式效益评价

治理模式效益评价可以用统一的量值评价各个试区水土保持工作取得的成果，也可以在进行水土保持规划时，通过对各试区综合治理效益的分析，优化治理模式，为各级领导和生产部门提供科学的决策依据。

4.1 效益评价指标体系

调查表明，11 个试区水土保持治理在经济效益、生态效益和社会效益以及综合效益上都存在差异，对其差异如何进行准确的度量和评价，首先必须建立一套科学、客观、准确的评价指标体系。本文根据 11 个试区的治理特点，在前人研究[1-4]的基础上，应用特尔菲（Delphi）法建立了小流域治理综合效益评价指标体系。并应用层次分析法，综合多位专家打分，确定了评价指标的权重。指标体系和权重（括号内数字）见表 2。

表 2 小流域治理效益评价指标体系及权重

评价目标	评价指标	权重
生态效益（0.549）	治理度 M_1	0.273
	林草覆盖率 M_2	0.134
	土壤侵蚀模数 M_3	0.142
经济效益（0.330）	人均纯收 M_4	0.200
	劳动生产率 M_5	0.051
	资金产投比 M_6	0.079
社会效益（0.121）	人均粮食 M_7	0.016
	粮食单产 M_8	0.036
	农产品商品率 M_9	0.069

4.2 多层次模糊综合评价

根据试区综合治理的特点，认为就治理效益分级而言，各等级之间很难有明显的界线；就评价指标来说，生态效益、经济效益、社会效益的分级也是模糊概念，因而采用多层次模糊综合评价方法是非常合适的。

多层次模糊综合评价[5-7]，是由下而上进行模糊合成运算。综合评价的一般模糊关系方程为

$$B=A \cdot R$$

式中，B 为评价结果即判决子集；A 为模糊集中的权重分配；• 为模糊算子；R 为各评价因素的单因素评价矩阵。

1）指标的标准化　由于各个指标的调查值量纲和数量级不同，为了使评价结果具可比性并减少随机因素的干扰，本文建立模糊数学隶属函数对指标进行标准化，根据对评价指标性质的分析，决定采用升半梯形函数 U_1（x）和降半梯形函数 U_2（x），其表达如下。

$$U_1(x)=\begin{cases} 0 & 0\leqslant x\leqslant a_1 \\ \dfrac{x-a_1}{a_2-a_1} & a_1\leqslant x\leqslant a_2 \\ 1 & x\geqslant a_2 \end{cases}$$

$$U_2(x)=\begin{cases} 1 & 0\leqslant x\leqslant a_1 \\ \dfrac{a_2-x}{a_2-a_1} & a_1< x< a_2 \\ 0 & x\geqslant a_2 \end{cases}$$

2）评价指标标准值的确定　评价指标标准值是指基准值和理想值。基准值是评价指标对于特定时间上一定范围总体水平的参照值，理想值是某一时段内预计要达到的数值或理论上的最优值。根据调查资料、专家咨询和某专项研究资料，可以确定指标标准值。

利用上述两类隶属函数，依据评价指标标准值对调查指标进行标准化，计算结果如表 3。其中 M_3 指标采用降半梯形函数进行标准化，其余指标采用升半梯形函数进行标准化。

表 3　评价指标标准化值表

治理模式	试区	M_1	M_2	M_3	M_4	M_5	M_6	M_7	M_8	M_9
混农林业模式	沆水	0.92	0.75	0.92	1.00	0.87	1.00	1.00	0.97	1.00
	泥河沟	0.89	1.00	0.97	1.00	0.73	0.55	1.00	0.69	1.00
经济林（作物）模式	罗沟	1.00	1.00	0.92	0.95	0.40	0.75	0.60	0.42	1.00
	东陈超	0.92	1.00	0.82	0.79	0.67	0.75	0.33	0.54	1.00
	白家河	0.85	1.00	1.00	0.63	0.33	0.80	1.00	0.85	1.00

续表

治理模式	试区	M_1	M_2	M_3	M_4	M_5	M_6	M_7	M_8	M_9
生态农业模式	纸坊沟	0.72	1.00	0.81	1.00	0.67	1.00	1.00	0.43	1.00
	泉家沟	0.94	0.70	1.00	0.93	0.47	0.30	0.22	0.21	0.75
	韩家沟	1.00	0.75	0.88	0.47	0.33	0.25	0.67	0.31	0.50
林草模式	湫滩沟	1.00	1.00	0.86	0.68	0.47	0.50	1.00	0.69	0.75
传统农业模式	任台	0.85	1.00	0.97	0.47	0.47	0.60	1.00	0.36	0.75
	柳花峪	0.78	0.63	0.21	0.36	0.33	0.05	0.83	0.34	0.50

3）效益评价值的计算　运用模糊评价方程 $B=A\cdot R$，由图 1 和表 2 的数据可以计算效益评价值。为了使评价结果直观明了，将效益评价值换算为百分制。结果见表 4。

表 4　效益评价结果表

治理模式	试区	生态效益	经济效益	社会效益	总评分	排名
混农林业模式	沆水	88	98	99	93	1
	泥河沟	94	85	91	91	2
经济林（作物）模式	罗沟	98	82	77	90	3
	东陈超	91	77	77	85	5
	白家河	93	62	96	83	6
生态农业模式	纸坊沟	81	95	83	86	4
	泉家沟	90	71	52	79	8
	韩家沟	91	40	47	69	10
林草模式	湫滩沟	96	60	77	82	7
传统农业模式	任台	92	50	67	75	9
	柳花峪	60	22	50	46	11

4.3　结果分析与建议

1）应用层次分析法和多层次模糊综合评价法进行黄土高原小流域治理效益评价，评价结果与实际情况是相符合的，所以该方法是科学的，也是可行的。

2）评价结果表明：就生态效益而言，混农林业模式、经济林（作物）模式、生态农业模式和林草模式都比较好，传统农业模式较差；就经济效益而言，混农林业模式最好，经济林（作物）模式、生态农业模式次之，林草模式较差，传统农业模式最差；就社会效益而言，混农林传统模式最好，经济林（作物）模式次之，生态农业模式中除了纸坊沟较好之外，泉家沟和韩家沟最差，林草模式一般，传统农业较差；就综合效益而言，混农林业模式最好，经济林（作物）模式、生态农业模式、林草模式次之，传统农业模式最差。

3）建议陕西黄土高原地区因地制宜采用混农林业模式、经济林（作物）模式、生态农业模式进行治理，从而加快治理速度，减少治理投入，提高治理水平和效益。

参考文献

[1] 李智广，李锐. 流域治理综合效益评价方法评议. 水土保持通报，1998，18（5）：19-23.
[2] 汪培庄. 模糊集合论及其应用. 上海：上海科技出版社，1983：247-253.
[3] 王礼先. 流域综合治理效益评价方法与指标. 北京林业大学学报，1991，13（3）：50-51.
[4] 许树柏. 层次分析法原理及其应用. 天津：天津大学出版社，1988：1-25.
[5] 李中魁. 黄土高原小流域治理效益评价与系统评估研究. 生态学报，1998，18（3）：241-247.
[6] 王晓慧，孙保平. 北京市大兴永定河沙地综合治理效益评价. 水土保持通报，1998，18（6）：34-38.
[7] 王稳地，唐晓春，陈勇，等. 流域泥石流防治效益评估模型初探. 水土保持学报，1994，8（3）：69-73.

中国西部草地生态系统可持续发展的探讨*

白卫国　李增元

摘要

针对在西部大开发战略背景下中国西部草地生态系统的可持续发展问题，从可持续发展研究的背景出发，参阅国内外对可持续发展的理解和研究，在对中国西部草地生态系统的特点、利用情况、存在问题进行分析的基础上，参照可持续发展思想、千年生态系统综合评估思想和社会经济理论，提出实现中国西部草地生态系统可持续发展就是要处理好西部草地自然资源和生态环境子系统、经济发展子系统、科技文化子系统、人口子系统、草地资源利用子系统和草地管理子系统之间的关系，解决好系统相悖的问题，促进各个子系统耦合，使西部草地生态系统全面协调可持续发展。

关键词：草地生态系统；可持续发展；西部大开发；千年生态系统综合评估

1　可持续发展研究的背景

可持续发展思潮的产生有其深刻的历史背景和有待解决的现实问题。第二次世界大战后，西方世界经济繁荣发展，到 20 世纪 70 年代，经济增长进入滞胀阶段。1972 年，《增长的极限》报告中讨论了经济的增长是否会导致全球性的资源短缺、环境退化和社会解体的问题，提出建立持续的总体平衡。科技的发展使社会生产力大大提高，产品剩余越来越多，各个国家之间的贸易竞争也愈演愈烈。如在意大利等，农业生产以向外出口为主要目的，而推销已成为难题。这些国家追求在不影响正常生产的前提下以减少投入，如过量施用化肥、过量喷施农药等降低成本达到提高效益，同时降低对环境污染。社会的发展，人们生活追求多元化，如环境清洁、山川秀美等。在当前的发展模式不能满足人们需求的情况下，人们不得不探索新的模式，可持续发展研究应运而生[1-3]。

* 原载于：中国草地学报，2004，26（3）：53-58.

2 可持续发展国内外研究状况

Brown 认为，可持续发展的社会具备生态持续性、社会持续性与经济持续性[4]；Douglass 从环境重要性、食物充足性和社会公平三方面提出农业持续的概念[5]。1987 年，世界环境与发展委员会认为“可持续发展是指对资源的开发利用的转变、投资方向的选择、技术的发展方向和法制的改革等活动须保持一种和谐的方式，既满足当代人的活动和需求，又不对后代人满足其活动和需求的能力构成危害的发展”[2]。1992 年里约环境与发展大会肯定了可持续发展思想的社会公平性和环境与发展统一性原则。继 1992 年世界环境与发展大会后，我国总结了中华人民共和国成立以来社会、经济、人口和自然资源利用等方面的经验和教训，借鉴世界环境与发展方面的成就，结合实际情况和社会经济发展目标，制定了人口、环境与发展白皮书——《中国 21 世纪议程》。白皮书指出，中国是发展中国家“走可持续发展之路，是中国在未来和下一世纪发展的自身需要和必然选择”“可持续发展的前提是发展”“必须毫不动摇地把发展国民经济放在第一位”。实现我国经济可持续发展的关键是要合理配置自然资源，但如何充分发挥市场经济体制的积极作用实现自然资源合理配置，是一个需要深入探讨的问题。

对可持续发展的探讨，国内学者已做了很多工作，马世骏和王如松分析了人口、粮食、资源、环境和经济问题，提出了自然-经济-社会复合系统的设想[6]。王松霈认为人类追求经济发展而忽视生态系统的承载力是造成多种自然资源衰退和环境污染的重要原因[7]。诸大建强调维护“人-自然”系统的整体利益，以环境和资源持续性保证经济稳定的增长[8]。胡聃提出人类-生物-环境相互依存、和谐共生的“生态中心论模式”[9]。有些研究者认为可持续发展是个全球性问题，也是个区域性问题，地球表层是区域或景观的空间镶嵌体，其持续性应以这些组成部分的持续性为基础[10, 11]。

3 千年生态系统评估与中国西部大开发

3.1 千年生态系统评估的发起

各个国家的政府认识到健全管理和干涉能抑制生态系统的退化和增加人类的福利，但是什么时候、如何干涉却需要对自然和社会实质性的理解。2001 年 6 月，联合国倡导了千年生态系统评估（The Millennium Ecosystem Assessment，MA）计划，旨在为政府对生态系统管理提供科学依据，也为满足公众所关心的人类福利与生态系统的变化关系。MA 将提供全球主要生态系统的基础信息，增强提供和分析这种信息的能力，说明它们的关系[12]。

3.2 千年生态系统评估的目的和特点

MA 以探索五个方面的问题：①生态系统当前的状况；②生态系统的变化对人类福利的影响；③生态系统服务选择和应对措施；④影响生态系统服务因素；⑤如何增

强与生态系统的交互能力。MA 的独特之处在于：①紧紧围绕生态系统的服务与人类福利的关系；②综合对待各类生态系统；③采用多尺度研究；④探索生态系统服务变化的驱动力；⑤采用多学科的方法；⑥强调应对对策研究[12]。

3.3 千年生态系统评估与中国西部草地生态系统的可持续发展

中国西部生态环境脆弱，任何人类不合理的活动都可能导致这脆弱的生态环境退化到不可恢复的地步。实施西部大开发战略，不可避免地要对当地的生态环境造成重大的影响，因此生态环境的现状和未来情景的预测受到了极大关注。本研究作为国际 MA 计划的一部分，对中国西部主要的生态系统——草地生态系统在 MA 的宗旨和思想下可持续发展方式进行探讨，为西部大开发中政策的制定提供决策基础和科学咨询。

4 中国西部草地生态系统的概况和发展存在问题

4.1 中国西部草地生态系统的概况

西部草地总面积 3.42 亿 hm^2，占全国草地总面积的 82.46%，占西部土地总面积的 48.49%，西部草地资源在西部的生态环境建设和经济发展中具有重要的地位。西部多山地、高原和盆地，区域间气候差别很大。草地的分布基本符合植被分布的地带性规律，但因受水热条件的控制和区域地理特点的影响，区域间差别很大。西南区以草山草坡为主，水热条件好，生物多样性高，植物生长旺盛，草产量很高。西北区干旱缺水，草地植被稀疏，生长慢，产量低。近年来，由于气候变化和人畜压力不断增大，很多天然草地出现了不同程度的退化。青藏高原区环境干旱寒冷、辐射强烈，草地以高寒灌丛草甸、高寒草原和高寒荒漠植被为主。

4.2 中国西部草地生态系统发展存在的问题

我国的畜牧业已有几千年的发展历史，西部由于受自然条件的限制和管理等方面的局限性，畜牧业依然以传统的经营方式为主。区域经济落后，环境建设缓慢，人民生活困苦。具体表现在以下几个方面：①基础设施落后。由于地理、气候等方面的因素，长期以来对西部道路等基础建设投入少，加之远离沿海，交通不便，阻碍了西部地区与东部地区及世界其他地区的交流，使得区域贸易不发达，资源开发受限制，畜产品难以实现其真正价值。②产业结构不合理。受自然经济的影响，草地区多形成单一畜牧业产业结构。单一的产业结构，只能提供初级畜产品，难以通过深加工进行劳动产品增值，使得西部草地区往往成为其他地区产业的原料地。此外，单一的畜牧业生产，使得过多的劳动力集中于以牧业为生，加重了畜牧业负担和对草地生态系统的压力，降低了生产效率和效益。③草场利用管理制度不健全。对草地资源的利用多年来处于不计算成本。天然共有公用，但家畜私有，牧民常常为追求更多的利用而扩大牲畜数量，形成对草地资源掠夺式的利用，造成草场大面积退化。④草场缺乏建设。由于投入少，优良草种和品种缺乏，草场改良、人工草地建设和饲料加工等尚未形成规模，使得靠天养畜的状况得不到改观，家畜生产往往摆脱不了“夏肥、秋壮、冬瘦、春死”的局面。⑤草场负担过重。西部自然环境恶劣，草地生态系统承载力很低。自20世纪60年代后，人口的持续增长和农村过剩劳动力增多，过多的牧民依靠养畜维持生计，牲畜数量不断增多，超载过牧成为草地区的普遍问题。⑥滥垦、乱挖危害严重。20世纪50年代，为解决粮食问题，很多水土条件较好的草地被开垦，后因无收益被弃耕，造成了大面积土地裸露和沙化，尤其是在经济利益的驱动下，乱挖经济植物加速了草地的退化[13-15]。

自然条件严酷、基础设施薄弱、经济发展缓慢、产业结构不合理、人口压力过大、自然资源利用无节制和管理制度不健全等危害草地生态系统可持续发展，已成为阻碍西部社会经济发展、人民生活水平提高和生态环境改善的主要因素，如何处理和解决好这些问题，关系到国家西部大开发战略的成败和国家繁荣昌盛与长治久安。

5　中国草地生态系统可持续的方式

任继周院士认为，在形成草地农业系统的过程中，通过自组织构建系统的序而得以持续发展，通过序参量的传递改善系统环境，建立耦合系统，提 高系统的生产水平；系统相悖是有待克服、解放系统耦合生产潜力的关键[16]。草地生态系统的可持续发展就是要处理好自然资源和环境子系统、经济发展子系统、科技文化子系统、人口子系统、草地资源利用子系统和管理子系统之间的关系，克服相悖，促进各个子系统的耦合。

5.1　自然资源和环境子系统

自然资源是人类进行生产活动的对象和物质基础，良好的环境则是人类进行生产活动及其他生物生存繁衍的必需条件。我国西部广阔的地域和特殊的地形地理使区域自然资源和生态环境差异较大。西南部水热条件好，自然资源丰富，生物多样性高；西北部干旱，缺水问题十分突出；而喀斯特地貌和黄土高原脆弱的生态环境威胁区域的可持续发展。实施西部大开发战略，对西南区草地生态系统应保护其生物多样性，对珍贵的、稀有的和我国特有的物种进行保护，建立我国草地生态系统的生物基因库。在西北区和北部草原区，应重点解决好草地生态系统的水问题，解决好人用水和牲口饮水的问题，同时保护草资源和物种资源，防止水土流失。在喀斯特地貌区和黄土高原区，应根据当地的实际情况，采取适当的措施，选择适宜的树种或草种进行植被恢复，防止生态环境进一步恶化。

5.2　经济发展子系统

在西部大开发战略指导下，经济发展是社会发展、人民生活改善、科技文化水平提高和建设秀美山川的基础，没有坚实和富足的经济基础，社会进步、人民生活水平提高和科技文化发达等上层建筑发展的目标如同空中楼阁而无法实现。西部草地生态系统多处于边远和少数民族生活的地带，促进草地区的繁荣和人民生活的改善，有利于维持民族团结、国防安全和社会稳定。西部草地生态系统的发展“必须毫不动摇地把发展国民经济放在第一位”，必须对长期以来只形成单一放牧畜牧业产业结构进行逐步调整。积极发展草料加工业、畜产品深加工业等，实现初级产品的增值。倡导和支持草地生态系统多途径利用，在不破坏草地生态系统功能、草地景观的美感和舒适性的前提下，为满足人们对美好大自然的向往，对有条件的地区可以适当发展草地“生态旅游业”[17]。加强对畜牧业经营的引导，使其逐步走上集中产业化的道路，实现机械化和现代化养殖，提高效率和效益。促进第二产业和第三产业的发展，鼓励一部分牧民脱离畜牧业，以降低畜牧业劳动力的冗余和减轻对草地畜牧业的压力，并实现第一、第二、第三产业的共同增值，提高草地生态系统总的生产力，促进经济的良性循环。

5.3 科技文化子系统

“科学技术是第一生产力”的论断在中国西部草地生态系统的可持续发展中具有重要的指导意义。加强科技文化建设，优化开发草地资源，发展知识密集型草产业，是西部草地生态系统可持续发展的重要途径。草地生态系统的科技文化建设包括：加强草地科学研究和加快科技成果向生产实践中的转化，提高生产和建设中的科技含量；加强教育和技术培训，提高牧区人民文化、技术水平。大力支持对草地生态系统的研究，针对中国西部草地生态的实际情况，探讨和借鉴国外先进的草地经营生产模式，并运用于生产实践，处理好生产、环境保护和满足人们需求等各方面的关系。加强优良草种培育和畜种选优繁殖工作，提高草产量和畜产品品质。增加对科技成果转化的投资，发挥科技生产力的作用。积极在牧区普及文化、技术和思想教育，提高牧民的素质和生产技能，改变“靠天养畜”的经营方式，消除片面追求经济效益而导致草地生态系统退化的错误倾向。灌输可持续发展思想，使牧民意识到“满足自己的需求，又不损害后代满足其需求能力”。

5.4 人口子系统

西部地区人民受“多子多福”等传统观念影响较深，加之国家对少数民族地区实行较宽松的计划生育政策，西部地区人口出生率偏高，尤其是牧区人口增长率大大高于全国平均增长速度，所以有必要适当控制人口的增长，尤其是控制农区人口的盲目流入。此外，预防地方性疾病，提高人民生活质量。

5.5 草地资源利用子系统

进行草地基本建设、开辟新的水源，调整畜群结构、控制和适度放牧，培育天然草场和建设人工饲草料基地是改善和提高草场生产力、缓解超载过牧和稳固发展畜牧业生产的基本途径。西部地域广阔，地区间差别大，各地采取的具体措施要因地制宜。黄土高原区宜实行农牧林结合，控制大面积水土流失，增加木材和燃料；干旱和荒漠草原区主要矛盾为干旱缺水，必须进行水利建设，解决好人畜饮水问题；并以水带草，增产饲草料，增强抵御黑白灾害的能力；高寒区应以牧为主，搭棚盖圈，摆脱靠天养畜状况。对西南区劣质草地进行改造，解决好林牧争山、农牧争坡的矛盾，实行农林牧综合发展。

根据牧区特点选择适宜的畜种，发展地方特色养殖。优化畜群结构，发展季节性养殖。集中育肥，增加秋末出栏率，减轻冬春季草场压力。对黄土高原区和干旱荒漠区，应控制牲畜数量，减小草畜矛盾。对西南区应挖掘其生产潜力，充分发展畜牧业生产。藏北高原暖季放牧场的载畜潜力还可进一步扩大，但对高寒荒漠草原与已沙化的高寒草原须禁牧。

划分季节牧场，实施合理轮牧，使天然草地得以休养生息。制止盲目开垦草原，不适宜农耕的地区实施退耕还草，扩大草场面积。建设人工草地增加草产量，增加冬春草料的储存。对退化草地采取封育措施，使其逐渐恢复。充分利用农副产品如青稞、油菜秸秆及油菜饼等缓解越冬草料的匮乏。加强草地灭虫、灭鼠、除毒草工作，预防草地火灾、虫灾。

5.6 草地生态系统管理子系统

加强法律保护和完善利用制度，是实现西部草地生态系统可持续发展的保障。宣传和贯彻《中华人民共和国草原法》，增强广大干部和牧民法律意识，用法律手段管理和保护草地生态系统。各地可根据各自不同的具体情况建立地方有关规章制度，严格限制滥垦、乱挖、擅自捕猎等人为破坏活动，对特殊的脆弱生态系统和稀有、珍贵的生物资源予以保护，使其自然恢复或得以繁衍。落实草场利用和建设的承包责任制，确保对草场利用、保护和建设相结合。制定优惠政策，在维护草原生态平衡的前提下吸引外部投资，发挥本地优势产业，使草地生态系统产业多元化。

6 结束语

草地生态系统的可持续发展，是复杂的自然问题，也是复杂的社会经济问题。其众多的因子之间相互制约、相互影响，关系复杂多样，且难以预测和控制。在实施西部大开发战略的形势下，要维持草地生态系统的持续发展，关键是处理好各个子系统内决定因子度和量的问题，协调好各子系统之间的关系。如何协调各个子系统的关系和把握各子系统内因子的度量问题，是一个需要多学科、多尺度综合研究的课题。

参考文献

[1] Stockle C O，Papendick R I，Saxton K E，et al. A framework for evaluating the sustainability of agricultural production systems. American Journal of Alternative Agriculture，1994，9（1-2）：45-50.

[2] Brundtland G H. Our Common Future：The World Commission on Environment and Development. First edition. Oxford：Oxford university press，1987：8-9，17-21.

[3] Cordonier M C，Araya M，González A K，et al. Ecological Rules and Sustainability in the Americas. First edition. Winnipeg，Manitoba Canada：International Institute for Sustainable Development，2002：11-16.

[4] Brown L R. Building a Sustainable Society. First edition. New York：Norton，1981：1-430.

[5] Douglass G K. The meaning of agricultural sustainability//Douglass G K. Agricultural Sustainability in a Changing World Order. First edition. Boulder，Colorado：Westview Press，1984：1-9.

[6] 马世骏，王如松. 社会-经济-自然复合生态系统. 生态学报，1984，4（1）：1-9.
[7] 王松霈. 论我国的自然资源利用与经济的可持续发展. 自然资源学报，1995，10（4）：306-314.
[8] 诸大建. 关于可持续发展的几个理论问题. 自然辩证法研究，1995，11（12）：28-31.
[9] 胡聃. 实现可持续性——生态发展模式探讨. 自然资源学报，1996，11（2）：101-106.
[10] 傅伯杰，王仰麟. 国际景观生态学的发展动态与趋势. 地球科学进展，1990，（3）：23-25.
[11] 王仰麟，韩荡. 区域持续农业的景观生态研究. 干旱区地理，1999，22（3）：1-8.
[12] Sub-global Assessment selection working group of the millennium ecosystem assessment. Millennium Ecosystem Assessment Sub-Global component：Purpose，Structure and Protocols. First draft. MA，2001.
[13] 李博. 我国草地资源现况及其管理对策. 大自然探索，1997，16（59）：12-14.
[14] 李毓堂. 草地资源开发与未来中国可持续发展战略. 中国草地 2001，23（3）：64-66.
[15] 徐世晓，赵新全，孙平，等. 草地生态系统公益保护与西部开发. 中国草地，2002，24（1）：55-60.
[16] 任继周. 草地农业系统持续发展的原则理解. 草业学报，1997，6（4）：1-5.
[17] 赵雪. 草地旅游在草地生态系统中的作用及其持续发展. 中国草地，2000，（5）：68-73.

中国西部草地生态系统可持续发展多尺度评价指标体系建立的研究*

白卫国　李增元

摘要

在对草地生态系统可持续发展含义理解的基础上，分析了中国西部草地生态系统的自然环境特点、社会经济发展的状况和草地资源利用和存在问题。借鉴国内对草地资源分析评价的研究成果，参照国际千年生态系统综合评估的思路、观点和方法，综合草地生态系统的自然环境、社会经济环境、草场经营、经济效益和草地景观五个方面，紧紧围绕草地生态系统生产的产品、服务与人类福利的关系，应用层次分析法，建立草地生态系统可持续发展的评价模型和评价指标体系，并首次对评价指标体系在中国西部-区域-地区三种尺度上进行尺度扩展作了探索。

关键词：草地生态系统；可持续发展；指标体系；尺度扩展

1　草地生态系统可持续发展的含义

草地生态系统是指以草地植被为主体，包括各种动物、微生物、无生命环境和建立于其上的人类社会相互作用的复杂的生态系统。草地生态系统的可持续发展要求，在空间上要有利于社会经济的持续发展和区域人民生活的改善；社会经济的发展应保证区域草地生态系统的稳定和恢复，社会经济的发展不应以破坏草地生态环境为代价；在时间上当代人的经济发展不能给草地生态系统造成破坏或留下隐患，以致危害和削弱后代人发展区域经济的能力，应保证草地生态系统自然属性的稳定传接，保护草地生态系统、改善生态环境，不应限制当代人和后代人对经济、文化发展的权利和能力。所以，草地生态系统的可持续发展就是要协调好自然环境保护和经济发展的关系，协调好当代人与后代人之间的利益。

* 原载于：中国草地学报，2004，26（5）：43-48.

2　中国西部草地生态系统的特点及存在问题

西部地域辽阔，草地总面积约 3.24 亿 hm^2，分布基本符合植被分布的地带性规律，因受水热条件的控制和区域地理特点的影响，区域间差别很大。西南水热条件好，生物多样性高，草产量很高；西北干旱缺水，草地植被稀疏，生产力低；青藏高原区环境干旱寒冷、辐射强烈，草地以高寒灌丛草甸、高寒草原和高寒荒漠植被为主。我国的草地畜牧业历史悠久，但发展缓慢，主要限制因素表现在以下几个方面：①交通不便，阻碍了对外交流和贸易，畜产品难以实现其真正价值；②产业结构单一，畜产品多为初级产品，没有通过深加工进行劳动产品增值；③草场共有公用，家畜私有，牧民常常为追求更多的利润而扩大牲畜数量，形成对草地资源掠夺式的利用，造成草场退化；④畜牧业基本是“靠天养畜”，牲畜生产常常出现“夏肥、秋壮、冬瘦、春亡”的情况；⑤人、畜过多，使畜牧业人口负担重，草场牲畜压力大，超载过牧成为西部草地畜牧业的普遍问题；⑥滥垦、乱挖危害严重。

3　草地生态系统评价指标体系研究的现状

以草地生物资源为利用对象的评价研究已很多。研究者认为应计算草地生态系统价值，其价值的计算或度量可采用多种方法[1, 2]。草地可持续性评价要考虑生产性、稳定性、保护性、经济可行性和社会可承受性五个方面的问题[3]。随着公众价值观的变化，草地价值由仅提供畜产品转为提供产品与服务多样化，如畜产品、就业机会、娱乐、生物多样性保护、碳的源和汇等。相应地，对草地生态系统的评价研究引入了新的内容和方法。目前，对草地的评价多是从单方面进行的，缺乏对草地生态系统多方面的综合分析和评价，建立的评价指标体系缺乏多尺度扩展和不同区域的对比分析和评价能力。这些和当前国际上对生态系统评价的要求差别甚大。

4　MA 与评价指标体系建立的目的

千年生态系统评估（The Millennium Ecosystem Assessment，MA）是联合国 2001 年 6 月倡导的全球生态系统综合评估计划，旨在满足决策者和公众所关心的由人类福利引起的生态系统变化的后果和应对这些变化所选择采取的措施[4]。MA 的独特之处在于：①紧紧围绕生态系统的服务与人类福利的关系；②综合对待各类生态系统；③采用多尺度研究；④探索生态系统服务变化的驱动力；⑤采用多学科的方法；⑥强调应对对策研究。对草地生态系统的评估就是对生态系统的人—地关系进行分析，对其提供的产品和服务的平衡和人类福利之间的关系进行评价。本研究的目的就是为这种分析评价提供方法和建立评价指标体系。

5 评价指标体系包含的内容及辩证关系

草地生态系统是自然与社会的综合体，受气候、地理、生物和无机环境等自然因素约束，又有人、人的劳动以及在劳动中形成的各种生产关系的影响。对草地生态系统的分析和评价应综合考虑自然和社会两个方面的因素。在中国西部，植被分布受水热条件的控制，对于草地生态系统来说，水分条件限制尤为明显。由于受青藏高原阻挡，降水西南 1000～1500mm，青藏高原东部在 500mm 以上，西部其他地区大多在 400mm 以下，塔里木盆地小于 50mm，北疆又上升到 100mm 以上[5]。随着水分条件的变化，草地类型、产草量、草地盖度等也相应地发生变化。地形地貌作用于区域的能和流，影响土壤养分的积累和生物生长，并对基础建设和对外交流产生影响，进而影响区域的经济发展。草场作为区域草地生态系统的劳动对象和劳动基础物质，是区域草地生态系统和社会生产关系存在和发生的先决条件，居基础地位。

在生产关系中，产业结构和就业结构可以反映一个地区的社会活动方式，产业结构和就业结构的变化可以反映一个地区的社会经济发展方向。改善基础设施，实施产业结构多元化，发展畜产品加工业、草原旅游业和服务业。畜产品加工业的发展，可以使初级的畜产品发生增值。发展草地旅游业，可以增加地区收入，又可以带动服务业等相关行业的发展。同时，加工业、旅游业和服务业等的发展，可以吸引牧区剩余的劳动力，缓解人、畜对草场的压力。区域草地生态系统在自然和社会双重作用下运动，其外在上表现为区域景观的变化。研究区域景观变化，有利于从宏观上和总体上了解区域草地生态系统的动态变化，有利于政策的制定和管理。

6 评价指标体系的建立

6.1 评价指标选取的原则

6.1.1 简明易懂原则

草地生态系统是一个复杂的系统，在研究和评价时不可能、也没有必要面面俱到。所以，选择的指标应简明扼要、代表性强，能反映影响或决定草地生态系统特征和变化的主导因素，易于为政策制定者、管理者和实施者理解。

6.1.2 可行性原则

应用指标进行评价时，所需数据、资料应多为常规数据，易于获得和进行定性或定量表达，易于和生产实践接轨，也易于和现代的研究方法相结合。

6.1.3 与产品、服务及人类福利相关原则

指标的选取不应仅仅是对草地生态系统的生物物理特征的描述，评价指标应紧紧围

绕草地生态系统的产品和服务，与人类福利相联系。

6.1.4 可进行多尺度扩展原则

所选择的指标应当可进行“尺度扩展”，同一指标可以在不同尺度上应用，可以对不同的区域进行比较，或者可以与其他指标进行比较，能反映尺度间的变化，能反映跨系统的流和服务的均衡。这样的指标可以对不同尺度的人-生态系统组合的动态变化的某些方面进行比较。

6.1.5 多学科原则

草地生态系统是一个综合体，对草地生态系统的评价涉及许多学科，所以在选择评价指标时要综合运用多学科的观点和方法。

6.2 评价指标体系建立的方法

6.2.1 评价指标体系模型框架的建立

不同领域的研究表明，层次分析法（analytical hierarchy process，AHP）对分析复杂系统来说是一种有效的方法[6]。AHP 法将复杂问题分解成若干有序的、条理化的层次，在比原问题简单的层次上逐步分析比较。应用层次分析法原理，结合西部草地生态系统的特点和评价的目的和要求，建立区域草地生态系统评价体系层次分析模型框架（表 1）。

该层次分析模型框架在整体上综合对待草地生态系统的自然环境、社会经济环境、草场经营和经济效益，并在景观尺度上对其生产力、稳定性和健康性进行评价。在子层次上着重抓住能反映评价项目的核心和决定因素，在指标层选择能正确反映评价因素的、简明的、易于量化和进行尺度扩展的评价指标。

6.2.2 评价指标尺度扩展

根据地区、区域和西部不同尺度的特点和评价的可行性，对评价指标体系以区域指标为基础进行尺度扩展，获得较大尺度的中国西部评价指标和较小尺度的地区评价指标，共同构成地区—区域—中国西部三级评价指标体系（表 2）。该体系指标的选择结合实际管理应用和研究的需要，简单直观，易于操作，数据易得。在地区尺度上尽可能应用实际生产中的详细数据资料；在区域尺度上利用社会、经济、资源、环境和遥感监测等方面的数据，结合地区抽样调查数据进行分析和评价；在更大尺度上主要依靠统计数据，参照区域尺度分析结果和宏观观测数据进行分析和评价。对指标在不同尺度间的扩展，不是单纯地量的相加或分割，而是主要依靠指标在不同尺度间的内在联系和各个尺度的特点进行。同时，对指标提出了参考的度量单位，其中不易进行量化的指标拟对其半定量化进行。该指标体系有利于对草地生态系统进行综合分析和评价，在对现状分析和评价的基础上，也易于反映草地生态系统的动态变化。

表 1　区域草地生态系统评价体系层次分析模型框架

评价目标	评价项目	评价因素	评价指标
区域草地生态系统的可持续发展	自然环境	水分	淡水
		地形地貌	地貌特征
		土壤	土壤类型
			土壤养分（N、P）
			土壤盐碱化程度
		生物	草地类型
			草地总盖度
			物种多样性
	经济环境	人口	人口密度
			教育
		生活水平	人均收入
		产业结构	各产业增加值占 GDP 的比率
			畜牧业增长率
		就业结构	各产业人员比例
			畜牧业人员比例
		基础设施	交通干线网密度
	草场经营	生产力	天然草地面积
			人工草地面积
			实际草产量
			实际载畜量
		生产潜力	生产潜力
			理论载畜量
		生产保护	制度保护
			技术保护
	经济效益	动态效益	内部收益率
			净现值
			回收期
		静态效益	总投入
			回收期
			总收益
			投入/产出比
	草地景观	景观生产力	GDP
		景观稳定性	草地退化面积
			草地退化率
		景观健康性	景观多样性指数
			景观优势度指数
			景观连接度指数
			景观破碎化指数
			景观面积

表 2　草地生态系统可持续发展多尺度评价指标

<table>
<tr><th>指标</th><th>中国西部</th><th>区域</th><th>地区</th></tr>
<tr><td>淡水</td><td>淡水资源量</td><td>淡水输入和输出</td><td>淡水输入与利用量</td></tr>
<tr><td>地貌特征</td><td>主要地貌面积比例</td><td>各种地貌的面积比例</td><td>各种地形的面积比例</td></tr>
<tr><td>土壤类型</td><td>主要类型面积比例</td><td>各种土壤面积比例</td><td>土壤类型</td></tr>
<tr><td>土壤养分 N、P</td><td>合成 N、矿化 P</td><td>固定 N、溶解 N</td><td>施肥量</td></tr>
<tr><td>土壤盐碱化</td><td>盐碱化土地分布范围</td><td>盐碱化土地面积比例</td><td>盐碱土地面积</td></tr>
<tr><td>草地类型</td><td>主要草地类</td><td>各草地类比例</td><td>草地类型及面积</td></tr>
<tr><td>草地盖度</td><td>草地面积比</td><td>草地覆盖率</td><td>草地覆盖度</td></tr>
<tr><td>物种多样性</td><td>物种数、特有种数</td><td>多样性指数</td><td>物种数</td></tr>
<tr><td>人口密度</td><td></td><td></td><td></td></tr>
<tr><td>教育</td><td>教育投入</td><td>人均教育投入</td><td>适龄人受教育率</td></tr>
<tr><td>人均收入</td><td>GDP 及人均值</td><td>GDP 及人均值</td><td>人或户均收入</td></tr>
<tr><td>产业增值比率</td><td>主要产业占 GDP 比率</td><td>主要产业产值及比例</td><td>各产业产值</td></tr>
<tr><td>畜牧业增长率</td><td>畜牧业增长率</td><td>畜牧业产值及比例</td><td>畜牧业产值</td></tr>
<tr><td>产业人员比例</td><td>主要产业人员比例</td><td>主要产业的人员比例</td><td>主要产业人数</td></tr>
<tr><td>牧业人员比例</td><td>畜牧业人员的比例</td><td>畜牧业人员比例</td><td>畜牧业人数</td></tr>
<tr><td>交通网</td><td>交通干线类型和分布</td><td>交通干线类型和密度</td><td>交通干线密度或距离</td></tr>
<tr><td>草地面积</td><td>主要草地类型和面积</td><td>主要草地类型和面积</td><td>各等级草地面积</td></tr>
<tr><td>实际草产量</td><td>$1km^2$ 像元估测的 NPP</td><td>30m 像元估测草产量</td><td>实际产草量</td></tr>
<tr><td>实际载畜量</td><td>估测载畜量</td><td>估测载畜量</td><td>实际载畜量</td></tr>
<tr><td>生产潜力</td><td>气候生产潜力</td><td rowspan="2">应用Miami模型和Lielig定律计算草地气候生产潜力和理论载畜量</td><td rowspan="2">草地保护改良后能可持续利用达到的最高草产量和牲畜头数</td></tr>
<tr><td>理论载畜量</td><td>理论载畜量</td></tr>
<tr><td>制度保护</td><td>法律和制度保护范围</td><td>法律和制度的有效性</td><td>保护效果</td></tr>
<tr><td>技术保护</td><td>涉及范围</td><td>保护改良比例</td><td>保护、改良面积</td></tr>
<tr><td>静态效益</td><td rowspan="2">总投入、预计收益、回收期、净现值、回收期、内部收益率</td><td rowspan="2">投入/产出比</td><td rowspan="2"></td></tr>
<tr><td>动态效益</td></tr>
<tr><td>景观生产力</td><td>草地景观区 GDP</td><td>各草地景观区 GDP</td><td>各类型草地的产值</td></tr>
<tr><td rowspan="2">景观稳定性</td><td>退化斑块面积</td><td>退化斑块面积</td><td>沙化、裸露斑块面积</td></tr>
<tr><td>草地退化率</td><td>草地退化率</td><td>草地退化程度、退化率</td></tr>
<tr><td rowspan="3">景观健康性</td><td>草地景观面积</td><td>景观丰富度</td><td>斑块面积</td></tr>
<tr><td>草地景观优势度</td><td>景观优势度</td><td></td></tr>
<tr><td>景观连接度指数</td><td>景观破碎化指数</td><td></td></tr>
</table>

7　问题与讨论

西部地域辽阔，各地差异较大，本指标体系反映各地的共性特征，对各地特殊情况难以面面俱到。本指标体系以区域草地生态系统的可持续发展作为研究对象，在对其各个主要方面综合分析的基础上建立中国西部—区域—地区三个不同尺度上可进行尺度扩展的评价指标体系，是对多尺度评价指标体系的一种探索，其中还有有待于在实践中进一步完善的方面。指标体系各尺度权重的确定是该指标体系有待解决的一个问题，尽管目前有不同的研究者提出根据经验判断或根据数学方法对各指标项赋权值，但对草地生态系统这样一个涉及面广、复杂的系统来说还是一个艰巨的任务。不同的研究者在分析和研究问题的时候，由于目的不同、知识背景和实践经验的差异，常常会持不同的观点、采用不同的研究方法和建立不同的指标体系，因而常会产生分歧，即使考虑的再全面周到也避免不了争议。

参考文献

[1] 刘起. 中国草地资源生态经济价值的探讨. 四川草原，1999，(4)：1-4.

[2] 谢高地，张钇锂，鲁春霞，等. 中国自然草地生态系统服务价值. 自然资源学报，2001，16 (1)：47-53.

[3] 刘黎明，谢花林，赵英伟. 我国草地资源可持续利用评价指标体系的研究. 中国土地科学，2001，15 (4)：43-46.

[4] Millennium Ecosystem Assessment. Ecosystems and Human Well-being：A Framework for Assessment. Washington D. C.：Millennium Ecosystem Assessment Board，Island Press，2003.

[5] 秦大河. 中国西部环境演变评估. 北京：科学出版社，2002.

[6] Schmoldt D L，Kangas J，Mendoza G A，et al. The Analytic Hierarchy Process in Natural Resource and Environmental Decision Making. Dordrecht：Kluwer academic publishers，2001.

黄土高原丘陵沟壑区生态环境现状及对策
——以延安市杜甫川流域为例*

卫 伟 彭 鸿 李大寨

摘要

黄土高原丘陵沟壑区资源丰富，地域辽阔，人口众多，但生态环境极为恶劣，水土流失严重，严重制约了当地人口—资源—环境的协调发展。本文通过对其典型区域——延安市杜甫川流域生态现状的分析，指出了该地区存在的生态环境严峻问题，深刻剖析了导致这一现状的原因，并提出了相关对策。

关键词：黄土高原；丘陵沟壑区；杜甫川；生态环境；现状；对策

黄土高原丘陵沟壑区面积占黄土高原总土地面积的 50%～70%[1]。由于特殊的黄土构造、稀薄的植被覆盖、恶劣的气候条件、膨胀不断的人口以及长期以来的广种薄收、倒山轮作、砍伐森林等不合理的人为扰动，致使该地区土壤侵蚀不断加剧、洪旱灾害愈演愈烈、地力逐年下降、土地利用极不合理、可利用土地资源日趋减少、生态环境严重恶化，严重制约了当地人口—资源—环境的协调发展。本文以黄土沟壑区的延安市杜甫川为例，对该地区的生态修复现状进行调研，旨在为区域山河整治提供依据。

1 调研区现状分析

1.1 流域简况

杜甫川流域纵穿延安市区，地处 109°19′45″N～109°26′15″N，36°32′30″E～109°35′00″E。沟长 21km，流域总面积 166km^2。地处黄土高原梁峁丘陵沟壑区第二副区[1]，延河二级支流，在其东段注入延河以及支流南川河内。干沟比降 10.6%，沟壑密度 2.98km/km^2，平均海拔 1183.4m，最高海拔 1334.7m，最低海拔 1026.5m。流域内地面坡度组成中大于 15°占 67%（表 1）。

* 原载于：西北林学院学报，2004，19（3）：179-182.

表 1　杜甫川流域不同坡度所占面积及其百分比

坡度（°）	0～5	5～15	15～25	25～35	35～90
面积（hm^2）	622.50	4399.00	5612.12	4737.64	1226.74
百分比（%）	3.75	26.50	33.82	28.54	7.39

1.2　气候状况

该流域多年平均气温 9.1℃，最高气温 39.7℃，最低气温-24.5℃，≥0℃活动积温 3837℃，≥10℃有效积温 3268℃，年日照时数 2427h，无霜期 176d，湿润度 0.6～1.0，年降水量 565mm，年蒸发量为 520mm，最大年降水量达 843.1mm，最小年度为 327.9mm。属大陆性干旱半干旱气候。

1.3　植被群落状况

流域内森林覆盖率在 11%以下，人工林不足 5%，且成活率低，长势较差。主要经济林作物为苹果（*Malus pumila*）、梨（*Pyrus* Linn.）和山杏（*Arme-niaca sibirica*）等，另有少量核桃栽培。人工乔木林以刺槐（*Robinia pseudoacacia*）为主，人工草为紫花苜蓿（*Medicago sativa*）。天然乔木主要有山杨（*Populus davidiana*）和旱柳（*Salix matsudana*）。

近几年实施的山川秀美和退耕还林还草工程，已经初步显示了成效，植物群落已经开始进入近自然状态下的演替的初始阶段。即：灌木建群种主要为五加、酸枣、狼牙刺（*Sophora vivifolia*）、柠条（*Laragana microphylla*）以及沙棘（*Hippophae rhamnoides*）（表 2）。草本植物以 1 年生或多年生的速生草本为主：如狗尾草（*Setaria viridis*）、黄蒿、茭蒿（*Artemisia giraldii*）、艾蒿、铁杆蒿（*Artemisia saerorum*）、铁线莲（*Clematis* Linn.）、牛劲子（*Lespedeza potaninii*）等；野豌豆（*Vicia sepium*）、车前（*Plantago asiatia*）、三裂绣线菊（*Spiraea trilobata*）等出现的频度较高。

表 2　杜甫川内几种灌木优势度比较

项目	胡枝子	沙棘	柠条	狼牙刺	酸枣	五加
优势度（%）	9.7	6.8	4.7	17.2	22.2	39.4

1.4　水土流失现状

杜甫川流域水土流失以水力侵蚀为主，如雨滴冲击引起的溅蚀，地表径流造成的片状侵蚀、细沟侵蚀、沟状侵蚀和洞穴侵蚀等。沟头、河道及陡坡开荒也常有重力侵蚀发生，如崩塌、滑坡和泻溜等。全年≥5m/s 的起沙风很少，风力侵蚀表现不明显。截至目前，由于黄土高原世行贷款项目及小流域综合治理工程的实施，坡耕地得到大面积退耕，水土流失得到初步遏制，但形势仍不容乐观。由于坡面径流汇集下沟，引起沟道下切，沟坡扩展，沟头前进。沟间地逐渐缩小，沟谷地不断增加，沟头已逐渐切入分水岭的斜坡。新旧流失共存，危害日益严重。

2 存在的突出问题

2.1 流域内自然条件恶劣，灾害发生率很高

杜甫川流域内各种自然灾害频繁。主要类型有干旱、霜冻、冰雹、暴雨、连阴雨、干热风等灾害性天气，而尤以干旱危害最大。据延安市农业综合考察资料显示：该流域雨季主要集中在7～9月份，占全年降水量的69%。10月份为半湿润期，其余月份为干旱期，1月份为极干旱期。全年降水量距作物需水下限相差150～300mm，夏旱、春冬旱几乎年年发生。河道断流，地下水位很低，几乎全部靠天吃饭，已经成为区域经济发展的"瓶颈"问题。

2.2 土地利用结构不合理，管理粗放，生产效率低

杜甫川流域其农、林、牧、非生产用地比例大致为5.9∶2.0∶1.2∶0.9。农地比例过大，耕垦指数严重超标。93.9%的耕地都>6°的坡耕地，>25°以上的需要退耕还林还草的地段达到30.1%，近年虽经治理，但问题仍旧严重。同时，考察时还发现，沟内果园所栽植的大都为市场淘汰品种，管理粗放，疏于修剪，病虫害相当严重；收获季节，落果满地，浪费严重。单一的农业经营措施，广种薄收的粗放式种植方式不仅造成大面积的水土流失，还导致土壤层逐年变薄，土壤养分大量流失，土壤肥力下降甚至衰竭。据研究，坡耕地平均每年侵蚀量为13 000～15 000t/km^2。相当于每年从农田中剥离1cm厚的土层，即每hm^{2}损失纯氮64.5kg、$P_2O_5$165kg、K_2O约1800kg，按此速度，较肥沃的耕层土壤（20～30cm）在二三年后就会被全部流失[2]。从而致使农产品产量严重下降。据调查，该地区坡耕地粮食单产一般为2250kg/hm^2，最低仅有225kg/hm^2，远低于平原地区的7500～9000kg/hm。

2.3 植被覆盖率低，人为破坏严重，水土流失加剧

杜甫川流域的土壤质地疏松多孔、结构发育不良且具有垂直坯理的黄绵土[3]，抗蚀能力很差，这是形成水土流失的内在原因。植被生长不良、覆盖率低且分布不均匀，暴雨多、冲刷力强且集中分布是导致土壤侵蚀发生和流失蔓延的主要原动力；由于人口增加、耕地有限且耕作方式和工具严重滞后所造成日益尖锐的人地矛盾，导致了大面积开荒轮种、陡坡耕作的掠夺式经营出现[4]，这种局面又进一步加大了水土流失的程度和速度。据当地相关部门统计，该流域流失顽积达124.1km^2，占总面积的74.5%，年侵蚀模数高达7000～9000t。近几年虽经综合治理，但是侵蚀模数仍在5000t/a以上。

2.4 水资源匮乏，浪费严重，工农业污染严重

杜甫川流域为干旱半干旱区域，降水稀少，河沟常年干涸断流，淡水资源缺乏。据1998年陕西省公报显示，全省（包括延河）的地表水资源已经受到相当程度的污染，主要为有机型污染，重金属污染次之[5]。生活污水已经成为河流的重要污染源，主要污染

物为氨氮、化学耗氧品、挥发酚等，石油类污染日益增加。水质污染直接影响饮用水的卫生安全，威胁着当地居民的身体健康，工农业生产和农产品的药物残留污染进一步加剧淡水资源短缺，造成更大范围内的生态恶化。由于长期节水意识薄弱，导致水资源浪费严重。这些已经严重制约了当地社会经济和生态环境的协调发展。

2.5 防护林体系不健全

防护林体系不健全突出原因有两个。一是造林中没有遵循适地适树和适地适林的原则，在林草植被建设中，存在重林轻草问题，适宜种草的地带栽植乔木林违背了植物的生物学特性，导致大面积营建的人工林变成小老树林，且由于土壤水分的耗竭而出现枯枝干梢等衰败现象[6]。二是人工防护林体系的树种、结构单一，存活率低[7]，造林树种长期过分依赖于刺槐和小叶杨（*Populus simonii*）。造林时的全面整地，使地面天然草灌消失殆尽，一些林分的林冠郁闭后，地表仍无地被物覆盖，降低了其水土保持和水源涵养功能。

3 生态建设环境整治的对策

3.1 加强教育和引导，提高农村人口素质

生态环境建设是一项具有长期性、艰巨性和反复性的系统工程，决非几个人和几个部门就能完成的工作，因此，必须依靠群众，群策群力。然而，据走访调查，杜甫川内的居民尤其是沟内的农民观念陈旧，文化程度很低，其农村人口近65%为文盲或半文盲，高中文化程度居民不足10%。入学严重滞后，同龄在校生比城镇学生高3～4岁。二胎甚至多胎现象普遍，进一步加剧了人地矛盾。生态意识薄弱。当地政府部门必须加大教育宣传力度，并配套相关规定，调动居民积极性，为生态建设服务。

3.2 处理好生态修复与经济建设的关系

在该流域进行生态环境建设的同时，一定要兼顾当地居民的现有经济条件，保证长远利益和现实利益的有机结合。该地区坡耕地的比重很大，要想在短时间内把>25°以上坡耕地全部生态退耕。势必会大面积减少现耕作地，从而影响到农民生活和农村稳定。所以必须有计划分阶段地逐步给予解决。又如，延安市近几年经济得到较快发展，目前正沿杜甫川流域向西扩建，面临着生态环境建设和土地资源开发利用、退耕还林还草与基础设施建设和保护有效耕地之间的矛盾。加快基础设施建设必然引起用地需求的增加，城镇、公路铁路、输油管线、电网等非农建设的激增，必将占用大量优质耕地，进一步加剧各业用地的矛盾。因此，必须努力实现社会效益、经济效益和生态效益三者的有机结合。

3.3 调整土地利用结构，提高土地生产力

土地利用结构不合理是导致黄土高原丘陵沟壑区水土流失加剧、人地矛盾尖锐化的

主要症结[6]。积极调整农、林、牧、建设用地的比例，改变广种薄收、滥植滥垦的被动局面是关键。科学规划林牧业结构比例；筹措资金，进行多种形式的梯田建设（如水平阶、顺坡梯田、鱼鳞式梯田、反坡梯田等）。既可保持水土，提高土壤养分，从而提高产量[8]。同时，对适宜耕作土地进行农业综合治理（如深耕施肥等），提高土地生产力。

3.4 节约水资源，治理水污染

缺水是该地区的一大特点。水资源时空分布不均，且浪费与污染并存，严重制约经济发展。当地政府部门应开源节流，有效保护水资源。如可通过建立节水设施，发展节水灌溉技术、设施农业等手段，走轻型用水的生态环保道路。同时，应在主要沟口河段增设水污染监测控制点（如：利用水生生物群落和植被种群变化等监测水质变化，定期进行水样化学分析等），加强废水废品的回收力度，防止农化药品、重金属等的二次侵染。

3.5 科学营建防护林体系

防护林体系建设必须遵循自然规律。必须按照植被地带性分布规律和树种的生物生态学及群落学习性、生态位理论等，选择适宜的植被及相应的林分结构。适地适树、适地适林、适地适草。注意选择耐旱性强、生长健壮的本地乡土植物。针对人工林体系单一，水土保持效果不佳的缺陷，应模拟天然植被结构实行乔灌草混交，不仅可以提高林分的生态、经济效益和稳定性，而且也是快速建设林草植被的有效途径。

3.6 注重具体治理细节

实现延安和杜甫川流域的山川秀美，必须在具体的治理细节上大做文章。如：对于该流域中的人工生态涵养林，所种乔木树种全为刺槐。由于刺槐生长耗水量很大，区域内降水量有限，导致林下出现大范围干土层，林下植被生长更新不良，保水保土效果下降。有关专家就这一问题作了相当研究后发现，杨树刺槐混交林由于不同树种、林下植物根系的相互作用，使得根系在土壤中镶嵌分布，分布更均匀、分布范围更深，根系密度增加，从而改善了林中植物对土壤水分和养分的吸收，改善了土壤水分和养分的供应状况，使得其生物量或生产力高于纯林[7]。建议选择杨树刺槐的混交林来替代刺槐纯林。现有果园由于品种老化，缺乏管理，病虫危害严重，收获季节落果满地无人采摘，和当地农民生活水平形成的鲜明对照令人诧异。建议当地政府部门采取措施，及时更新品系，选用优良品种，加强管理，落实责任，按照“谁治理，谁受益；谁破坏，谁受罚”的原则，集约经营，提高产量。同时在交通便利的沟口地区营建废果收购站和果汁加工厂，既可刺激和带动经济发展，也可保护当地环境。再如：该地区以苜蓿作为营造人工草地的主要品种，但实地考察中几乎没有发现成片生长的苜蓿。偶有零星分布，也几被蒿类杂草吞噬。建议当地决策部门另选适合该地区生长的耐旱、根系发达、生命力强的草类取而代之。以减少不必要的人力物力和资金的浪费，有效提高当地林草覆盖率，保持水土，改善生态环境。

参考文献

[1] 张汉雄，邵明安. 黄土高原生态环境建设. 西安：陕西科学技术出版社，2001.

[2] 陈云明，梁一民，程积民. 黄土高原林草植被建设的地带性特征. 植物生态学报，2002，26（3）：339-345.
[3] 郭兆元，黄自立，冯立孝. 陕西土壤. 西安：科学出版社，1992.
[4] 刘友兆，刘勇，李丹. 对西部开发中耕地保护的思考. 国土与自然资源研究，2003，（1）：49-51.
[5] 姜英，孙景梅，汤国安. 陕西省生态环境现状及防治对策. 水土保持通报，2002，22（1）：76-78.
[6] 吴钦孝，杨文治. 黄土高原植被建设与持续发展. 北京：科学出版社，1998.
[7] 郝文芳，梁宗锁，韩蕊莲. 黄土高原不同植物类型土壤特性与植被生产力关系研究进展. 西北植物学报，2002，22（6）：1545-1550.
[8] 尹黎明，卢玉东，谭钦文. 西部地区土地资源利用现状及合理开发对策. 国土与自然资源研究，2003，（1）：39-40.

黄土丘陵区弃耕地群落演替过程中的物种多样性研究*

郝文芳　梁宗锁　陈存根　唐　龙

摘要

选择9个弃耕地，对群落内植物种类、盖度、密度和生物量进行调查，密度和盖度用估测法，地上生物量鲜重用刈割法，分析了黄土丘陵沟壑区弃耕地植被恢复演替与物种多样性变化过程，结果表明：①在弃耕时间为2a、6a、9a、13a、16a、19a、25a、30a和40a的群落中，演替序列为：猪毛蒿群落→达乌里胡枝子群落→冰草群落→（达乌里胡枝子+铁杆蒿）群落→白羊草群落→（白羊草+达乌里胡枝子）群落→（长芒草+达乌里胡枝子）群落→狼牙刺群落。②整个演替阶段的生活型：一年生草本群落→多年生草本群落→半灌木群落→灌丛群落。③演替阶段主要以菊科、禾本科、豆科植物为主。④Shannon-wiener多样性指数、Pielou均匀度指数、Margalef丰富度指数在9a达到最高值，在25a时为最低，而Simpose指数呈相反的趋势。⑤两个相邻演替阶段具有较高的相似性系数。该区弃耕地植被恢复的进展演替缓慢，物种组成单一，群落结构简单，可以通过人为干扰（如补植等）加速植被的恢复。

关键词：黄土丘陵区；弃耕地；演替序列；生活型结构；物种组成；相似性系数；物种多样性指数

黄土高原地处我国西部，气候干旱，植被退化，水土流失严重，生态环境恶化，这不仅影响了当地的生活和生产建设，也制约了西部大开发战略的顺利实施。因此，进行黄土高原地区的生态环境建设具有重要意义。植被恢复是黄土高原生态环境建设的核心，长期以来一直受到各级政府部门和科研机构的高度重视，科研人员已在不同的方面进行了大量的研究[1-9]，如植被建设的理论与技术研究、植被效益研究等。这些植被恢复实践和研究工作，为该区植被恢复与重建提供了积极的指导作用。但以往的研究，主要集中在人工植被恢复方面[10-17]，如植树造林技术研究、人工恢复过程的土壤性质变

* 原载于：草业科学，2005，22（9）：1-8.

化、人工林地土壤肥力评价、人工林地力维护、人工林对土壤的培肥效应、不同利用年限人工林地土壤养分演变等方面，而对植被的自然恢复演替研究较少。近年来国家大力提倡退耕还林、还草，促进植被的自我修复，这无疑是黄土高原生态恢复的一个重要机遇。在实验区的安塞县高桥乡，自然植被主要为大面积的天然草地，弃耕的时间长短差距较大。为了探索弃耕地群落演替的趋势和规律，应用空间序列代替时间序列，选择弃耕 2a、6a、9a、13a、16a、19a、25a、30a 和 40a 的撂荒地，研究群落演替序列特征与物种多样性变化，为该区植被自然恢复工程的实施提供科学的依据。

1 研究地自然和植被概况

陕北黄土丘陵沟壑区是森林草原地带向荒漠草原地带的过渡区，南为森林草原，北为荒漠草原，中部为典型草原。这里曾经林茂草丰，经历了战争、垦荒、乱砍、乱伐、滥牧等若干行为之后，森林逐渐减少，草场退化严重，致使该地区的植被覆盖度下降，由原来的 80%下降到 30%以下。现在植被类型主要为人工刺槐林和天然草地。

实验区位于安塞县高桥北宋塔流域（36° 39.365′N～37° 43.450′N，109° 11.837′E～110° 13.462′E），全区面积约 50km^2，属中温带半干旱大陆性季风气候，多年平均气温 8.8℃，极端最高、最低气温分别为 36.8℃、-23.6℃；年平均日照时数 2397.3h，≥0℃的活动积温 3824.1℃，≥10℃有效积温 3524.1℃，无霜期平均 157d；多年平均降雨量 513mm，每年的降雨多集中在 7～9 月；年蒸发量 1490mm；土壤类型主要为黄绵土。本文所选的弃耕地在 1999 年之前有放牧、割草等干扰，1999 年开始封禁。

2 材料与方法

2.1 样地的选择

2003 年 7 月 5 日～8 月 25 日，通过走访调查和查阅高桥乡土地使用记录，选择弃耕 2a、6a、9a、13a、16a、19a、25a、30a 和 40a 的撂荒地，共 9 个样地（表 1），样地面积为 220～500m^2，每个样地随机选取 10 个典型样方，其原则是要能代表整个样地。草地样方大小为 1m×1m，灌木样方大小为 3m×3m。

表 1 试验样地概况

退耕时间（a）	坡向	坡度（°）	海拔（m）	坡位	面积（m^2）
2	半阴坡	38	1370	中上部	300
6	半阴坡	42	1380	中上部	250
9	半阴坡	34	1400	上部	200
13	半阴坡	38	1340	上部	300
16	半阴坡	33	1355	上部	220
19	半阴坡	30	1350	上部	380
25	阴坡	35	1326	中上部	400

续表

退耕时间（a）	坡向	坡度（°）	海拔（m）	坡位	面积（m²）
30	半阴坡	40	1330	中上部	500
40	阳坡	30	1300	中上部	300

2.2 测试内容及方法

2.2.1 测试内容

调查密度（株数或从数）、盖度（投影盖度）。同时按植物种称地上生物量的鲜重。

2.2.2 测试方法

密度和盖度调查均用估测法。调查密度时，对于从生植物，按从数计算其个体数量。盖度用估测法测定其投影盖度。地上生物量采用刈割法。

2.3 分析计算

以各演替阶段的群落特征数据，用重要值确定群落主要成分，以优势植物区分不同的群落。重要值的计算公式如下。

重要值=（相对盖度+相对密度+相对生物量）/3

选用多样性指数（diversity index）、丰富度指数（richness index）、均匀度指数（evenness index）、Simpson优势度指数以及群落相似性系数[18-29]，计算公式如下。

1）Margalef丰富度指数（Ma）：Ma=（S−1）/ln$N$；式中，S物种的数目，N为所有物种个体总数。

2）Shannon-wiener（H'）：$H' = -\sum P_i \ln P_i$；式中P_i在本研究中用重要值代替，以下相同。

3）用Simpson优势度指数D测定群落内不同物种所起的作用和所占的地位，公式如下：$D=\sum P_i^2$。

4）Pielou均匀度指数（JP）：JP $=-\sum P_i \ln P_i / \ln S$。

5）群落相似性系数：采用Sorensen相似性指数来计算群落的相似度：$C=Z_j/(a+b)$；式中Z_j为两个群落的共有种在各群落中重要值的总和，a和b分别是两个群落中所有种重要值的总和。

3 结果与分析

3.1 弃耕地演替过程中植被更替序列

3.1.1 猪毛蒿群落阶段

弃耕2a以猪毛蒿为建群种，在弃耕2a后，它是先锋植物，在弃耕后土壤相对疏松、通气较好的条件下能够迅速繁殖，优先占据生态位而发展成建群种，亚优势种为狗尾草（*Setaria viridis*）。此时的群落有 10 个植物种，植物的个体数目为 175 个/m^2，盖度为 22%。

3.1.2 达乌里胡枝子群落阶段

经过 4a 的恢复，原建群种猪毛蒿被达乌里胡枝子所替代，演替为以达乌里胡枝子为建群种的群落，亚优势种为茭蒿（*Artemisia giraldii*）、猪毛蒿和铁杆蒿。达乌里胡枝子具有较强的更新能力，入侵、繁殖迅速。弃耕 4a 后，演替为建群种。此时的植物种和个体数目大大增加。在弃耕 6a 到 9a 的演替过程中，达乌里胡枝子仍为建群种，群落的类型虽然没有改变，但亚优势种却发生了变化，弃耕 6a 为茭蒿、铁杆蒿和猪毛蒿，而到演替进行到 9a 时，亚优势种变化为白羊草和铁杆蒿。群落由 6a 的 17 种/m^2 演替为 27 种/m^2，植物个体数由 342 增加到 426 个，盖度由 26%增加到 52%，群落的物种丰富度最大，具有高的物种多样性。

3.1.3 冰草群落阶段

野外调查表明，冰草有极强的拓植能力，弃耕 13a 后演替为建群种，前一阶段的达乌里胡枝子演替为亚优势种，此阶段的次优势种还有阿尔泰狗娃花（*Heteropappus altaicus*）。群落中有 20 种/m^2，植物个体数为 617 个，盖度 39%。

3.1.4 达乌里胡枝子+铁杆蒿群落阶段

当演替进行到 16a 时，冰草的优势地位下降，成为亚优势生种，达乌里胡枝子、铁杆蒿通过竞争，演替为优势种，形成以达乌里胡枝子、铁杆蒿为建群种，冰草为亚优势种的达乌里胡枝子+铁杆蒿群落阶段。群落中有 16 种/m^2，植物个体数为 412 个，盖度 38%。

3.1.5 白羊草群落阶段

弃耕 19a 的群落是以白羊草为建群种，达乌里胡枝子、铁杆蒿亚优势种的群落，和前一阶段相比，群落中种减少为 14 种/m^2，物种数目为 307 个，盖度为 34%，达乌里胡枝子、铁杆蒿由原来的建群种下降为次优势种，但这两种植物的盖度、生物量却占的比例很大，重要值也占整个群落的多一半，且为半灌木，可见他们在群落的结构中，占据着相当重要的地位。

3.1.6 白羊草+达乌里胡枝子群落阶段

弃耕 25a 的群落以白羊草、达乌里胡枝子为建群种，亚优势种为茭蒿、长芒草和铁杆蒿，此时的植物种类演替为 7 种/m^2，成分相对较少，有 253 个植物个体，盖度为 34%，群落结构相对稳定。

3.1.7 长芒草+达乌里胡枝子群落阶段

弃耕 30a 的群落演替为长芒草、达乌里胡枝子群落，铁杆蒿、白羊草为亚优势种，群落内植物种类有 9 种/m^2，植物个体数为 347 个，覆盖度为 35%，种、植物个体和群落的盖度均有增加，但起伏不大。

3.1.8 狼牙刺群落阶段

弃耕 40a 的群落为狼牙刺的单优灌丛群落，而亚优势种为茭蒿和长芒草，群落内植物种类有 9 种/m^2，植物个体数为 273 个，覆盖度为 42%，和前一阶段相比，植物种没有发生变化，但个体数由 347 个减少为 273 个，覆盖度由 35%增加为 42%。

黄土高原在自然状况下，能演替为狼牙刺的群落，无疑是植被恢复的一个良好过程，但这种群落只出现在个别靠近崖地的地段，可能是外界干扰少的缘故。

达乌里胡枝子除在弃耕 2a 的群落中没有外，从弃耕 6a 开始，一直存在于以后的整个演替过程中，且在群落中起着重要的作用，由此可见，达乌里胡枝子是试验区的适宜草种，可以大面积种植。

3.2 弃耕地演替过程中的生活型结构

分析表 2，弃耕 2a 的猪毛蒿群落阶段，群落主要是由一年生草本组成，其中一年生草本、多年生草本、半灌木的重要值分别为 64.67%、28.27%、7.06%。弃耕两年后，由于土壤疏松，通气性良好，一年生草本植物的种子迅速繁殖，在群落中占据了主要生态位。而多年生的草本植物和半灌木，是耕种过程中的杂草成为残遗种，因为干扰少，通过种子、根茎等繁殖体繁殖也迅速占据一定的生态空间。

表 2 弃耕地演替过程中不同生活型的重要值 （单位：%）

弃耕时间（a）	一年生草本植物	多年生草本植物	半灌木	灌木
2	64.67	28.27	7.06	
6	15.91	25.66	57.57	0.86
9	4.54	34.11	60.93	0.041
13	2.49	82.72	14.79	
16	4.94	34.08	60.63	0.35
19	2.38	42.38	54.31	
25		20.52	79.47	
30		44.4	47.84	7.75
40		24	27.54	48.54

在 2a 到 6a 的演替过程中，一年生草本植物比例减少，重要值为 15.91%，多年生草本植物数量也略有降低，重要值为 25.66%，此时群落中半灌木重要值却迅速增大到 57.57%，同时出现了少量狼牙刺实生苗，这是由于动物等将繁殖体带入群落，而成为偶见种。

演替到 9a，一年生草本植物的重要值降为 4.54%，多年生草本、半灌木的重要值均比 6a 的有所升高，分别为 34.11%和 60.93%，同时有草本状的灌木草麻黄(*Ephedra sinica*)的入侵，但它也是一个偶见种，和狼牙刺一样，在此阶段不能代表演替的方向。

在 13a 时，一年生草本植物的重要值降为 2.49%，多年生草本植物的地位却在上升，群落中的阿尔泰狗娃花、铁杆蒿、达乌里胡枝子等均成丛分布，此阶段多年生草本植物的重要值 82.72%为整个阶段的最大值，但半灌木的成分比前一阶段少，重要值为 14.79%。

在弃耕后的 16a，一年生草本植物的重要值略为增加，为 4.94%，多年生草本植物的重要值却减少为 34.08%，减少约 58%，而半灌木的重要值却增加为 60.63%，此阶段群落中的植物主要以半灌木为主，建群种、主要伴生种都发生了很大的变化，群落中又有狼牙刺出现，其重要值为 0.35%，也可能是偶见种。

弃耕 19a 的群落，一年生草本植物重要值降为 2.38%，是整个演替阶段的最小值，多年生草本植物重要值增加为 42.38%，半灌木的重要值减小为 54.31%。群落中没有灌木出现。

在演替进行到 25a、30a 和 40a 时，群落中一年生草本植物由于环境的改变全部死亡或迁出。25a 时，半灌木占据了群落的大部分，重要值为 79.47%，是整个演替阶段半灌木重要值的最大值，多年生草本植物也有相当大的比例。在 30a 时，半灌木的比例稍多于多年生草本，同时群落中已有狼牙刺定居，重要值为 7.75%。当植被恢复进行到 40a，群落中不同生活型植物的重要值从大到小排序为：灌木>半灌木>多年生草本，其中灌木狼牙刺的重要值为 48.54%，形成以狼牙刺为建群种的单优群落。

从整个演替过程来看，在演替初期，群落以一年生草本植物为主，随着演替的进行，一年生草本植物的重要值在降低。从弃耕 25a 开始，群落中已经没有一年生草本植物的存在，主要为多年生草本植物和半灌木。多年生草本的重要值在整个演替阶段呈现出先升高后降低的趋势。半灌木的重要值呈现波动式的变化，其中以弃耕 9a 的群落为最大。而灌木的重要值在演替的最后阶段呈现出最大值。

3.3 弃耕地演替过程中的植物物种组成

调查结果表明，弃耕地演替过程中，群落样方共出现 34 种植物，分属于 11 个科。其中，菊科 10 个种，禾本科 7 个种，豆科 8 个种，唇形科 2 个种，还含有 1 个种的科有：堇菜科、藜科、胡麻科、蔷薇科、牻牛儿苗科、远志科和麻黄科。

菊科、禾本科和豆科植物在调查区所占比例最大，为全部种的 74%。经过比较分析，各演替阶段这三大科植物占该阶段群落中植物种数的比例为：弃耕 2a 为 80%、6a 为 88.24%、9a 为 81.48%、13a 为 85%、16a 为 100%、19a 为 71.43%、25a 为 71.43%、30a 为 88.89%、40a 为 88.89%（表 3）。

表 3 弃耕地不同演替阶段主要植物科、种的组成动态变化

弃耕时间（a）	各阶段总科数（个）	各阶段总种数（个）	三大科的种数分布				
			菊科（个）	禾本科（个）	豆科（个）	合计（个）	占本群落的百分比（%）
2	4	10	7	1		8	80
6	5	17	8	4	3	15	88.24

续表

弃耕时间（a）	各阶段总科数（个）	各阶段总种数（个）	三大科的种数分布				
			菊科（个）	禾本科（个）	豆科（个）	合计（个）	占本群落的百分比（%）
9	7	27	8	7	7	22	81.48
13	6	20	8	6	3	17	85
16	3	16	6	6	4	16	100
19	7	14	4	3	3	10	71.43
25	5	7	3	1	1	5	71.43
30	4	9	2	2	4	8	88.89
40	4	9	2	3	3	8	88.89

这表明菊科、禾本科和豆科在调查区弃耕地植被自然恢复过程中所起的作用最大，而且在该地区的植物区系中占据着重要地位。另一方面，调查区主要以这三大科的植物为主，植被结构相对简单，物种多样性相对较少，使植被恢复过程较为缓慢，这可能与该区自然条件的恶劣有关。

3.4 弃耕地演替过程中的植物物种多样性变化

种多样性是群落生物组成结构的重要指标，物种丰富度和均匀度与物种多样性密切相关。群落内物种组成愈丰富，则多样性越大，另一方面，群落内有机体在物种间的分配越均匀，即物种的均匀度愈大，则群落多样性值越大[29]。丰富度指群落内种的绝对密度，而均匀度指群落内种的相对密度。多样性指数是物种水平上群落多样性和异质性程度的度量，它能够综合的反映群落物种多样性和各种间个体分布的均匀程度，优势度指数测定群落内不同物种所起的作用和所占的地位[30]。随着演替的进行，植物种类数量逐渐增加，群落结构也趋于复杂化，因此，物种丰富度显著提高[31, 32]。丰富度的增大，主要是物种数量的逐渐增多。在撂荒地演替的初始阶段，群落的生态环境条件较差，主要是少数杂草类种的出现，随后种类增多，发展为较茂密的杂类草植物群落，抑制了优良牧草的生长，随着群落生长环境条件的逐渐改善，灌木种和乔木种不断出现，并逐步发展为优势种，使群落层次分化明显，结构复杂，可容纳各类生态型植物生存，因此，丰富度越来越大。

在弃耕演替过程中，随着群落组成的变化，群落内不同物种所起的作用和所占的地位发生变化，优势度指数发生相应的改变。优势度指数反映群落内不同物种所起的作用和所占的地位，它是群落内物种优势程度的综合数量特征指标，通常同物种多样性相反。在演替初期，土壤疏松，水肥充足，一年生草本植物迅速侵入，使演替初期群落具有较高的生态优势度，但在随后的演替中，群落的优势度在减小，群落内物种的优势地位逐渐减弱，优势种逐渐变得不明显，物种越多，这种效应越明显。在本研究中，弃耕 2a 时，生态优势度最高，弃耕 9a 时，生态优势度为第一个最低值，在 25a 时，又逐渐升高，为第二个最大值，以后呈降低的趋势，40a 降至最低。

从图 1 和图 2 可以看出，在演替的初期，多样性指数、均匀度指数和丰富度指数随演替时间延长而增加，在 9a 时相对最高，从 13a 开始，多样性指数、均匀度指数、丰富度指数都呈波动式的降低趋势，在弃耕 25a 时为最低。根据野外调查，在多样性指数相对较高时，盖度较大，群落内物种最为丰富，物种之间的竞争也最为剧烈，结果使群落反而变得不稳定。较高的物种多样性，相对应的物种丰富度指数和均匀度指数也较高。较高的均匀度（尽管种类单一、数量较少）也会导致较高的物种多样性指数。物种多样性作为植被群落演替的重要特征之一，既受物种种类及其数量多少的影响，也受物种空间分布的影响。物种多样性的恢复是植被和生态系统恢复过程的重要标志之一。因此，可以通过植被恢复过程中物种多样性变化，评价植被生态功能的恢复。在黄土高原地区，植被的这种功能主要表现在植被的保水保土功能上。弃耕 9a 的群落，其盖度相对较大，对恢复退化植被、保护土壤、防止水土流失的具有主要的作用。

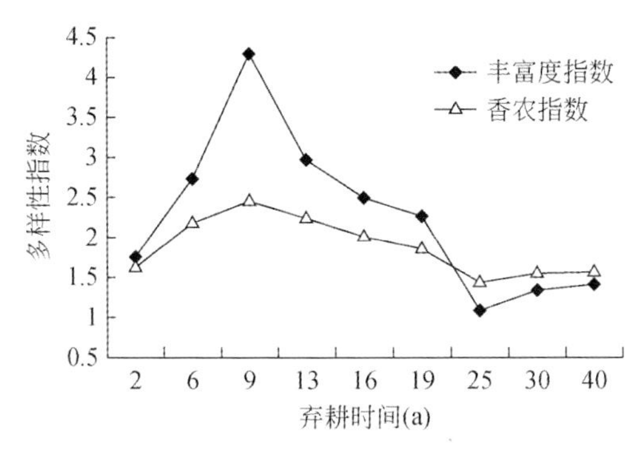

图 1 丰富度指数和香农指数的变化

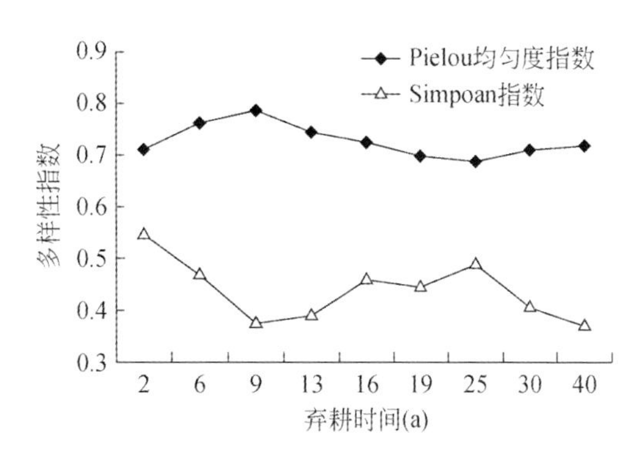

图 2 Simposon 指数和 Pielou 均匀度指数的变化

3.5 群落的相似性系数

从表 4 可知，弃耕 2a 的群落，其相似性系数和 6a 的最相近，和 40a 的相差最大，所有群落的相似性系数有一个规律：随着演替的进行，群落之间的演替时间相隔越长，则相似性系数越低，表明群落之间的物种组成差异越明显，每一群落类型总是与下一阶段最邻近的群落具有较高的相似度。相似性系数的这种变化表明了群落演替过程中物种组成结构的渐变性。从表 4 可知，弃耕 2a 的群落，其相似性系数和 6a 的最相近，和 40a 的相差最大，所有群落的相似性系数有一个规律：随着演替的进行，群落之间的演替时间相隔越长，则相似性系数越低，表明群落之间的物种组成差异越明显，每一群落类型总是与下一阶段最邻近的群落具有较高的相似度。相似性系数的这种变化表明了群落演替过程中物种组成结构的渐变性。

表 4 弃耕地的相似性系数

弃耕时间（a）	2	6	9	13	16	19	25	30	40
2	1	0.711 2	0.608 0	0.557 3	0.458 52	0.320 11	0.268 45	0.216 6	0.142 6
6		1	0.925 6	0.883 4	0.839 05	0.785 82	0.666 67	0.331 4	0.222 3

续表

弃耕时间（a）	2	6	9	13	16	19	25	30	40
9			1	0.907 0	0.892 04	0.886 80	0.730 70	0.465 9	0.348 8
13				1	0.956 76	0.879 87	0.781 97	0.582 5	0.398 7
16					1	0.890 49	0.802 10	0.600 6	0.419 1
19						1	0.882 21	0.731 2	0.588 6
25							1	0.836 7	0.759 3
30								1	0.832 9
40									1

4 讨论与结论

1）在整个演替过程中，弃耕地的多样性指数、均匀度指数、丰富度指数在演替进行到9a时，达到最高值，从9a到40a间，呈波浪式的降低趋势。物种多样性的恢复是植被和生态系统恢复过程的重要标志之一，因此，可以通过对植被恢复过程中的物种多样性变化研究，评价植被生态功能的恢复。在黄土高原地区，植被的这种功能主要表现在植被的保水保土功能上。弃耕9a的群落，其盖度相对较大，对于恢复退化植被、防止水土流失具有重要的作用。从植被恢复和植被的功能来看，弃耕9a的群落结构最佳，因此在生产上，可参照此结构来恢复植被。

2）相似性系数表明，只有邻近的两个群落具有较高的相似性系数，也才具有相似的群落特征。相距的时间越远，相似性系数越小，表明在黄土丘陵区现有的生态环境条件下，自然植被的进展演替缓慢，可以在群落结构特征和土壤性质的变化规律下，通过人为干扰（如补植、补播等），以达到人为加速演替，促进自然植被的快速恢复。

3）分析表明，从弃耕2a到40a，演替序列为猪毛蒿群落→达乌里胡枝子群落→冰草群落→达乌里胡枝子+铁杆蒿群落→白羊草群落→白羊草+达乌里胡枝子群落→长芒草+达乌里胡枝子群落→狼牙刺群落。建群种由一年生草本演替为半灌木，直到狼牙刺灌木。从整个演替过程的生活型来看，演替的趋势是由一年生草本占据群落的主导地位发展到多年生草本、半灌木及灌木占据群落的主体。植物的物种组成在整个演替过程中，以菊科、禾本科和豆科为主，但群落的物种组成较单一，结构简单，这不利于该区植被的自然恢复。要想从根本上改变黄土高原的植被现状，可以选择本地区的乡土草种，通过人为调控，改变物种多样性和丰富度，以达到快速恢复植被的目的。

参 考 文 献

[1] 景维杰，韩蕊莲，侯庆春，等. 不同间距水平阶集水及造林效果的研究. 西北林学院学报，2004，19（3）：38-40.

[2] 黄华，梁宗锁，韩蕊莲，等. 干旱胁迫条件下油松幼苗生长及抗旱性的研究. 西北林学院学报，2004，

19（2）：1-4.
[3] 侯庆春，韩蕊莲，李宏平. 关于黄土丘陵典型地区植被建设中有关问题的研究I、土壤水分状况及植被建设区划. 水土保持研究，2000，7（2）：102-110.
[4] 韩蕊莲，侯庆春. 黄土丘陵典型地区植被建设中有关问题的研究Ⅱ、立地条件类型划分及小流域造林种草布局模式. 水土保持研究，2000，7（2）：111-118.
[5] 侯庆春，韩蕊莲，李宏平. 关于黄土丘陵典型地区植被建设中有关问题的研究 III、乡土树种在造林中的意义. 水土保持研究，2000，7（2）：119-123.
[6] 侯庆春，韩蕊莲. 黄土高原植被建设中的有关问题. 水土保持研究，2000，20（2）：53-56.
[7] 邹厚远，关秀琦，鲁子瑜，等. 黄土丘陵区造林技术研究. 水土保持研究，1994，1（3）：49-60.
[8] 邹厚远，关秀琦，韩蕊莲，等. 关于黄土高原植被恢复的生态学依据探讨. 水土保持学报，1995，9（4）：1-4.
[9] 魏宇昆，梁宗锁，崔浪军，等. 黄土高原不同立地条件下沙棘的生产力与水分关系研究. 林业科学，2004，15（2）：195-200.
[10] 李瑞雪，薛泉宏，杨淑英，等. 黄土高原沙棘刺槐人工林对土壤的培肥效应及其模型. 土壤侵蚀与水土保持学报，1998，4（1）：14-21.
[11] 王国梁，刘国彬，许明祥. 黄土丘陵区纸坊沟流域植被恢复的土壤养分效应. 植物营养与肥料学报，2001，22（1）：1-5.
[12] 常庆瑞，安韶山，刘京，等. 黄土高原恢复植被防止土地退化效益研究. 土壤侵蚀与水土保持学报，1999，5（4）：6-9.
[13] 胡鸿，刘世全，陈庆恒，等. 川西亚高山针叶林人工恢复过程的土壤性质变化. 应用与环境生物学报，2001，7（4）：308-314.
[14] 李瑞雪，薛泉宏，杨淑英，等. 黄土高原沙棘刺槐人工林对土壤的培肥效应及其模型. 土壤侵蚀与水土保持学报，1998，4（1）：14-21.
[15] 许明祥，刘国彬. 黄土丘陵区刺槐人工林土壤养分特征及演变. 植物营养与肥料学报，2004，10（1）：40-46.
[16] 许明祥，刘国彬，卜崇峰，等. 黄土丘陵区人工林地土壤肥力评价. 西北植物学报，2003，23（8）：1367-1371.
[17] 马祥庆，叶世坚，陈绍栓，等. 轮伐期对杉木人工林地力维护的影响. 林业科学，2000，36（1）：47-52.
[18] 高贤明，黄建辉，万师强，等. 秦岭太白山弃耕地植物群落演替的生态学研究Ⅱ. 演替系列的群落α多样性特征. 生态学报，1997，17（6）：619-625.
[19] 沈泽昊，方精云，刘增力，等. 贡嘎山东坡植被垂直带谱的物种多样性格局分析. 植物生态学报，2001，25（6）：721-732.
[20] 温远光，元昌安，李信贤，等. 大明山中山植被恢复过程植物物种多样性的变化. 植物生态学报，1998，22（2）：33-40.
[21] 李新荣，张景光，刘立超，等. 我国干旱沙漠地区人工植被与环境演变过程中植物多样性的研究. 植物生态学报，2000，24（3）：257-261.
[22] 杨利民，韩梅，李建东. 中国东北样带草地群落放牧干扰植物多样性的变化. 植物生态学报，

2001，25（1）：110-114.

[23] 裴志永，欧阳华，周才平. 青藏高原高寒草原碳排放及其迁移过程研究. 生态学报，2003，23（2）：231-236.

[24] 郭正刚，刘慧霞，孙学刚，等. 白龙江上游地区森林植物群落物种多样性的研究. 植物生态学报，2003，27（3）：388-395.

[25] 马克平，黄建辉，于顺利，等. 北京东灵山地区植物群落多样性的研究. II. 丰富度、均匀度和物种多样性指数. 生态学报，1995，15（3）：268-277.

[26] 马克平，刘灿然，刘玉明. 生物群落多样性的测度方法II. β多样性的测度方法. 生物多样性，1995，（3）：38-43.

[27] 马克平. 生物群落多样性的测度方法 I. α多样性的测度方法（上）. 生物多样性，1994，2（3）：162-168.

[28] 马克平，刘玉明. 生物群落多样性的测度方法 I. α多样性的测度方法（下）. 生物多样性，1994，2（4）：231-239.

[29] 郑师章，吴千红，陶芸，等. 普通生态学方法与原理. 上海：复旦大学出版社，1994：160-166.

[30] 白永飞，许志信，李德新. 内蒙古高原针茅草原群落α多样性研究. 生物多样性，2000，8（4）：408-412.

[31] 陈廷贵，张金屯. 山西关帝山神尾沟植物群落物种多样性与环境关系的研究 I. 丰富度、均匀度和物种多样性指数. 应用与环境生物学报，2000，6（5）：406-411.

[32] 张金屯，柴宝峰，邱扬，等. 晋西吕梁山严村流域撂荒地植物群落演替中的物种多样性变化. 生物多样性，2000，8（4）：378-384.

黄土丘陵沟壑区弃耕地群落演替与土壤性质演变研究*

郝文芳　梁宗锁　陈存根　唐　龙

摘要

通过对黄土丘陵沟壑区退耕 2a、6a、9a、13a、16a、19a、25a、30a、40a 的弃耕地土壤性质演变分析，初步总结出：①土壤含水量在整个的演替过程中，弃耕 9a 的群落，每一土层的土壤含水量大于其他群落相对应土层的土壤含水量。②土壤容重的平均值从大到小的排列顺序为：弃耕 6a>9a>13a>16a>19a>25a>2a>30a>40a 的群落。除受耕作影响弃耕 2a 的群落外，从 6a 到 40a 随着演替的进展，土壤结构得到改善，土壤容重逐渐变小。③随着演替时间的延续，土壤有机质、全氮、有效氮、全磷、速效磷、速效钾的含量都呈逐渐增加的趋势，而在不同阶段，其变化趋势有所差异。④在黄土丘陵沟壑区的弃耕草地上，土壤的理化性质在 0～60cm 易发生变化，而在 60 ~ 100cm 土层随着演替时间的增加，土壤的理化性质变化缓慢。⑤尽管演替进行的缓慢，但从土壤发展的角度来看，仍属进展演替，所以在黄土丘陵沟壑区，若排除人为干扰（开垦、放牧等），在现有的气候与环境条件下，植被有望得到恢复。

关键词：黄土丘陵区；弃耕地；群落演替；土壤性质演变

黄土高原由人为滥垦滥牧和恶劣气候所造成的天然草地资源的破坏和严重退化，使土壤侵蚀严重，土壤中有机质、氮、磷等养分的流失，土地生产力严重下降[1]，广种薄收给农民的生活带来极大的负担。

自西部大开发以来，国家对西部生态环境的重建工作越来越重视，退耕还林、退耕还草、封山禁牧等工程措施的实施，无疑是黄土高原生态恢复的政策保证。同时，生态环境建设长期以来一直受到科研机构的高度重视，目前植被恢复的相关研究报道也不少，包括对天然植被恢复后的土壤水文效应[2]、土壤酶活性等[3, 4]，以及人工林恢复过程中的群落结构动态[5]、养分循环特征[6]以及生物多样性对土壤性质的影响[7, 8]等，但对自然植

* 原载于：中国农学通报，2005，21（8）：226-231.

被恢复演替过程中，不同演替阶段土壤性质演变规律报道较少。土壤作为生态系统的组成成分和环境因子[9]，为生态系统中生物的生长发育、繁衍生息提供了必要的环境条件[10]。土壤在生态系统中的这些功能决定于土壤的质量，它是生态系统可持续发展的基础[11]。在群落演替过程中，某一演替阶段土壤的肥力状况，不仅反映了在此之前群落与土壤协同作用的结果，同时，也决定了后续演替过程的土壤肥力基础和初始状态[12]。黄土高原弃耕地的生态恢复，可以通过土壤性质和物种多样性的恢复两个方面进行表征。

在实验区安塞县高桥北宋塔流域，从20世纪60年代，就有成片的坡地被撂荒。为了探讨这些自然植被恢复与重建的有效途径，本文用空间序列代替时间序列，选择退耕2a、6a、9a、13a、16a、19a、25a、30a、40a的弃耕地，在研究其群落动态与物种多样性变化的同时，对土壤含水量、容重、有机质、全氮、有效氮、速效钾、全磷、速效磷进行测定，分析植物群落演替与土壤性质演变的关系，其目的在于从土壤理化性质变化的角度，探讨弃耕地的植被恢复机理，为该区植被自然恢复工程的实施提供科学的依据。

1 研究地区概况

实验区位于安塞县高桥北宋塔流域（36° 39.365′N～37° 43.451′N，109° 11.837′E～110° 13.462′E），面积约50km^2，多年平均气温8.8℃，极端最高、低气温分别为36.8℃、-23.6℃；年平均日照时数2397.3h，总辐射量117.74kcal①/cm^3，≥0℃的活动积温3824.1℃，≥10℃有效积温3524.1℃，无霜期平均157d；多年平均降雨量513mm，且每年的降雨多集中在7～9月；蒸发量大于降雨量。

土壤类型主要为黄绵土，部分区域为黑垆土和灰褐土，在沟坡深层中还有红胶土。植被主要为人工刺槐林和天然草地。

本文所选的弃耕地在1999年之前，有放牧，割草等人为干扰，从1999年开始封禁。

2 材料与方法

2.1 样地的选择

2003年7月5日～8月25日，通过走访调查和查阅高桥乡土地使用记录，选择试验区土壤没有因自然因素而导致地形的变迁或因人为因素而引起的土壤物质再分配的地段，在保证样地黄土母质相同的情况下，选择弃耕2a、6a、9a、13a、16a、19a、25a、30a、40a的天然草地，共9个样地（表1），样地面积为220～500m^2。对样地的群落进行了调查，结果见表2。

2.2 测试内容

包括室外取样和室内分析两个部分，分别测试以下指标：①土壤含水量；②土壤养

① 1cal=4.1868J。

分：有机质、全氮、有效氮、全磷、速效磷、速效钾；③土壤容重。

表 1　试验样地概况

弃耕时间（a）	坡向	坡度（°）	海拔（m）	坡位	面积（m^2）
2	半阴坡	38	1370	中上部	300
6	半阴坡	42	1380	中上部	250
9	半阴坡	34	1400	上部	200
13	半阴坡	38	1340	上部	300
16	半阴坡	33	1355	上部	220
19	半阴坡	30	1350	上部	380
25	阴坡	35	1326	中上部	400
30	半阴坡	40	1330	中上部	500
40	阳坡	30	1300	中上部	300

表 2　弃耕地的群落特征

弃耕时间（a）	建群种	亚优势种	物种数（个）	个体数目（个）	盖度（%）
2	猪毛蒿	狗尾草	10	175	22
6	达乌里胡枝子	茭蒿 、铁杆蒿、猪毛蒿	17	342	26
9	达乌里胡枝子	白羊草、铁杆蒿	27	426	52
13	冰草	阿尔泰狗娃花、达乌里胡枝子	20	617	39
16	达乌里胡枝子、铁杆蒿	冰草	16	412	38
19	白羊草	达乌里胡枝子、铁杆蒿	14	307	34
25	白羊草、达乌里胡枝子	铁杆蒿、茭蒿、长芒草	7	253	34
30	长芒草、达乌里胡枝子	铁杆蒿、茭蒿、白羊草	9	347	35
40	狼牙刺	茭蒿、长芒草	9	273	42

注：猪毛蒿（*Artemisia scoparia*），达乌里胡枝子（*Lespedeza davurica*），冰草（*Agropyron cristatum*），铁杆蒿（*Artemisia sacrorum*），长芒草（*Stipa bungeana*），狼牙刺（*Sophora viciifolia*），狗尾草（*Setaria viridis*），茭蒿（*Artemisia giraldii*），白羊草（*Bothriochloa ischaemum*），阿尔泰狗娃花（*Heteropappus altaicus*）。

2.3　取样及测试方法

2.3.1　取样

用土钻在 0～100cm 土层内按 0～5cm、5～10cm、10～20cm、20～40cm、40～60cm、60～80cm 和 80～100cm 的深度取土，每个样地按 S 形设四个重复，所有指标的取样深度和分层深度均相同。

采集土壤养分分析样品时，同一样地四个重复的土样按相同层次均匀混合，风干后在实验室测定其含量。

2.3.2 土壤含水量的测定

土壤含水量用烘干法，在105℃下烘8小时恒重后称重。

2.3.3 土壤容重的测定

土壤容重用环刀法，烘干时间、方法同土壤含水量。

2.3.4 土壤养分的测定

土壤全氮的测定用半微量开氏法（K_2SO_4-$CuSO_4$-Se蒸馏法），有效氮用碱解扩散法，速效磷用0.5M$NaHCO_3$法，全磷的测定用NaOH熔融—钼锑抗比色法，速效钾的测定用NH_4OAc浸提，火焰光度法，有机质的测定用重铬酸钾容量法—外加热法，凯氏定氮法测定土壤全氮[13]。

3 结果与分析

3.1 弃耕地土壤容重随时间的变化

从表3可知，弃耕地土壤容重的平均值从大到小的排列顺序为：弃耕6a>9a>13a>16a>19a>25a>2a>30a>40a。

弃耕2a的群落，由于耕作的缘故，土壤相对疏松，通气效果好，土壤容重小；而从2a到6a，弃耕时间相对短，在相同的自然条件下，植被恢复缓慢，因土壤的物理环境未及改善，加之雨水直接击溅裸露的坡面等，使土壤结构紧实，容重比弃耕2a的大；而从6a开始，随着弃耕时间的延长，植物群落生物种类多样化和结构复杂化，进而加速土壤中物质的分解率和生物归还率，促进土壤物质的良性循环，土壤环境得到进一步改善[14]，0～100cm的土壤容重逐渐变小。

表3 弃耕地的土壤容重 （单位：g/cm^3）

深度（cm）	2a	6a	9a	13a	16a	19a	25a	30a	40a
0～5	1.28	1.36	1.36	1.33	1.32	1.32	1.31	1.25	1.21
5～10	1.28	1.38	1.37	1.34	1.32	1.32	1.31	1.25	1.22
10～20	1.29	1.4	1.39	1.36	1.33	1.33	1.32	1.26	1.23
20～40	1.3	1.42	1.39	1.36	1.34	1.33	1.32	1.27	1.24
40～60	1.34	1.42	1.4	1.37	1.34	1.34	1.33	1.27	1.24
60～80	1.34	1.43	1.4	1.39	1.34	1.33	1.32	1.28	1.27
80～100	1.34	1.45	1.41	1.4	1.36	1.34	1.33	1.29	1.28
平均	1.31	1.40	1.38	1.36	1.34	1.33	1.32	1.26	1.24

在垂直剖面上，每一个立地类型都有共同的特点，随着土层的加深，土壤根系分布数量减少，根际微生物活动减弱，使土壤容重逐渐变大。

3.2 弃耕地土壤含水量随时间的变化

从图 1 可以看出，从弃耕 2a 到 40a，土壤含水量的变化趋势为：弃耕 2a 群落土壤含水量最低；从 2a 到 9a 土壤含水量呈上升趋势；弃耕 9a 群落的土壤含水量高于其他群落；从弃耕 9a 到 16a，土壤含水量呈现出降低的趋势；从 19a 到 40a 的演替过程中看，土壤含水量变化平缓，但 25a 的群落土壤含水量略高。

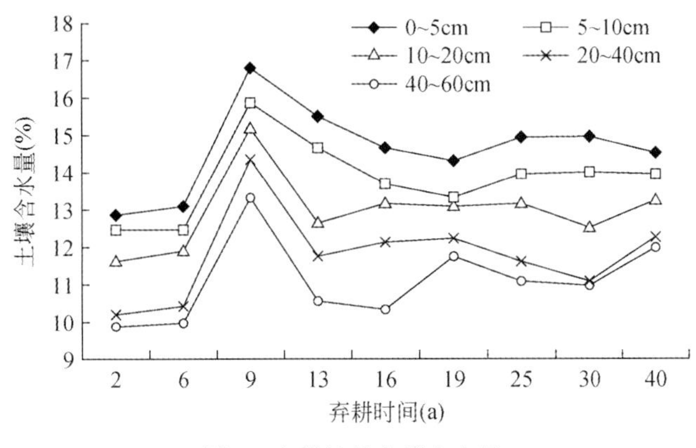

图 1　弃耕地的土壤含水量

一般说来，土壤的含水量与坡向有很大的关系，在本次所调查的弃耕地系列中，弃耕 25a 的群落为阴坡，土壤含水量应该最大，但却出现弃耕 9a 的半阴坡土壤含水量最大，而弃耕时间最长 40a 的阳坡的土壤含水量居中，弃耕 2a 的半阴坡的土壤含水量最低。

出现这种结果，其主要原因是不同弃耕时间其群落的盖度不同所致，从表 2 可以看出，在弃耕 2a 到 40a 的演变过程中，群落覆盖度从大到小的排列顺序为：弃耕 9a>13a>40a>30a>25a>19a>16a>6a>2a，同时弃耕 9a 的群落有 27 个植物种/m^2，在整个植被恢复演替过程中，群落的物种丰富度最大，物种多样性高，而弃耕 25a 群落的盖度居中，弃耕 2a 群落的盖度最小。

由以上群落的盖度、坡向、土壤含水量的数值关系，可以认为，在黄土丘陵沟壑区的弃耕草地上，土壤含水量与坡向有关，但受群落盖度影响最大。

3.3 弃耕地土壤有机质含量随时间的变化

在整个弃耕地土壤演变过程中，有机质以 2a 的群落含量最低，40a 的含量最高，从弃耕 2a 到 40a 的过程中，土壤有机质呈逐渐增加的趋势（图 2）。这可能是演替系列上土壤变化的主要方向，其来源主要是植物的凋落物和根际微生物的活动，并且演替初期含量少，随着植物盖度的增加而增加，其增加量与立地年龄有线性关系[12]。本研究的结果和这一结论相吻合。

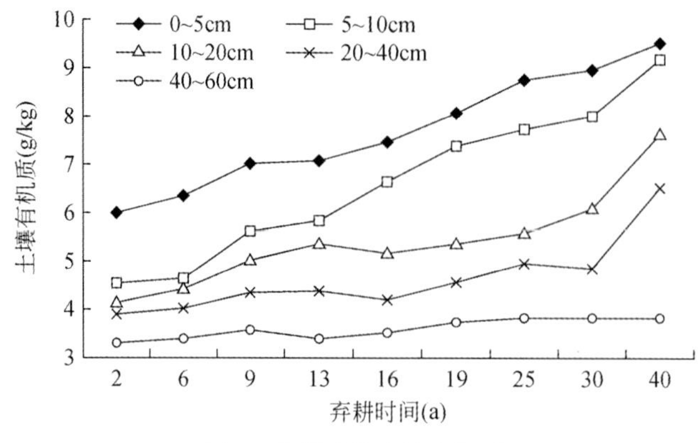

图 2　弃耕地的土壤有机质

在垂直剖面上，土壤有机质含量均是表层高于其他土层，随着土层深度的加深，土壤有机质含量呈降低的趋势。

3.4　弃耕地土壤全氮含量随时间的变化

从图 3 可以看出，土壤全氮含量和有机质的变化趋势一致。随着弃耕时间的延长，土壤全氮含量呈现逐渐增加的趋势。

从图 3 还可以看出，弃耕地土壤全氮含量在 0～5cm、5～10cm 土层内，变化趋势较为一致；而在 10～20cm、20～40cm 以及 40～60cm 土层，2a、6a、9a 和 13a，曲线比较平缓，不同弃耕时间的群落，其土壤中全氮含量变化较为微弱，同时几个土层之间全氮含量的差别小；在 13a 到 40a 的演变过程中，在 10～20cm、20～40cm 以及 40～60cm 土层内，全氮含量曲线较为陡，说明土壤全氮含量随着演替的进行，变化较前两个土层大。

在垂直剖面上，土壤全氮含量在表层土中含量高，土层越深，含量越低。其原因是枯枝落叶归还的氮多集中在表层。

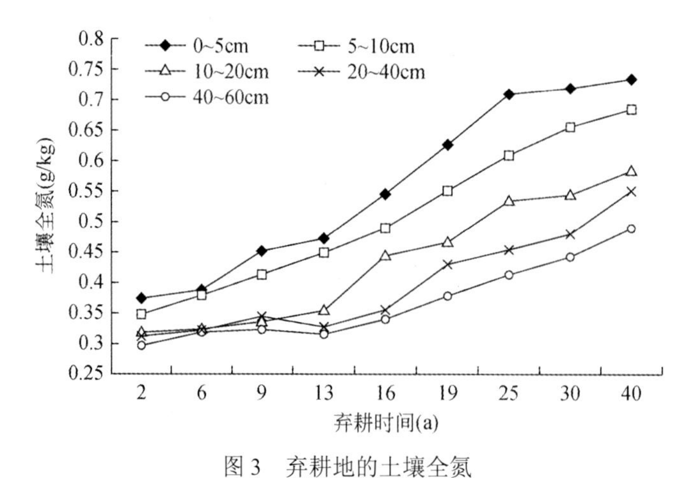

图 3　弃耕地的土壤全氮

3.5 弃耕地土壤有效氮含量的变化

土壤有效氮和土壤有机质、全氮密切相关，有效氮含量随着土壤有机质含量或全氮含量的增高而增高[14]。弃耕地土壤有效氮含量的变化和土壤有机质、土壤全氮的变化相同，随着弃耕时间的延长，整个土层土壤有效氮含量呈逐渐增加的趋势。

从图 4 可以看出，弃耕不同时间的群落，土壤有效氮含量土层间从小到大的顺序是：0～5cm>5～10cm>10～20cm>20～40cm>40～60cm 的土层。

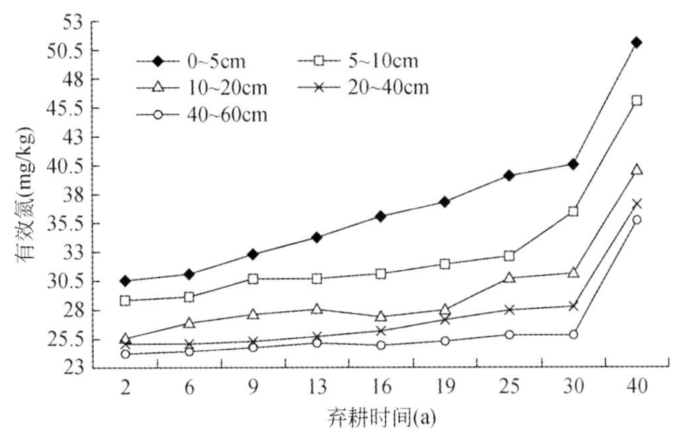

图 4 弃耕地的土壤有效氮

同时，土壤有效氮含量在土层间共同的趋势是 0～5cm 土层土壤有效氮含量的曲线比其他土层有效氮含量的曲线陡。这说明随着弃耕时间的延长，5～40cm 土层土壤有效氮含量变化比 0～5cm 土层土壤有效氮增加缓慢，不同的群落类型，土壤有效氮含量在 0～5cm 易受弃耕时间长短的影响。出现这种现象的原因也与枯枝落叶多集中在表层、根际微生物活动所致。

3.6 弃耕地土壤全磷含量随时间的变化

图 5 是弃耕地土壤全磷含量随弃耕时间变化趋势图。随着弃耕时间的增加，土壤全磷含量也呈逐渐增加的趋势。但弃耕地土壤全磷含量的变化和其他的养分含量变化相比，起伏较小，虽然弃耕 40a 的群落土壤全磷含量最高，弃耕 19a 含量最低，但 0～5cm 土层弃耕 40a 群落的全磷含量仅比 19a 的群落增加 0.035g/kg，增加了 6.34%。土壤中的磷的含量受母质、气候、风化程度和淋溶作用的影响，所测试区的土壤母质相同，故全磷变化不是很大。

3.7 弃耕地土壤速效磷含量随时间的变化

土壤速效磷含量的变化是一个十分复杂的问题，对于耕作土壤来说，它不但与不同生物气候条件下的土壤不同形态磷间的动态平衡有关，同时也与人为耕作施肥状况密切相关[14]，但对于非耕作土壤，除与土壤不同形态磷间的动态平衡有关外，速效磷的含量还受母质、土壤、气候、风化程度、淋溶作用以及全磷含量等因素的影响。试区土壤类型主要为黄绵土，部分区域为黑垆土和灰褐土，在沟坡深层中还有红胶土。由于该区的土壤类型复杂，使得土壤速效磷含量的变化又变得更为复杂。

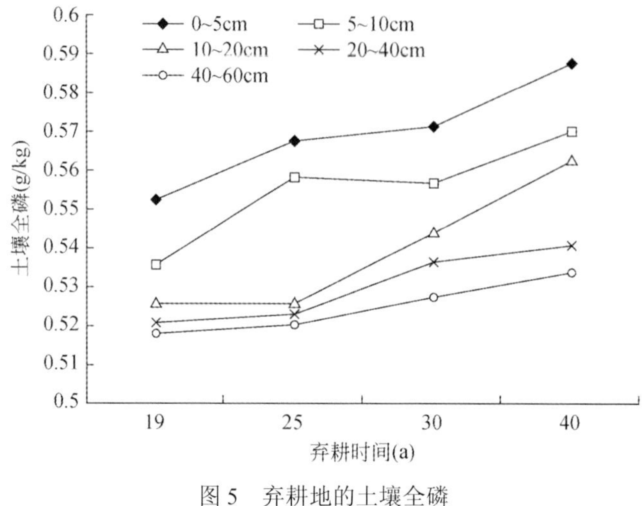

图5　弃耕地的土壤全磷

从图6看出，弃耕地土壤速效磷含量从2a到40a的整个演变过程中，速效磷含量呈现出增加的趋势，和全磷含量一样，土壤速效磷含量的变化比有机质、全氮、有效氮等增加的缓慢。

同时在0～5cm、5～10cm土层，土壤速效磷含量远高于10～20cm、20～40cm、40～60cm土层，而且0～5cm和5～10cm土层土壤速效磷含量接近，10～20cm、20～40cm和40～60cm土层土壤速效磷含量差别小，且均小于0.55mg/kg。

根据前人研究，陕北黄土丘陵沟壑区的土壤速效磷含量很低[14]。从图6的数据可以看出，在所研究的试区，土壤中的速效磷含量已经很低，这一点和前人的研究结论一致。

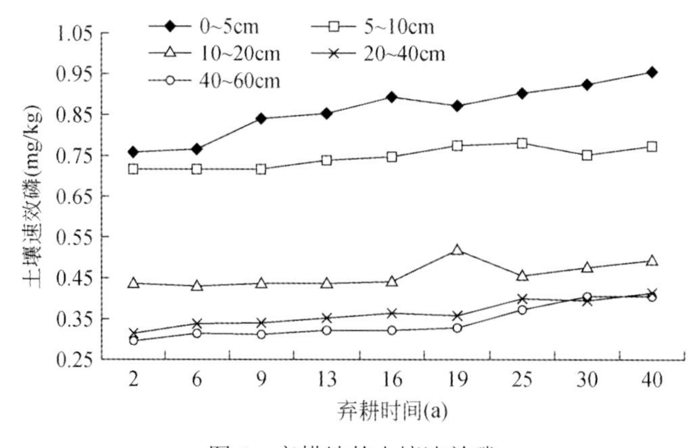

图6　弃耕地的土壤速效磷

3.8 弃耕地土壤速效钾含量随时间的变化

弃耕地土壤速效钾含量总的变化趋势是随着弃耕时间的增加，土壤速效钾呈逐渐增加的趋势，但以 0～5cm、5～10cm 土层变化明显，其他土层变化微弱；在 0～60cm 土层范围内，随着土层深度的加深，速效钾含量呈减少的趋势（图 7）。

在黄土高原贫钾的自然状态下，全钾含量在各类土之间差异不大，土壤的供钾能力主要与土壤全钾含量密切相关[14]。从植物营养的观点来看，土壤中的钾素可以分为三部分：第一部分是植物难以利用的钾，主要存在于原生的矿物中，这是土壤全钾含量的主体；第二部分是缓效钾，主要存在于层状黏土矿物晶格中以及黏土矿物的水云母中，这是速效钾的储备；第三部分是速效钾，以交换性钾为主，也包括水溶性钾。缓效钾与交换性钾之间存在着缓慢的可逆平衡，交换性钾和水溶性钾之间却存在着快速的可逆平衡[14]。本研究中出现表层速效钾含量略高的可能原因，一个是速效钾在表层进行了富集，另一个是缓效钾及时补充到土壤的整个剖面。

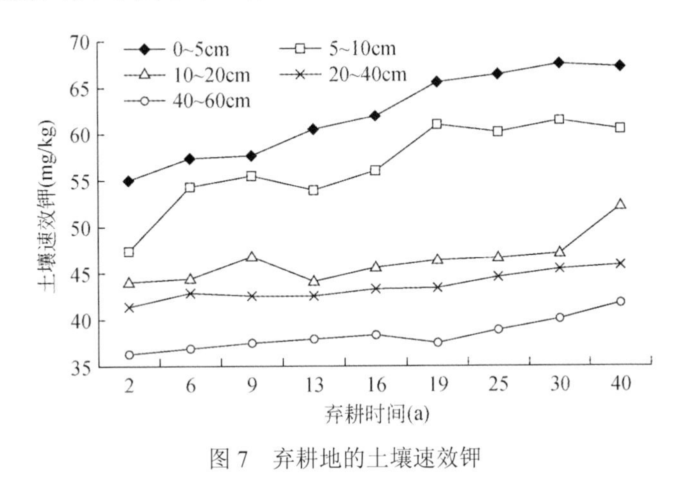

图 7　弃耕地的土壤速效钾

3.9 弃耕地 60～100cm 土壤理化性质总的变化趋势

在本次研究中，土壤含水量、土壤养分都取样分析到 0～100cm，只不过 60～80cm、80～100cm 这两个土层的曲线和 40～60cm 土层的比较接近，为了图的直观清晰，图上只出现 0～60cm 土层的曲线。

因此认为，弃耕地土壤的理化性质只是在 0～60cm 土层容易发生变化，60cm 以下的土层随着演替时间的增加，土壤的理化性质变化比 0～60cm 土层缓慢。

4 结论与讨论

1）土壤含水量在整个的演替过程中，弃耕 9a 的群落，每一土层的土壤含水量大于其他群落相对应土层的土壤含水量。分析其原因，土壤含水量除受坡向影响外，盖度也是一个决定性因素。

2）在研究区的弃耕草地上，土壤的理化性质只是在 0～60cm 土层容易发生变化，60～100cm 土层随着演替时间的增加，土壤的理化性质变化比 0～60cm 土层缓慢。

3）植物群落演替过程中的土壤发展，很明显是随着植被的演替而发展的一个连续过程，趋向于与群落顶极相适应的平衡[12]。土壤的结构、有机质、N、pH 值都随着植被的发展而发展[12]。在本研究中，随着演替的发生，植物群落结构发生变化，进而加速土壤中物质的分解率和生物归还率，促进土壤物质循环，土壤环境得到进一步的改善，0～100cm 的土壤容重逐渐变小。

4）弃耕地土壤化学性质变化总的趋势是：随着演替时间的延续和地上部分的发展变化，0～60cm 土层土壤有机质、全氮、有效氮、全磷、速效磷、速效钾的含量都呈逐渐增加的趋势，而在不同阶段，其变化趋势有所差异。

这一结论说明，在试区尽管植被恢复演替进行的异常缓慢，但从土壤发展的角度看，仍属进展演替。所以，在黄土丘陵沟壑区，若排除外界的干扰（开垦、放牧等），在现有的气候条件下，植被有望得到恢复。

参 考 文 献

[1] 贾松伟，贺秀斌，陈云明. 黄土丘陵区退耕撂荒对土壤有机碳的积累及其活性的影响. 水土保持学报，2004，18，（3）：78-84.

[2] 王国梁，刘国彬，常欣，等. 黄土丘陵区小流域植被建设的土壤水文效应. 自然资源学报，2002，17（3）：339-344.

[3] 张成娥，陈小利. 黄土丘陵区不同撂荒年限自然恢复的退化草地土壤养分及酶活性特征. 草地学报，1997，5（3）： 195-200.

[4] 胡斌，段昌群，王震洪，等. 植被恢复措施对退化生态系统土壤酶活性及肥力的影响. 土壤学报，2002，39（4）：604-608.

[5] 潘开文，刘照光. 暗针叶林采伐迹地几种人工混交群落乔木层结构及动态. 应用与环境生物学报，1998，4（4）：327-334.

[6] 庞学勇，胡泓，乔永康，等. 川西亚高山云杉人工林和天然林养分分布和生物循环比较. 应用与环境生物学报，2002，8（1）：1-7.

[7] 吴彦，刘庆，乔永康，等. 亚高山针叶林不同恢复阶段群落物种多样性变化及其对土壤理化性质的影响. 植物生态学报，2001，25（6）：641-647.

[8] 胡泓，刘世全，陈庆恒，等. 川西亚高山针叶林人工恢复过程的土壤性质变化. 应用与环境生物学报，2002，7（4）：308-314.

[9] Jenny H. The Soil Resource. New York：Springer-Verlag，1980：23-26.

[10] Doran J W，Parkin T B. Defining and accessing soil quality//Doran J W，Coleman D C，Bezdicek D F，et al. Defining Soil Quality for a Sustainable Environment. Madison：Soil Science Society of America and American Society of Agronomy，1994：3-22.

[11] 庞学勇，刘庆，刘世全，等. 川西亚高山云杉人工云杉林土壤质量性质演变. 生态学报，2004，24（2）：261-267.

[12] 张全发，郑重，金义兴. 植物群落演替与土壤发展之间的关系. 武汉植物学研究，1990，8（4）：321-334.
[13] 鲍士旦. 土壤农化分析. 3 版. 北京：中国农业出版社，2000：14-107.
[14] 陕西省土壤普查办公室. 陕西土壤. 北京：科学出版社，1992：410-468.

陕北黄土丘陵区撂荒地土壤含水量和土壤容重的时空变异特征*

郝文芳　杜　峰　陈存根　梁宗锁

摘要

为探索陕北黄土丘陵区退耕地自然恢复过程中土壤物理性质的时空变异特征，以撂荒地为研究对象，采用空间序列代时间系列方法，分析撂荒地土壤含水量的月动态、年际变化，以及土壤容重的时间变异特征，结果表明：①撂荒演替使得土壤容重变小。②在垂直剖面上，随着土层深度的加深，土壤含水量呈现逐渐增加的趋势。③撂荒地立地间土壤含水量变化趋势是：阴坡>半阴坡>半阳坡>阳坡。④撂荒地土壤含水量的月变化变化趋势是：7 月>8 月>9 月>10 月>5 月>6 月。⑤土壤含水量的年际动态是：2005 年土壤含水量高于 2006 年和 2007 年。3 个年份的共同趋势是：撂荒演替前期，土壤含水量较高，随着演替时间的延长，土壤含水量呈下降趋势。因此，撂荒演替使土壤结构得到一定程度的改善，但是土壤含水量的恢复效果不甚明显，撂荒演替不利于土壤水分的恢复。主要是由于撂荒后期阶段的群落消耗较多的土壤水分，其次降雨量的差异也是影响土壤水分恢复的主要因素。

关键词：陕北黄土丘陵区；撂荒地；土壤含水量；土壤容重；时空变异特征

生态环境建设的成效在很大程度上取决于生态恢复重建过程中土壤质量的演化及其环境效应，只有系统中的土壤能够不断发育、正向演替，土壤质量逐步得到提高并保持在较高水平，才能使已经退化的生态系统达到生态平衡和良性循环。黄土丘陵区处于暖温带半湿润气候向半干旱气候的过渡区，该区土壤水分动态研究，一直是土壤水分利用及环境治理中具有重要的理论和实践意义的课题。土壤容重是土壤物理性质中随着撂荒演替年限的变化较为敏感的指标之一[1]。土壤物理性质如容重、有效水分含量等是土壤质量评价的重要指标[2-4]。土壤物理性质通过对土壤湿度、温度、通气性、土壤化学反应甚至有机质积累的作用，显著地影响着植被的生长和分布，进一步来影响群落的演

* 原载于：北方园艺，2013，(13)：192-197.

替[2-4]。本文以陕北黄土丘陵区 30 个撂荒地为研究对象，采用空间系列代时间序列，对土壤含水量进行连续 3 年的测定，分析不同土层深度、不同弃耕年限、不同立地条件下土壤含水量的月动态、年际变化，结合土壤容重的时间变异，探索退耕地自然恢复过程中土壤物理性质对撂荒演替的响应，为退耕地植被恢复和重建提供科学依据。

1 研究区概况

研究区位于陕北黄土高原丘陵沟壑区的安塞县高桥乡，年均日照时数 2300～2570h，年均降水量 490.5～663.3mm，多集中在 7～9 月，属半干旱区。年均气温 7.7～10.6℃，无霜期 157d，≥10℃年积温 3170.3℃。黄绵土，轻壤。地形主要为梁峁状黄土丘陵，沟谷发育，水土流失严重。

2 撂荒地及其撂荒演替基本情况

撂荒地大类群结构相对简单，植物类群相对少。菊科、禾本科、豆科的物种较多，达乌里胡枝子（*Lespedeza dahurica*）、长芒草（*Stipa bungeana*）、铁杆蒿（*Artemisia sacrorum*）和白羊草（*Bothriochloa ischaemum*）贯穿演替的始终。撂荒 3～6 年群落演替为一年生杂草群丛阶段。在第 7～10 年，一年生物种逐渐减少，多年生物种开始增多；10～25 年，随着环境条件发生变化，群落类型和物种组成变得更加复杂，多年生物种进一步增多；25～45 年，土壤水分含量不断减少，较为耐旱及竞争力相对较强的达乌里胡枝子、铁干旱和白羊草等开始占优势。随着撂荒演替的进行，群落盖度呈增加的趋势。土壤养分随着弃耕时间的延长呈现增加的趋势，但其绝对增加量较少。土壤微生物碳、微生物氮含量增加，土壤微生物氮与全氮之比、土壤基础呼吸强度、土壤代谢熵随着撂荒时间的延长呈现增大的趋势。随着演替时间的延长，土壤微生物总数趋于稳定。综合分析群落结构组成和土壤物理、化学及其生物学性质，初步总结出黄土丘陵区弃耕演替为进展演替[5]。

3 安塞县 2004～2007 年的降雨量分布

几个年份相比（图 1），安塞县春季降雨较多的是 2007 年的 3 月，夏天降雨多的是 2005 年的 5 月，其次是 2006 年的 5 月，雨季降雨最多是 2005 年的 7 月，其次是 2004 年的 8 月。与 2004 年、2005 年、2006 年相比，虽然 2007 年的春季降雨较多，在 3 月份为 55.0mm，2 月份为 13.0mm。但是对于蒸发量远大于降雨量，而地下水埋藏很深的黄土高原，这点降雨是远远不够的。这四个年份，春季降雨普遍偏少，会造成严重的春旱，对植被的返青以及当年的生长发育都会产生一定的不利影响。

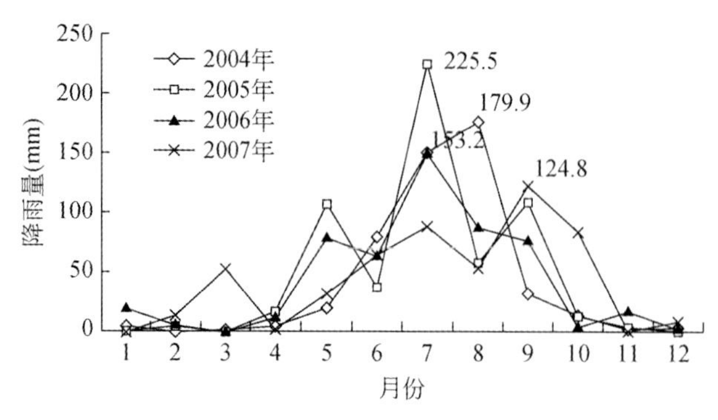

图1　安塞站2004～2007年逐月降雨量

4　研究方法

在保证样地黄土母质相同的情况下，选无人为干扰、不同撂荒年限（0～45年）的群落作为样地，样地概况见表1。

表1　样地概况

撂荒时间(年)	有机质（g/kg）	全氮（g/kg）	坡向	海拔（m）	坡度（°）	盖度（%）
从未开垦	8.90	0.80	阴坡	1118	32	75.8
3	5.43	0.59	峁顶	1319	0	87.6
5	6.92	0.69	阴坡	1258	45	23.8
5	6.01	0.44	峁顶	1294	0	39.5
5	4.89	0.37	半阴	1307	25	29.15
7	3.61	0.35	半阳	1192	24	33.14
7	5.03	0.34	半阴	1189	30	34.5
8	5.73	0.41	阴坡	1269	34	23.8
8	4.16	0.34	半阳	1237	28.5	29.5
10	4.37	0.29	阳坡	1232	28.5	28.3
10	6.03	0.38	阴坡	1230	29	32.31
10	5.40	0.40	半阳坡	1277	33	35.7
11	3.96	0.30	阳坡	1239	33.5	32.2
12	5.22	0.39	阴坡	1306	30.5	23.35
13	5.08	0.36	半阳坡	1295	32	20.09
13	4.62	0.35	阴坡	1256	32	34.5
13	5.04	0.38	阳坡	1240	28	22.61
14	4.74	0.34	半阳坡	1261	25	38.4
15	4.21	0.33	阳坡	1258	43	58.35
15	3.33	0.32	半阳坡	1298	30	27.15

续表

撂荒时间(年)	有机质(g/kg)	全氮(g/kg)	坡向	海拔(m)	坡度(°)	盖度(%)
16	4.14	0.53	半阳坡	1271	30	31.41
16	5.41	0.32	半阴坡	1298	28	31.75
20	4.37	0.32	阳坡	1261	30	30.05
22	4.42	0.32	半阴坡	1306	30	71.7
22	4.75	0.41	阴坡	1282	31	22.25
24	5.27	0.41	阴坡	1247	29.5	19.12
32	5.96	0.53	阴坡	1257	42	20.05
33	6.06	0.53	半阴坡	1145	22	105.5
43	6.50	0.56	半阴坡	1240	20	102.25
45	7.05	0.57	半阳坡	1223	15	112.33

分别于2005年7月、2006年5～10月、2007年7月对撂荒地的土壤含水量进行测定，2007年7月对土壤容重、土壤化学性质进行测定，并对其群落组成进行调查。土壤容重、土壤含水量的取样深度为0～100cm，除表层0～5cm、5～10cm和10～20cm外，其余为每20cm一层，各样地设三次重复，最后取平均值。土壤含水量测定用烘干法，土壤容重用环刀法测定[6]。土壤全氮的测定用半微量开氏法（K_2SO_4-$CuSO_4$-Se蒸馏法），土壤有机质的测定用重铬酸钾容量法—外加热法[6]。表中有机质和全氮均为同一样地几个土层的平均值。

5 数据的分析和统计方法

撂荒地土壤含水量、土壤容重的趋势分析采用的是多项式拟合。

6 结果与分析

6.1 撂荒演替过程中土壤含水量的垂直变化规律

2006年5月，对30个撂荒样地土壤进行分层取样，分析撂荒演替过程中土壤含水量的垂直变化规律。

图2表明，2006年研究地土壤含水量在垂直剖面上从大到小多项式拟合的趋势依次是：80～100cm>60～80cm>40～60cm>20～40cm>10～20cm>5～10cm>0～5cm土层。说明在撂荒地演替过程中，在垂直剖面随着土层深度的加深，土壤含水量呈现增加的趋势。

从图上看出，10～20cm、5～10cm、0～5cm三个土层土壤含水量较低，它们都是表土层，这主要是由于5月份降雨量相对少，水分供应不足。从图2也可以看出，5月份整个土层土壤含水量偏低，是因为5月份正处于春旱的末期，植被消耗的水分主要来自上一年年降雨的蓄积，土壤水分没有被及时补充。

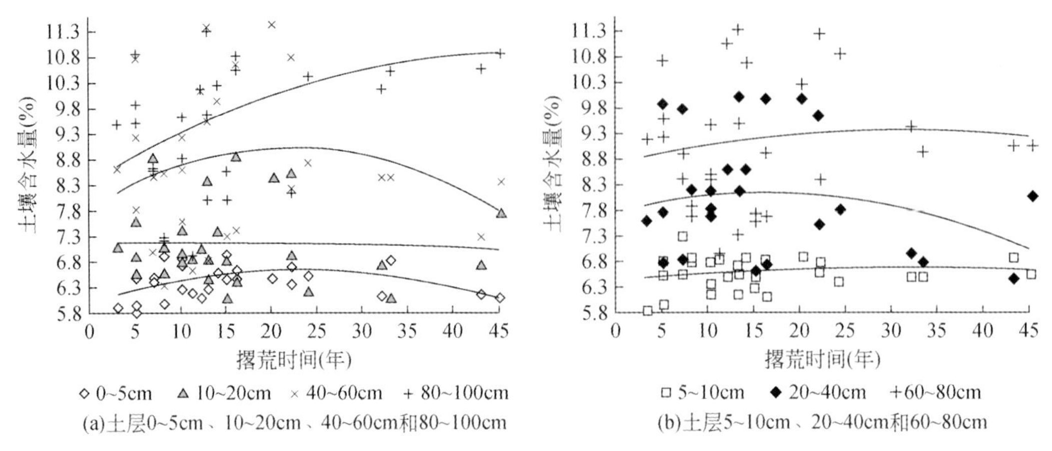

图 2 撂荒地土壤含水量的垂直分异

由图 2 得知，几个土层的变化趋势拟合曲线也表现出不同的趋势：80～100cm 土层，土壤含水量随着撂荒年限的递增呈现升高的趋势，且比较明显；60～80cm、10～20cm、5～10cm 三个土层的趋势一致，撂荒演替阶段中期先缓慢升高，到了演替的后期又缓慢降低，但是这种升高和降低的趋势不明显，几乎成一条直线；而 40～60cm、20～40cm、0～5cm 三个土层表现出明显的先升高后降低的趋势。郝文芳等[7]研究表明，土壤表层水分易受环境变化的影响，深层水分相对稳定。韩仕峰等[8]将剖面水分分布划分为速变层、活跃层、次活动层和相对稳定层 4 个层次，土壤水分速变层处于 0～20cm 土层范围内，该层完全受气象条件制约，活跃层一般处于 20～100cm 范围内，干湿变化幅度大，根系分布密集，水分利用快且多。研究样地取样深度为 100cm，基本上处于水分的速变层和活跃层，水分的垂直变化除与降水、植物消耗有关外，还受大气湿度的影响。5 月份正值多风季节，0～100cm 土层土壤水分受空气干燥和多风等因素影响也较为剧烈。相同撂荒年限不同土层土壤含水量的垂直分异在空间上变化规律不同，说明撂荒地 1m 以内土壤含水量的变化是不稳定的。

6.2 立地环境对撂荒地土壤水分的影响

以 2006 年 6 月土壤含水量为对象，进行撂荒演替过程中不同立地对撂荒地土壤水分影响研究。

土壤水分含量除受降水、植被类型的影响外[9]，还受立地条件的影响。坡度的不同直接影响太阳辐射量，而不同坡向则使坡面的水热状况有较大差异，立地条件的不同主要由坡向对太阳辐射量的影响，进而影响水分的蒸腾和蒸发，即对土壤水分的再分配来体现。研究区属于黄土丘陵地区，植被状况较差，覆盖度较低，土壤蓄水量少。

研究地不同坡向土壤含水量的变化从大到小变化的多项式拟合曲线趋势依次是：阴坡>半阴坡>半阳坡>阳坡（图 3），主要是由于太阳辐射阳坡较阴坡、半阴坡和半阳坡多，地表蒸发较大，植被蒸腾消耗水分较多。

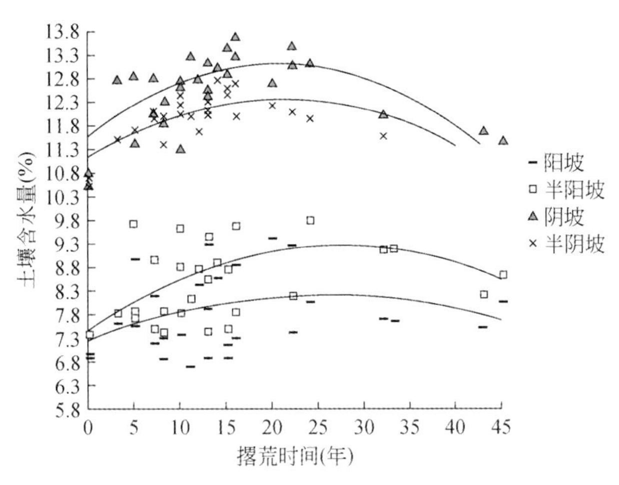

图 3　不同坡向土壤含水量和撂荒时间的变化

6.3　撂荒演替过程中土壤含水量的月变化

以 2006 年 5～10 月土壤含水量各层的平均值为研究对象，进行撂荒地土壤含水量的月变化动态进行分析。从图 4 看出，撂荒地土壤含水量的多项式拟合曲线趋势是 7 月>8 月>9 月>10 月>5 月>6 月。

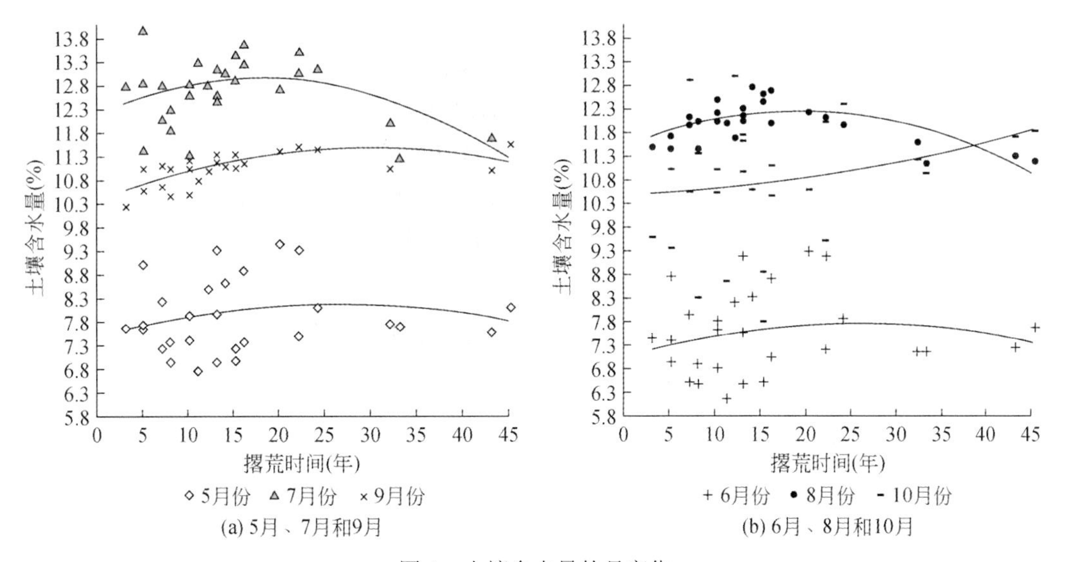

图 4　土壤含水量的月变化

2005 年（图 1）研究区冬季降水很少，这不仅会影响当年植被的生长，也会对来年的土壤含水量产生一定的影响。2006 年（图 1）1～5 月份降雨量为 123.9mm，5 月份降雨量也仅为 82.1mm。当年生长季的降水量及其分配情形是影响人工林地土壤水分季节变化趋势的主导因子，但上一年降水量对其亦有一定影响[10]。由于当年 5 月份降雨量较 7～9 月份少，加之上一年降水在土壤中蓄积较少，此时植被正处于返青期，需水多，因此水分被消耗的多。

2006年6月份降水量为66.8mm，在黄土高原，植物生长的旺季在6～8月，6月份之前降雨本身就少，加上植被生长需要水分，因此经过一个生长季的消耗，6月份土壤含水量为本年度所测数据的最低值。在7～8月，虽然正是植物快速生长季节，但是经过6月份降雨的补给，土壤水分得到一定的恢复，加之降雨量7月为153.2mm，8月为90mm，土壤水分有一定程度的入渗，因此土壤含水量7月>8月，且7月为最大值。到了9月份，植物到了生长末期，生长基本停止，此时的水分主要用于植物本身基础代谢的消耗和地面蒸发，相对于前期的生长旺季，土壤中贮存的水分相对较多，因此9月份的土壤含水量比生长前期的相对较多。

6.4 撂荒演替过程中土壤含水量的年际动态规律

以2005年7月份、2006年7月份、2007年7月份的土壤含水量为对象，采用多项式拟合曲线趋势来分析撂荒演替过程中土壤含水量的年际动态规律（图5）。

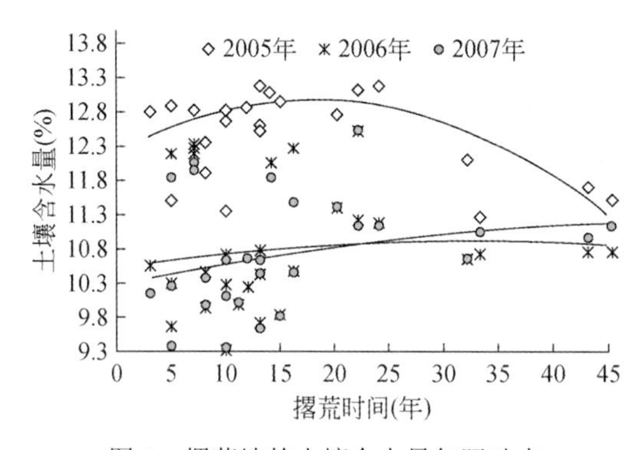

图5 撂荒地的土壤含水量年际动态

2005年的土壤含水量最高，且2005年土壤含水量随着撂荒年限的增加呈现先上升后降低的趋势，其分界线在22年，在撂荒演替的22年之前的样地，土壤含水量随着撂荒演替时间的增加土壤含水量逐渐增加，在22年之后的样地，随着撂荒演替时间的延长，呈现逐渐减少的趋势。在整个的趋势中，土壤含水量的最大值在22年的样地，最小值在45年样地。因此，仅仅从土壤含水量的变化趋势来分析，2005年土壤含水量并没有随着撂荒演替时间的延长而恢复。

2006年和2007年土壤含水量与2005年有所不同，趋势含量均比2005年低，同时这两年之间有所区别，在22年之前，随着撂荒演替时间的增加，2006年和2007年土壤含水量均呈现逐渐增加的趋势，且2006年的趋势线在2007年之上，但是在22年之后，两年的土壤含水量变化趋势产生分异，两年均以22年的土壤含水量作为起点发生变化：随着撂荒时间的延长，2006年的逐渐降低，2007年逐渐升高，且在22年之后，2007年的趋势图在2006年之上。

6.5 演替过程中土壤容重随撂荒时间的动态规律

以撂荒演替过程中整个剖面各个土层土壤容重的平均值对撂荒演替过程中土壤容重的变化规律进行分析（图 6）。

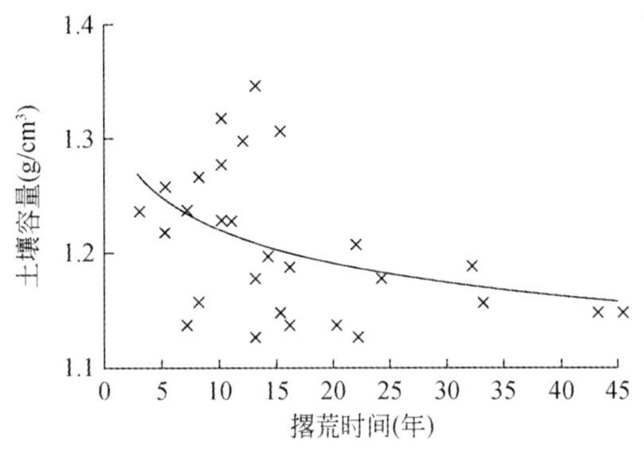

图 6　土壤容重的动态变化

土壤容重的大小与土壤质地、结构、有机质含量、土壤坚实度、耕作措施等有关[1]。土壤的容重愈小，表明土壤的结构性愈好，孔隙多，疏松，有利于土壤的气体交换和渗透性的提高。反之，土壤的容重愈大，表明结构性差。从图 6 看出，在撂荒演替的前期阶段，土壤容重较大，随着撂荒演替的进行，土壤容重逐渐降低。因此撂荒演替过程中，土壤结构得到一定程度的改善。

7　讨论

随着撂荒演替的进行，在垂直剖面上，随着土层深度的加深，土壤含水量呈现逐渐增加的趋势，该结果来自对 2006 年 5 月的土壤含水量的分析，一般在 5 月份，陕北黄土丘陵区正值春旱，地上植物返青、土壤中的种子库的萌发等需要大量的水分，加之此时多风，但是 5 月份降雨很少，群落所消耗的水分主要来自上一年土壤蓄积的水分。因此干旱多风和万物复苏对水分的饥渴，使得表层的土壤含水量被消耗殆尽。同时，在该研究区草地植被的根系主要集中分布在 0～1m 深土层范围内[11]，因此该层土壤水分易发生变化。

坡向的不同主要是由于光热水汽的再分配，坡向的不同体现得最为明显的就是土壤含水量的差异，进而影响地上植被的演替，植被的不同又会导致土壤含水量的变化，这种互动过程促进了植被和土壤的共同发展。

2006 年的不同月份之间，撂荒地土壤含水量的变化趋势是 7 月>8 月>9 月>10 月>5 月>6 月。土壤含水量的年内变化主要是由于降雨量不同，以及植被处于不同的生长时期等原因所致。

土壤含水量的年际动态趋势是：2005 年土壤含水量的趋势线居于最上方，高于其他两年度。同时，3 个年份有一个共同的趋势，撂荒演替前期，土壤含水量较高，随着演替时间的延长，土壤含水量呈现下降的趋势。因此本研究中，撂荒演替没有使土壤含水量得以恢复。自然植被的土壤水分主要来源是降水，其土壤含水量随着降水的年变化而变化[12]。土壤水分的变化决定了植被的演替方向[13]，植被恢复与土壤水分之间是一种相互依赖和制约的关系，两者的相互关系随着退耕时间的变化而变化[14]。土壤水分的不断降低导致了草地向灌木的演替[15]。根据笔者调查，在本研究中，撂荒演替前期群落主要以1～2年生植物为主，也有少量多年生草本出现，而到了中期、后期阶段，1～2年生草本的地位逐渐下降，多年生草本增加，形成半灌木为优势种的群落，部分群落出现了灌木。即使同一样地，随着连续3次群落调查时间间隔的增加，群落中的植物的生活型也会发生变化。因此，撂荒演替没有使得土壤水分恢复，主要是由于演替的不同阶段，群落中植物对水分的消耗不同所致，其次研究区降水量2005年>2006年>2007年也会影响土壤含水量的恢复。

而土壤容重的变化却和土壤含水量不同，撂荒演替使得土壤容重变小。植被恢复过程中土壤容重的变化主要由植物根系活动对土壤的松动作用和植物残体归还所增加的土壤有机质的作用。土壤容重的改变，对于根系的活动、植物根际效应、土壤生物的活性、微生物的区系、土壤呼吸等等都是有促进作用，进而促进植被的正向演替。

8 结论及其存在的问题

植物群落的演替是群落对其初始阶段异化的过程，不但体现在物种的竞争上，也体现在环境条件的改变上，使生境更适合于演替后来种[16]。植物群落的演替过程，是群落的植物部分与土壤环境部分发展的协同演替。植物群落演替过程中的土壤发展，很明显是随着植被的演替而发展的一个连续过程，趋向于与群落顶极相适应的平衡[17]，由于演替是一个漫长的过程，这就暗示着群落演替的土壤发展需要很长一段时间。本研究中，随着撂荒演替的进行，土壤含水量的恢复效果不甚明显，主要是由于群落生活型的改变，使得处于撂荒后期的群落消耗较多的土壤水分，其次降雨量的差异也是影响土壤水分恢复的主要因素。黄土丘陵区在现有的生态环境下，自然植被的进展演替缓慢，因此，撂荒地土壤水分生态环境的改善是一个漫长的过程。

参考文献

[1] 中国科学院南京土壤研究所土壤物理研究室. 土壤物理性质测定法. 北京：科学出版社，1978.
[2] 郑华，欧阳志云，王效科. 不同森林恢复类型对南方红壤侵蚀区土壤质量的影响. 生态学报，2004，24（9）：1994-2002.
[3] 郝文芳. 陕北黄土丘陵区撂荒地恢复演替的生态学过程及机理研究. 杨凌：西北农林科技大学博士学位论文，2010.
[4] 廖善刚，叶志君，汪严明. 桉树人工林与杉木林、毛竹林土壤理化性质对比研究. 亚热带资源与环境学报，2008，3（3）：54-55.
[5] 黄宇，汪思龙，冯宗炜. 不同人工林生态系统林地土壤质量评价. 应用生态学报，2004，15（12）：2199-2205.

[6] 南京大学. 土壤农化分析. 北京：农业出版社，1986.
[7] 郝文芳，韩蕊莲，单长卷，等. 黄土高原不同立地条件下人工刺槐林土壤水分变化规律研究. 西北植物学报，2002，23（6）：964-968.
[8] 韩仕峰，李玉山，张孝忠，等. 黄土高原地区土壤水分区域动态特征. 中国科学院水利部西北水土保持研究所集刊（黄土高原区域治理技术体系与效益评价专集），1989，（1）：161-167.
[9] 胡梦郡，刘文兆，赵姚阳. 黄土高原农、林、草地水量平衡异同比较分析. 干旱地区农业研究，2003，21（4）：113-116.
[10] 马玉玺，杨文治，杨新民. 陕北黄土丘陵沟壑区刺槐林水分生态条件及生产力研究. 水土保持通报，1999，10（6）：74-75.
[11] 杜峰，山仑，梁宗锁，等. 陕北黄土丘陵区撂荒演替过程中的土壤水分效应. 自然资源学报，2005，20（5）：669-678.
[12] 庞敏，侯庆春，薛智德，等. 延安研究区主要自然植被类型土壤水分特征初探. 水土保持学报，2005，19（2）：138-141.
[13] 徐学选，张北赢，白晓华. 黄土丘陵区土壤水资源与土地利用的耦合研究. 水土保持学报，2007，21（3）：166-169.
[14] 焦峰，温仲明，焦菊英，等. 黄丘区退耕地植被与土壤水分养分的互动效应. 草业学报，2006，15（2）：79-84.
[15] Sala O E，Golluscio R A，Lauenroth W K，et al.Resource partitioning between shrubs and grasses in the patagonian steppe. Oecologia，1989，81：501-505.
[16] 张庆费，宋永昌，由文辉. 浙江天童植物群落次生演替与土壤肥力的关系. 生态学报，1999，19（2）：174-178.
[17] 郝文芳，梁宗锁，陈存根，等. 黄土丘陵区弃耕地群落演替过程中的物种多样性研究. 草业科学，2005，（9）：1-7.

南水北调中线水源区弃耕地草本植被演替初步研究*

张海峰　彭　鸿　陈存根　张小林　廖纯艳

摘要

本文以南水北调中线水源区不同年限的退耕弃荒地为研究对象，分析了其草本植被恢复阶段的群落学特征，用聚类分析和极点排序的方法对各群落类型进行了划分，探讨了其自然演替规律，并对弃耕地植被恢复的一般机理进行了初步探讨。结果表明，草本植被恢复演替过程可明显的分为以下几个阶段：荠菜+铁苋菜+小白酒草群落（退耕1a）；小白酒草+灰绿藜群落（退耕2a）；艾蒿+小白酒草+猪毛蒿群落（退耕3～6a）；白茅+牛尾蒿+野艾蒿+狗尾草群落（退耕7～12a+）。退耕3年时群落已经趋于稳定，草本植被基本上得到恢复。

关键词：南水北调；退耕；植被演替；聚类分析；极点排序；水土保持

群落演替是植被生态学的重要研究内容，也是生态学研究的热点之一[1, 2]。对区域植被演替规律的认识，特别是研究恢复生态学中破坏生态系统自然修复与植被重建的过程和机理，是植被管理、利用改造和生态修复的基础依据，具有重要的理论和实际意义[3, 4]。南水北调是一项关系国计民生的重大工程，如何改善水源区生态环境，是确保我国水安全的重中之重[5]，而水源区绝大部分处于丘陵沟壑和山区，艰苦的自然条件和欠发达的经济状况使得当地居民不得不对大自然进行掠夺式的开发，结果造成了生态环境的进一步恶化，地表水非点源污染加剧[6]。为此国家启动了一系列包括退耕在内的预防保护工程[7]。退耕地上的植被演替属于次生裸地上的进展演替[8]，笔者以南水北调预防保护重点县陕西省宁陕县寨沟小流域不同年限的弃耕地为研究对象，对弃耕地草本植被自然恢复的过程和规律进行了初步探讨，期望能对区域植被演替规律的认识和植被管理、利用改造及其进一步的水资源保护提供参考。

* 原载于：西北植物学报，2005，25（5）：973-978.

1 研究区概况

寨沟小流域（33°23′N，108°20′E）属于长安河支流，汉江流域，丹江口水库水源区，地处秦岭南麓，大陆中部冷、暖气流均受影响，属于北亚热带山地湿润气候区。由于境内高差大，气候特点主要是凉爽，夏季不酷热，冬季不干冷。雨多、云雾多、湿度大、平均日照数为1626.3h，日照百分率为36.7%，全年太阳总辐射能101.93kcal/cm^2。无霜期达216d。该区平均年降水量915.5mm，丰水年高达1207.1mm。土壤为普通黄棕壤和粗骨性黄棕壤及洪积物，土层厚度分布不均，从坡面的25cm左右到河道的数米不等。流域岩石主要为构成陡崖山岭的结晶灰岩，形成折线状山脊的闪长岩体，形成平缓低山的花岗岩和千枚岩。全流域主要树种有60科246种，其中，用材树45科77种；经济树18科38种；观赏树9科31种；针叶树5科25种；珍贵稀有树种8种。境内有多种国家级保护动物。当地人口密度相对较大，西万公路沿长安河南北相通，由于气候温和，雨量充沛，适应于多种农作物及林特作物生长，是该县的粮食优良生产基地之一。20世纪60～70年代对大面积原生植被的破坏，造成山洪、泥石流等灾害频繁发生，现已列入南水北调中线水源区预防保护重点县。

2 研究方法

2.1 样地调查

由于国家政策和移民搬迁，以及自然因素的影响，该地区存有大面积的不同年限弃耕撂荒地，撂荒时间1到15年不等，这就给我们进行取样提供了很好的条件。2004年7～8月对该区域弃耕撂荒地进行全面踏查，通过历史资料查询、实地访问等形式确定各撂荒地退耕确切年限及分布面积，将其划分为1a、2a、3a、4a、5～6a、7～8a、9～11a、12a+八个时间序列，并标记为a、b、c、d、e、f、g、h群落。用空间序列代替时间序列[9]，先将各演替阶段均匀网格化，再进行随机取样。每种序列取样方10个，按照常规的植被生态学实验方法布设1m×1m样方，记录其种类、株数、平均株高、盖度等指标[10]。

2.2 数据统计和分析

用Excel、DPS进行数据处理，计算常规群落学参数，并进行聚类分析和极点排序。

（1）多样性与均匀度计算

应用Shannon-Wiener指数来衡量群落的多样性，Shannon-Wiener指数是根据信息论建立起来的最通用的度量多样性测度指标，适用于随机取样。

$$H' = -\sum_{i=1}^{S} p_i \ln(p_i)$$

式中，H'为样本中的信息容量（bit/个体），即种的多样性指数，S为物种总数，p_i为第i

种物种个体数占群落总个体数的比例。

均匀度指数：

$$J' = \frac{H'}{H'_{\max}} = \frac{H'}{\ln S}$$

式中，J'为均匀度，H'为 Shannon-Wiener 信息指数，$H'_{\max}$ 为 H' 的最大值，等于 $\ln S$，S 为物种总数。

（2）聚类分析与极点排序

各个群落间的距离系数（及不相似性系数）可以表达各群落间的相似性测度。本文采用 Bray-Curtis 距离系数进行计算，这种方法可以使丰富种在测度中占优势，而稀有种在测度中起不了什么作用。

$$B = \frac{\sum_{i=1}^{n}\left|x_{ij} - x_{ik}\right|}{\sum_{i=1}^{n}\left|x_{ij} + x_{ik}\right|}$$

式中，x_{ij} 为物种 i 在样本 j 的个体数量，x_{ik} 为物种 i 在样本 k 的个体数量，n 为物种总数。

极点排序是建立在距离系数基础上的，可以反映群落在整个演替空间中的相对位置和关系的变化趋势。最重要的因素是人工选择排序轴。

第一排序轴 x 的选择：选择相异系数最大的两个群落作为 x 轴的两个端点，其他群落在 x 轴上的坐标根据下式计算。

$$X_i = \frac{L_x^2 + D_{ia}^2 - D_{ib}^2}{2L_x} \quad (i \neq a,b)$$

式中，D_{ia} 和 D_{ib} 分别代表所求群落 i 与两个端点群落 a、b 的相异系数。

偏离值：

$$h = \sqrt{Da^2 - X^2}$$

第二排序轴 y 的端点选取与 x 轴偏离值最大的群落，另一端点选取与前者距离系数最大的群落，两端点确定后其他点的坐标根据下式计算。

$$Y_j = \frac{L_y^2 + D_{ja}^2 - D_{jb}^2}{2L_y} \quad (j \neq a,b)$$

根据计算的各群落二维排序坐标，在平面图上做出群落的相对位置，即是极点排序的结果。

3 结果与分析

3.1 调查植物种类及生活型分布

调查中共发现 52 种草本植物，涉及 21 个科，见表 1。

表 1　样地植物种类及在各群落中的分布

		a	b	c	d	e	f	g	h
菊科（17）：①		8	10	9	7	8	10	10	10
禾本科（6）：②		2	2	2	2	4	5	5	5
豆科（4）：③		0	1	2	2	2	3	4	3
蔷薇科（3）：④		1	1	1	2	2	2	2	3
唇形科（3）：⑤		0	1	3	2	2	1	1	1
莎草科（2）：⑥		1	2	2	2	1	2	2	1
藜科（2）：⑦		2	2	1	2	0	1	0	0
石竹科（2）⑧		0	0	1	1	2	2	1	2
大戟科（1）：铁苋菜 *Acalypha australis*		1	1	1	0	1	0	0	0
蓼科（1）：长鬃蓼 *Polygonum longisetum*		0	0	1	1	1	1	1	1
桑科（1）：葎草 *Humulus scandens*		0	0	0	0	0	1	1	1
罂粟科（1）：地丁草 *Corydalis bungeana*		0	0	1	1	1	1	1	1
三白草科（1）：鱼腥草 *Houttuynia cordata*		0	1	1	1	1	0	0	0
苋科（1）：青葙 *Celosia argentea*		0	0	0	0	0	0	1	1
毛茛科（1）：山棉花 *Anemone hupehensis*		0	0	1	1	1	1	0	1
木贼科(1)：节节草 *Equisetum ramosissimum*		0	1	1	1	1	1	1	1
堇菜科（1）：紫花地丁 *Viola yeclensis*		0	0	1	1	1	1	1	0
景天科（1）：大苞景天 *Sedum amplibracteatum*		0	1	1	1	0	0	0	0
鸭跖草科(1)：鸭跖草 *Commelina communis*		0	1	1	1	0	1	0	0
藤黄科(1)：贯叶连翘 *Hypericum perforatum*		0	0	1	1	0	1	1	1
阴地蕨科（1）：劲直阴地蕨 *Botrychium strictum*		0	0	1	0	0	1	0	0
生活型	一年/越年生	12	18	20	19	16	17	13	14
	多年生	3	6	11	9	10	16	19	17

注：①菊科：荠菜 *Capsella barsapostoris*；小白酒草 *Conyza canaclensis*；鬼针草 *Bidens bipinata*；苦苣菜 Sonchus oleraceus；艾蒿 *Artemisia argyi*；猪毛蒿 *Artemisia scoparia*；牛尾蒿 *Artemisia subdigitata*；臭蒿 *Artemisia annua*；火绒草 *Leontopodium leontopodioides*；黄鹌菜 *Youngia japonica*；野艾蒿 *Artemisia lavandulaefolia*；苦荬菜 *Cichorium intybus*；风毛菊 *Saussurea japonica*；铁杆蒿 *Artemisia gmelinii*；小蓟 *Cephalanoplos segetum*；佛耳草 *Gnaphalium affine*；一年蓬 *Erigeron annuus*。

②禾本科：隐子草 *Kengia hancei*；狗尾草 *Setaria viridis*；黄背草 *Themeda triandra*；鹅观草 *Roegneria kamoji*；白茅 *Imperata cylindrical*；马唐 *Digitaria sanguinalis*。

③豆科：野豌豆 *Vicia sepium*；葛藤 *Pueraria lobata*；掐不齐 *Kummerowia stipueacea*。

④蔷薇科：蛇莓 *Duchesnea indica*；委陵菜 *Potentilla chinensis*；绢毛匍匐委陵菜 *Potentilla reptans*。

⑤唇形科：血见愁 *Teucrium viscidum*；藿香 *Agastache rugosa*；黄鼠狼草 *Salvia tricuspis*。

⑥莎草科：莎草 *Cyperus rotundus*；披针苔草 *Carex lanceolata*。

⑦藜科：灰绿藜 *Chenopodium glaucum*；千针苋 *Acroglochin persicarioides*。

⑧石竹科：王不留行 *Vaccaria segetalis*；蝇子草 *Silene fortune*。

由表1可以看出在草本演替的整个阶段，在科水平上菊科植物一直占据着主导地位，其次是禾本科和豆科，其物种总数变化不大。随着演替的进展，先锋种消失或优势度下降，而新的物种又接着出现。禾本科、豆科、蔷薇科、唇形科和其余各科为次生种和伴生种，它们在各演替阶段的出现具有一定规律性，随着退耕年限的增加其个体数量和出现频率都呈现增加的趋势。比较分析生活型其规律性更加明显，一年生或越年生草本的数量变化不大，而多年生根茎植物的种类不断增加，在退耕十年时基本达到平衡，其在群落中所占比例依次为20%、25%、35%、32%、38%、48%、59%和55%。

3.2 群落常规指标

3.2.1 平均盖度、平均株高、种数和个体数量的变化

平均盖度和平均株高是指一个群落类型中所有样方总盖度和总株高的平均值，与物种数量和个体数量结合起来可反映群落最基本的外貌特征。

植被的外部特征在演替的各个阶段呈现出有规律的变化，在弃耕的初期，菊科高秆植物如小白酒草及蒿类占优势，再加上当地水热状况良好，其平均高度和盖度不断增加（图1和图2）。随着弃耕时间延长，这些物种优势度逐渐下降，群落的平均高度和盖度

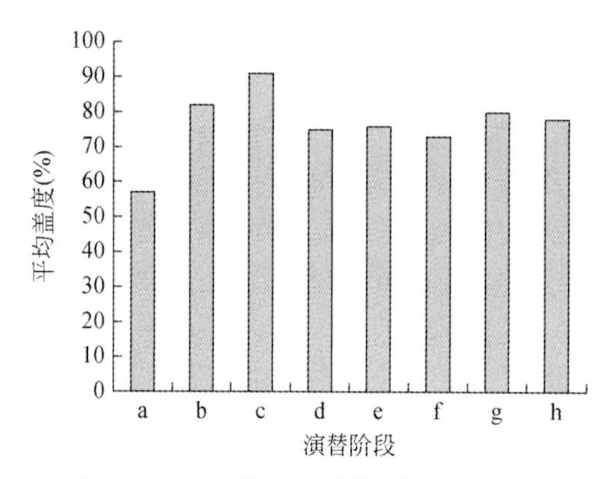

图1 不同演替阶段群落平均盖度变化

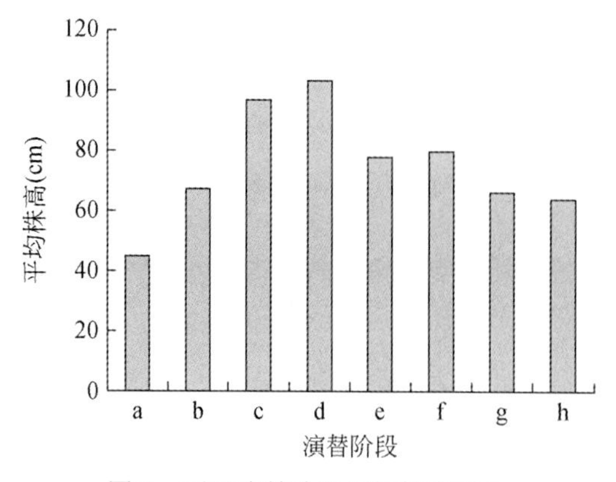

图2 不同演替阶段平均株高变化

也随之降低。从物种及其个体数量来看，弃耕的前三年由于外界种子植物的大量侵入，物种数量和个体数量不断增加，随着环境条件的变化和竞争强度的加剧，一些先锋物种先行消失或者优势度下降，随之其他多年生或根茎植物增多，从而在弃耕 4～6 年时物种数量和个体数量有所下降，之后又增加并维持在一定水平（图 3 和图 4）。

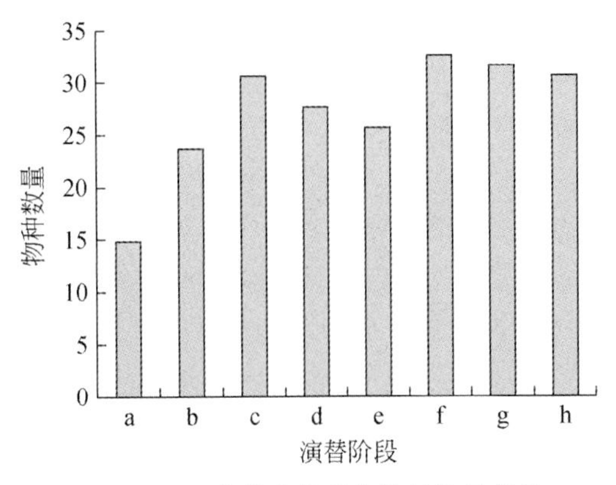

图 3　不同演替阶段群落物种数量变化

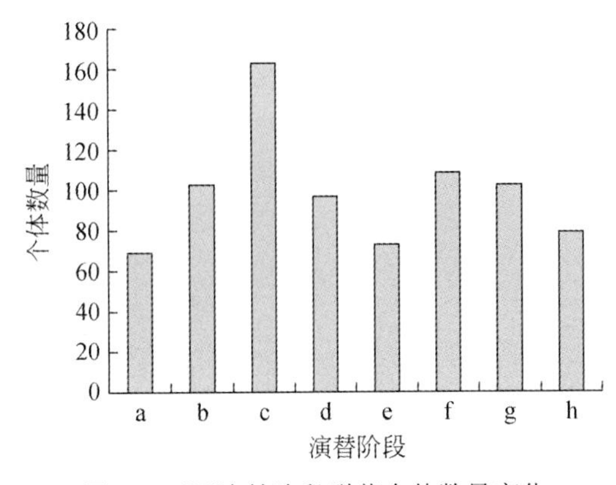

图 4　不同演替阶段群落个体数量变化

3.2.2　多样性及均匀度

弃耕第一年物种数量较少，多样性较低（图 5），个体数量也较少，数量分布差别较小，所以均匀度只是略低于稳定期（图 6）。第二年时小白酒草，灰绿藜等优势度大大增加，均匀度下降。从第三年开始到达相对稳定的阶段，多样性随着先锋种的消失和后续种的增加先呈下降后又呈上升趋势，均匀度也基本呈现这种变化特点。

3.3　聚类分析与极点排序

3.3.1　Bray-Curtis 距离系数矩阵

距离系数可描述两两群落之间的相异（不相似）程度，距离系数矩阵是进行聚类分

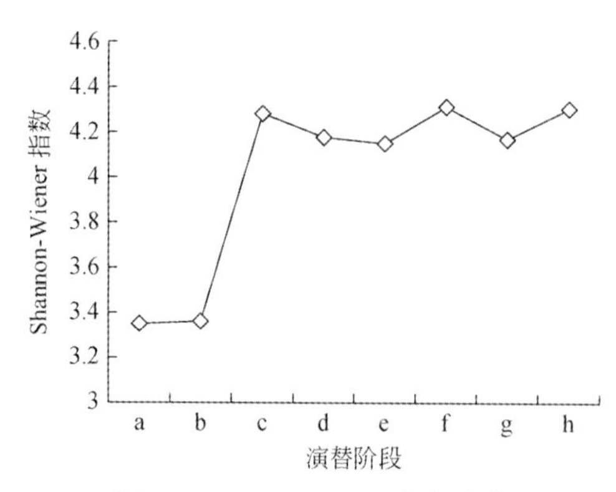

图 5　Shannon-Wiener 指数变化

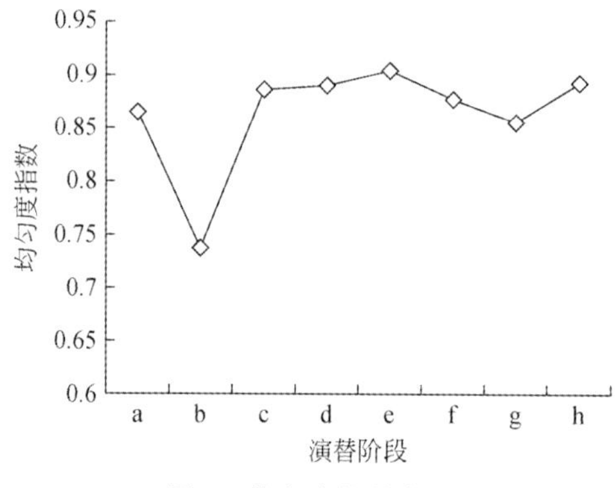

图 6　均匀度指数变化

析与极点排序的基础，从距离系数上反映的信息来看（表 2），距离最远（相似性最小）的两个群落分别是 a（1a）和 g（9～11a），这也是后面极点排序的两个端点。

表 2　Bray-Curtis 距离系数矩阵表

	a	b	c	d	e	f	g	h
A	0	0.574 71	0.727 66	0.690 48	0.763 89	0.811 11	0.896 55	0.893 33
B	0.574 71	0	0.509 29	0.554 46	0.685 39	0.747 66	0.826 92	0.826 09
C	0.727 66	0.509 29	0	0.376 43	0.497 91	0.534 55	0.680 3	0.689 8
D	0.690 48	0.554 46	0.376 43	0	0.348 84	0.509 62	0.693 07	0.696 63
E	0.763 89	0.685 39	0.497 91	0.348 84	0	0.413 04	0.573 03	0.571 43
F	0.811 11	0.747 66	0.534 55	0.509 62	0.413 04	0	0.299 07	0.400 00
G	0.896 55	0.826 92	0.680 3	0.693 07	0.573 03	0.299 07	0	0.315 22
H	0.893 33	0.826 09	0.689 8	0.696 63	0.571 43	0.400 00	0.315 22	0

3.3.2　聚类分析与极点排序结果

聚类可以直观的方式反映群落之间的相似程度，并将相异系数小（相似系数大）的群落归类。从结果可以看出，如果以 0.40 为分界值可以将八个演替阶段归为四个大类（图 7），即第一类：a（1a），第二类 b（2a），第三类 c（3a）；d（4a）；e（5～6a），第四类：f（7～8a）；g（9～11a）；h（12a+）。退耕初期，群落发生着较为剧烈的变化和演替，年际之间的相异程度很大，随着演替的进展这种变化趋于缓和，群落结构趋于稳定。

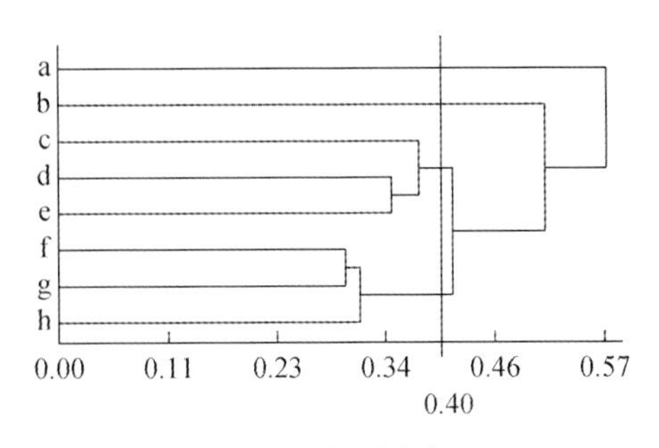

图 7　聚类分析结果

极点排序可将群落在内部特征上的相对位置以二维坐标的形式表现为平面的相对位置（图 8）。排序的结果和聚类结果能够相互印证：a 退耕 1a，b 退耕 2a，d、c、e 退耕 3～6a，f、h、g 退耕 7～12a+。群落差异最大值出现在退耕后的前三年（图 8），从图可知在退耕的初期地表植被发生着剧烈的演替和更迭。以后虽然划分群落的时间距离增加，但其相对位置趋于紧凑，年际之间差异性降低，群落结构趋于稳定。

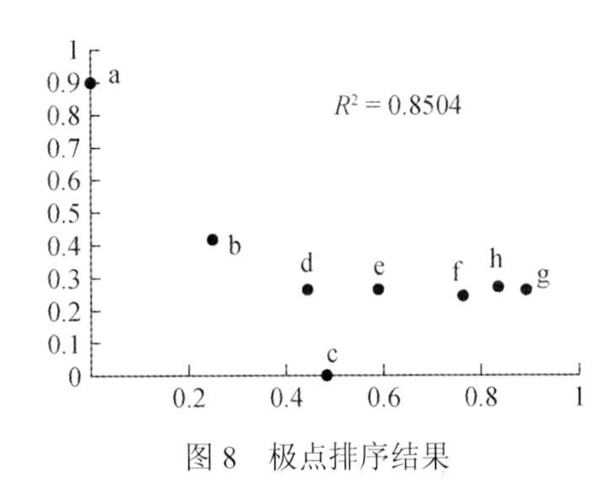

图 8　极点排序结果

4　小结与讨论

南水北调中线水源区退耕地草本植被演替基本上可划分为以下几个阶段：荠菜+铁苋菜+小白酒草群落（退耕 1a）；小白酒草+灰绿藜群落（退耕 2a）；艾蒿+小白酒草+猪毛蒿群落（退耕 3～6a）；白茅+牛尾蒿+野艾蒿+狗尾草群落（退耕 7～12a+）。在第三个阶段，也就是退耕 3～6a 后群落逐渐趋于稳定，盖度、多样性、均匀度等指标波动不大，草本植被基本上得到恢复。

现代群落生态学已经不只是对群落特征进行简单描述，而是进一步对其演替和恢复机理进行研究[12, 13]。从植物本身而言，它们出现在各个演替阶段的次序取决于本身的生物学特性和繁殖策略，如生活型、种子重量与数量等。在退耕的初期基本上都是一些一年生草本或者田间杂草占主要优势，表现为生活周期短，种子数量多、传播能力强，能够在很短时间内成为地表优势种，属于R对策生物，如荠菜，小白酒草等，多为一些田间杂草，在耕作期间它们积累了充足的种子库。后期则以多年生根茎草本植物为主，个体生命力强，根系发达，随着退耕年限的增加逐渐取代先锋种。所以在退耕的初期优势种与伴生种之间的差异极为明显，如退耕第二年小白酒草占有群落总盖度的 70%以上，这也是退耕第二年群落均匀度指数最低的缘故。而当发展到稳定阶段，物种数量增加，但物种间相对优势度差异降低，群落结构趋于均一，均匀度上升。

退耕地上的植被演替属于次生裸地上的进展演替[14]，处于不同演替阶段的植物群落对N、P等营养元素的同化效率不同，原生群落大于退化群落[15]。这里还应提及的是，退耕后土壤理化性质、土壤水分、光照以及人为干扰因素的变化也是影响植被演替过程的重要因素[16]。另一方面，地表植被的恢复同时也影响了土壤理化性质，有效拦截降雨，提高土壤抗蚀性，减少坡面水土流失。在退耕初期可见大量明显的片蚀和沟蚀，而在退耕第四个阶段草本植被得到恢复的坡面只观察到局部少量的细沟侵蚀，初步体现出植被恢复的生态效益。

参考文献

[1] 刘建国. 当代生态学博论. 北京：中国科学技术出版社，1992.

[2] 赵平. 退化生态系统植被恢复的生理生态学研究进展. 应用生态学报，2003，14（11）：2031-2036.

[3] 姜恕. 草地生态研究方法. 北京：农业出版社，1989.

[4] 马玉寿，李青云，郎百宁. 柴达木盆地次生盐渍化撂荒地的改良与利用. 草业科学，1997，14（3）：17-19.

[5] 盛海洋，郭志永，翟秋敏. 南水北调工程规划、环境影响及生态环境保护. 水利与建筑工程学报，2004，2（1）：36-39.

[6] 张水龙，庄季屏. 农业非点源污染研究现状与发展趋势. 生态学杂志，1998，17（6）：51-55.

[7] 张学峰，王内，彭勃，等. 西北地区水资源与生态环境问题及对策. 人民黄河，2001，23（3）：15-18.

[8] 高贤明，黄建辉，万师强，等. 太白山弃耕地植物群落演替的生态学研究-II 演替序列的群落多样性. 生态学报，1997，17（6）：619-625.

[9] 郭逍宇，张金屯，宫辉力，等. 安太堡矿区植被恢复过程主要种生态位梯度变化研究. 西北植物学报，2004，24（12）：2329-2334.

[10] 内蒙古大学生物系. 植物生态学实验. 北京：高等教育出版社，1986.

[11] 唐启义. 实用统计分析及其计算机处理平台. 北京：中国农业出版社，1997.

[12] 李金花，潘浩文，王刚. 草地植物种群繁殖对策研究. 西北植物学报，2004，24（2）：352-355.

[13] 王顺忠，陈桂琛，孙菁，等. 青海湖鸟岛盐碱地植被演替的初步研究. 西北植物学报，2003，23（4）：550-553.

[14] 马长明，袁玉欣. 国内外退耕地植被恢复研究现状. 世界林业研究，2004，17（4）：24-27.

[15] 李海英，彭红春，王启基. 高寒矮嵩草草甸不同退化演替阶段植物地上部氮磷元素比较. 西北植物学报，2004，24（11）：2069-2074.

[16] 周印东，吴金水，赵世伟，等. 子午岭植被演替过程中土壤剖面有机质与持水性能变化. 西北植物学报，2003，23（6）：895-900.

退耕还林后陕北吴起县植物区系研究*

徐怀同　王鸿喆　刘广全　陈存根　周一琴　王　强　李红生

摘要

陕西省吴起县1998年确立了封山退耕的战略，并成为名副其实的全国退耕还林第一县。实施退耕还林后，吴起现有种子植物56科160属235种。其中裸子植物3科3属3种，被子植53科157属232种。中国特有属2个，包含中国特有种2个。区系地理成分复杂，包括了种子植物科的8个分布类型和2个变型，以及种子植物属的14个分布类型和11个变型。温带成分构成了本区系的主体，本区系属于温带性质。同时本区系又有丰富的热带亚热带成分，具有明显的热带亚热带向温带过渡性。

关键词：退耕还林；吴起；种子植物；区系特征

退耕还林工程是党中央、国务院从中华民族生存和发展的战略高度出发，为合理利用土地资源、增加林草植被、再造秀美山川、维护国家生态安全，实现人与自然和谐共进而实施的一项重大生态工程。因此实施退耕还林不仅能够促进长江和黄河流域等地区林业生产力及社会生产力的快速发展，也有利于全国生产力的健康发展，为社会经济的可持续发展奠定坚实的基础。故对退耕还林进行深入研究就很有必要。

1998年吴起县积极响应党中央“再造一个山川秀美的西北地区”批示精神，在全国率先大规模退耕还林，并且取得了显著的成果。“全国退耕还林看陕西，陕西退耕还林看延安，延安退耕还林看吴起”。吴起县成为全国退耕还林还草退得最早、还得最快、面积最大、群众得到实惠最多的县份。因此吴起县被誉为“全国退耕还林第一县”。而植物区系研究多集中在种子植物特有属的分布格局研究[1-3]，植物的垂直梯度分析和区系平衡点的推估[4, 5]，沙地种子植物区系分析[6]，河岸带群落及湿地植物区系分析[7, 8]，自然保护区及山地的植物区系研究等方面[9-14]，对退耕还林后的植物区系的全面研究未见报道。笔者通过广泛踏查，并结合相关研究资料[15-21]，对退耕还林后吴起县的植物区系成分组成进行了初步分析，以期弄清退耕还林后的植物区系的特征，从而更好地服务退耕还林，为西部退耕还林提供参考，并有助于全国退耕还林的实施。

* 原载于：中国农学通报，2007，23（7）：510-518.

1 研究地区概况

吴起县地处黄土高原中温带。地跨 107°38′57″ E～108°32′49″ E，36°33′33″ N～37°24′27″ N。海拔 1233～1809m，全境 3786.2km^2。全县属大陆性温带季风气候。其特点是：日照充足，日温差较大，雨热同季，多年平均降水量 417.8mm。主要土种由北向南依次排列有：风沙土，绵沙土，黄绵土。黑垆土零星分布于县各地的南部和川台地上。红胶土分布在川道或大沟两侧的沟坡上，淤土分布在川道（下川地上）。植被类型为森林草原向草原过渡类型。自然植被人为破坏严重，主要是人工植被。主要树种有小叶杨（*Populus simonii* Carr.）、旱柳（*Salix matsudana* Koidz.）、山桃［*Amygdalus davidiana*（Carr.）C.de Vos ex Henry.］、山杏［*Armeniaca sibirica*（L.）Lam.］等，灌木主要是柠条（*Caragana korshinskii* kom.）、沙棘（*Hippophae rhamnoides* Linn.）。草木以菊科、禾本科、豆科为主。其中菊科主要有茭蒿（*Artemisia giraldii* Pamp.）、冷蒿（*Artemisia frigida* Willd.）、黄蒿（*Artemisia annua* Linn.）、茵陈蒿（*Artemisia capillaris* Thunb.）等。禾本科主要有针茅（*Stipa capillata* Linn.）、冰草［*Agropyroncristatum*（Linn.）Gaertn.］、白草（*Pennisetum centrasiaticum* Tzvel.）、早熟禾（*Poa annua* Linn.）等。豆科主要有二色胡枝子（*Lespedeza bicolor* Turcz.）、草木樨状黄芪（*Astragalus melilotoides* Pall.）、紫花苜蓿（*Medicago sativa* Linn.）等。杂草主要有百里香（*Thymus mongolicus* Ronn.）等。

2 研究方法

研究于 2005 年 5 月至 2006 年 10 月间，采用样方和线路相结合的方法，以样方法调查为主。样方为 25m×25m，在每样方内按照 5 点法选定 5 个 1m×1m 小样方。对吴起县退耕还林区域植物进行调查和标本采集，并对标本进行鉴定，且经专家审定，建立吴起县植物名录。在此基础上，主要依据吴征镒[18, 19, 21]和李锡文[20]的科属划分方法，对种子植物的科、属、种进行统计分析。

3 吴起县种子植物种类组成

经过统计，吴起县有种子植物 235 种，隶属于 56 科 160 属。其中裸子植物 3 科 3 属 3 种，被子植物 53 科 157 属 232 种。被子植物中双子叶植物 47 科 126 属 186 种，单子叶植物 6 科 31 属 46 种（表 1）。双子叶植物无论科、属、种均占绝对优势，单子叶植物次之，裸子植物比例最小。

表 1 吴起县种子植物科、属、种数量统计

类别	科数	占科总数比例（%）	属数	占属总数比例（%）	种数	占总种数比例（%）
裸子植物	3	5.36	3	1.88	3	
双子叶植物	47	83.93	126	78.75	186	

续表

类别	科数	占科总数比例（%）	属数	占属总数比例（%）	种数	占总种数比例（% ）
单子叶植物	6	10.71	31	19.38	46	
合计	56	100	160	100	235	100

4 吴起县种子植物区系成分分析

4.1 科的分析

4.1.1 科的统计分析

本区含20种的科有3个：菊科（25属56种）、禾本科（21属31种）、豆科（13属21种）。含10～19种的科仅有1个，是蔷薇科（7属10种）。含6～9种的科有4个：唇形科（6属8种）、毛茛科（4属6种）、藜科（6属6种）、百合科（4属6种）。以上8个科共有86属，137种。占该地区总科数的14.29%，总属数的53.75%，总种数的58.30%。他们是本地区的优势科。含2～5种的科有23个，含49属，66种，分别占本地区科、属、种的41.07%、30.63%、28.09%。含1种的科有25个，含25属，25种。分别占本地区科、属、种的44.64%，15.63%，10.64%。科内种的组成表明，较少的科含有较多的种，而较多的科含有较少的种。同时也表明吴起县植物区系的复杂性和多样性（表2）。

表2　吴起县种子植物科、属内种的组成

科的类型/种数	科数	占总科数比例（%）	包含种数	占总种数比例（%）	属的类型/种数	属数	占总属数比例（%）	包含种数	占总种数比例（%）
≥20	3	5.36	108	45.96	≥10	1	0.63	18	7.66
10～19	1	1.79	10	4.26	5～9	1	0.63	6	2.55
6～9	4	7.14	26	11.06	2～4	38	23.75	91	38.72
2～5	23	41.07	66	28.09	1	117	73.13	117	49.79
1	25	44.64	25	10.64	单型属	3	1.88	3	1.28
合计	56	100	235	100	合计	160	100	235	100

4.1.2 科分布类型的统计和分析

根据吴征镒的“世界种子植物科的分布类型系统”的划分方法[18, 19, 21]和参考李锡文的“中国种子植物区系统计分析”[20]，吴起县56科可划分为8个分布类型和2个变型（表3）。

表 3　吴起县种子植物科的分布区类型

分布区类型	吴起县科数	占吴起县总科数百分比（%）	中国科数	占中国同类型科数百分比（%）
1.世界分布	20	35.71	50	40
2.泛热带分布	12	21.43	107	11.21
2-1.热带亚洲，大洋洲（至新西兰）和中、南美（或墨西哥）间断分布	1	1.76	7	14.29
4.旧世界热带	1	1.76	11	9.09
5.热带亚洲至热带大洋洲分布	1	1.76	10	10
8.温带分布	13	23.21	31	41.94
8-4.北温带和南温带间断分布“全温带”	4	7.14	12	33.33
9.东亚和北美间断分布	2	3.57	14	14.29
10.旧世界温带分布	1	1.76	11	9.09
12.地中海区，西亚至中亚分布	1	1.76	2	50
合计	56	100	255	21.96

1）世界分布科在吴起县有 20 科，占总科数的 35.71%。常见的科比如菊科、禾本科、蔷薇科、藜科、唇形科、百合科、石竹科、莎草科等，其中菊科、禾本科是本地区最大的科。它们在此地区出现的属主要是温带性质的属。其中蔷薇科是我国温带地区植物区系和植被组成的特征科，也是吴起县植被组成的主要科之一。

2）热带、亚热带分布类型（2～5 型），有 15 科，占总科数的 26.79%。其中泛热带分布是热带分布的最丰富的一种，共有 12 科，占总科数的 21.43%。它们的共同点是所含的属都具有一定的温带的性质，如豆科的草木樨属、棘豆属、野豌豆属，茜草科的茜草属等。热带亚洲、大洋洲（至新西兰）和中、南美（或墨西哥）间断分布的有 1 科，是鸢尾科，占总科数的 1.76%。其所含的鸢尾属具典型的北温带分布性质。旧世界热带分布科有 1 个，是紫葳科，占总科数的 1.76%。它所含的属为角蒿属，是典型的中亚分布。热带亚洲至热带大洋洲分布的科有 1 个，是木麻黄科。本区系所出现的热带、亚热带成分表明，本区系与热带植物区系有一定的联系。但所含有的属基本上都是温带分布性质，故这种联系的程度较小。

3）温带分布类型（8～12 型），有 21 科，占总科数的 37.5%。其中温带分布的科占主导地位，含 13 科，占总科数的 23.21%，反映了温带分布科的多样性。重要的科有毛茛科、伞形科、龙胆科、列当科、胡颓子科等。并且它们所含的属主要是典型的北温带分布，如翠雀属、扁蕾属、列当属等。北温带和南温带间断分布“全温带”的科有 4 个，占总科数的 7.14%。如，败酱科、麻黄科等。东亚和北美间断分布有 2 科，是小檗科和透骨草科，占总科数的 3.57%。旧世界温带分布和地中海区、西亚至中亚分布各含 1 科，分别为柽柳科、锁阳科，分别占总科数的 1.76%、1.76%。

4.2 属的分析

4.2.1 属的统计分析

本区共有种子植物160属，占中国种子植物属总数（3116属）的5.13%。属内种的组成的特点与科内种的组成的特点相似，即较少的属含较多的种，较多的属含较少的种。可以看出，含10种以上的属有1个，是蒿属，占总属数的0.63%，但却含有18种，占总种数的7.66%。含5～9种的属有1个，是菊属，含6种，占总种数的2.55%。含2～4种的属有38个，含91种，占总属数的23.75%，占总种数的38.72%。含1种的属有117个，占总属数的73.13%，占总种数的49.79%。单型属有3个，占总属数的1.88%，占总种数的1.28%（表2）。大科、大属在本区系中起重要作用。但含种数较少的属也是不可或缺的，往往还会形成优势群落。

4.2.2 属分布类型的统计和分析

根据吴征镒的“世界种子植物属的分布类型系统”的划分方法[21]，吴起县160属可划分为14个分布类型和11个变型（表4）。

表4 吴起县种子植物属的分布区类型

分布区类型	吴起县属数	占吴起县总属数百分比（%）	中国属数	占中国同类型属数百分比（%）
1.世界分布	25	—	104	24.04
2.泛热带分布	20	14.81	316	6.33
3.热带亚洲和热带美洲间断分布	1	0.74	62	1.61
4.旧世界热带分布	3	2.22	147	2.04
5.热带亚洲至热带大洋洲分布	1	0.74	147	0.68
6.热带亚洲至热带非洲分布	2	1.48	149	1.34
6-1.华南，西南到印度和热带非洲间断分布	1	0.74	6	16.67
7.热带亚洲（印度-马来西亚）分布	3	2.22	442	0.68
7-1.爪哇（或苏门答腊）、喜马拉雅和华南、西南星散	1	0.74	30	3.33
8.北温带分布	36	26.67	213	16.90
8-4.北温带和南温带间断分布“全温带”	16	11.85	57	28.07
8-5. 欧亚和南美温带间断分布	1	0.74	5	20.00
9.东亚和北美洲间断分布	5	3.70	123	4.07
10.旧世界温带分布	18	13.33	114	15.79
10-1. 地中海区、西亚和东亚间断分布	4	2.96	25	16.00
10-3. 欧亚和南部非洲（有时也在大洋洲）间断分布	2	1.48	17	11.77

续表

分布区类型	吴起县属数	占吴起县总属数百分比（%）	中国属数	占中国同类型属数百分比（%）
11.温带亚洲分布	5	3.70	55	9.09
12. 地中海区、西亚至中亚分布	4	2.96	152	2.63
12-3. 地中海区至温带-热带亚洲、大洋洲和南美洲间	2	1.48	5	40.00
13-1.中亚东部（亚洲中部）分布	1	0.74	12	8.33
13-2.中亚至喜马拉雅	2	1.48	26	7.69
14.东亚分布	2	1.48	73	2.74
14-1. 中国-喜马拉雅分布	2	1.48	141	1.42
14-2. 中国-日本分布	1	0.74	85	1.18
15.中国特有分布	2	1.48	257	0.78
合计	160	100	2763	5.79

注：各地理成分类型百分比不含世界分布类型。

1）世界分布属在吴起县有 25 属，主要是黄芪属（3）、铁线莲属（3）、早熟禾属（2）、苔草属（2）、龙胆属（2）、补血草属（2）、芦苇属、浮萍属、蓼属、堇菜属、猪毛菜属、飞蓬属、苍耳属、碱蓬属等。

2）热带亚热带分布类型（2～7 型）共 32 属，占总属数的 23.70%，其中泛热带分布占优势，有 20 属，是本区的第二大分布类型。其共同点是基本上都是分布到温带。常见的属，如狗牙根属、虎尾草属、孔颖草属、狼尾草属、大戟属、菟丝子属、鹅绒藤属、牡荆属等。热带亚洲和热带美洲间断分布的属有 1 属，是辣椒属。旧世界热带分布的属有 3 属。这 3 属分别是大沙叶属、木麻黄属、天门冬属。热带亚洲至热带大洋洲分布有 1 属，即荛花属。热带亚洲至热带非洲分布的属有 2 属，即香茅属、杠柳属，它们分布到亚热带、温带。华南，西南到印度和热带非洲间断分布的属有 1 属，即山黄菊属。热带亚洲（印度-马来西亚）分布的属有 3 属，即苦荬菜属、蛇莓属、韶子属，它们都分布至温带。爪哇（或苏门答腊）、喜马拉雅和华南、西南星散分布的属有 1 属，即锦香草属。本区所出现的热带、亚热带成分主要为本区南部草原成分，这表明本区的植物区系与热带、亚热带植物区系有一定的联系，但热带、亚热带成分并不是本区的主要成分。主产于热带、亚热带而分布至温带的区系成分在本区具有重要作用。

3）温带分布类型（8～14 型）共有 101 属，占总属数的 74.81%，其中北温带分布占首位，是本区分布的第一大类型，含 36 属。常见而重要的属，如风毛菊属、蒿属、蓟属、委陵菜属、葱属、虫实属、扁蕾属、鸢尾属、葛缕子属、锦葵属、梅花草属、紫堇属、列当属等，是林下、灌丛、草原常见的优势种类。柳属、杨属、松属等是构成本区常见的乔木层植物。北温带和南温带间断分布的属有 16 属，是本区的第四大分布类型。碱茅属、野豌豆属、唐松草属、獐牙菜属、茜草属、羊胡子草属、柴胡属、亚麻属、婆婆纳属、景天属等属在退耕的坡地、峁顶等处较为常见。欧亚和南美温带间断分布属有 1 属，即赖草属。东亚和北美洲间断分布属有 5 属，即胡枝子属、木兰属、野决明属、透骨草属。

旧世界温带分布属有 18 属，是本区第三大分布类型。菊属、蓝刺头属、麻花头属、毛连菜属、飞廉属、芨芨草属、隐子草属、草木樨属、百里香属、香薷属、沙参属等属的植物在本区较为常见。梨属的杜梨、柽柳属则零星散布在本区南部。沙棘属下的沙棘是吴起县大力推广的灌木树种。地中海区、西亚和东亚间断分布属有 4 属，即漏芦属、鸦葱属、天仙子属。桃属的山桃是退耕还林推广的树种。欧亚和南部非洲（有时也在大洋洲）间断分布属有 2 属，即莴苣属。苜蓿属下的紫花苜蓿是退耕封禁后的首选优良牧草。温带亚洲分布属有 5 属，即刺儿菜属、米口袋属、芯芭属是温带草原常见成分，杏属的山杏、锦鸡儿属的柠条锦鸡儿是退耕还林大力推广的，在吴起的部分区域已形成稳定群落。

地中海区、西亚至中亚分布属和地中海区至温带-热带亚洲、大洋洲和南美洲间断分布属分别有 2 属、3 属，即刺头菊属、野胡麻属、锁阳属和甘草属、牻牛儿苗属，这些都是干旱地区的建群成分。中亚东部（亚洲中部）分布属和中亚至喜马拉雅分布属分别有 1 属、2 属。分别是沙蓬属和蒿属、角蒿属。沙蓬属是我国新疆（特别是南疆）、甘、青至蒙古等地草原优势成分。蒿属、角蒿属多出现在温带草原和荒漠区，是本区的建群成分。东亚分布及其变型中国-喜马拉雅分布和中国-日本分布的属分别有 2 属、2 属、1 属。分别是狗娃花属、败酱属，扁核木属、侧柏属，地海椒属。它们都是产自我国西南和西北地区高原或高山、旱生类型。

4）中国特有属在本区分布有 2 属，占总属数的 1.48%，它们是山鸡谷草属、地构叶属。

4.3 种的分析

物种是植物区系地理的基本研究对象。对于小范围地区而言，种的区系地理成分更具有实际研究价值。由于目前尚无统一的种子植物种的分布类型划分方法，故参照目前通用习惯，将种的分布类型参照属[21]的地理分布，将吴起地区出现的种子植物归纳为如下（表 5）。

表 5 吴起县种子植物种的分布区类型

分布区类型	吴起县种数	占吴起县总种数百分比（%）
1.世界分布	38	—
热带、亚热带	（38）	（19.29）
2.泛热带分布	25	12.96
3.热带亚洲和热带美洲间断分布	1	0.51
4.旧世界热带分布	3	1.52
5.热带亚洲至热带大洋洲分布	1	0.51
6.热带亚洲至热带非洲分布	3	1.52
6-1.华南，西南到印度和热带非洲间断分布	1	0.51

续表

分布区类型	吴起县种数	占吴起县总种数百分比（%）
7.热带亚洲（印度-马来西亚）分布	3	1.52
7-1.爪哇（或苏门答腊）、喜马拉雅和华南、西南星散	1	0.51
温带	（157）	（79.70）
8.北温带分布	71	36.04
8-4.北温带和南温带间断分布“全温带”	18	9.14
8-5. 欧亚和南美温带间断分布	1	0.51
9.东亚和北美洲间断分布	7	3.55
10.旧世界温带分布	28	14.21
10-1.地中海区、西亚和东亚间断分布	6	3.05
10-3.欧亚和南部非洲（有时也在大洋洲）间断分布	3	1.52
11.温带亚洲分布	7	3.55
12. 地中海区、西亚至中亚分布	4	2.03
12-3. 地中海区至温带-热带亚洲、大洋洲和南美洲间断分布	3	1.52
13-1.中亚东部（亚洲中部）分布	1	0.51
13-2.中亚至喜马拉雅	2	1.02
14.东亚分布	3	1.52
14-1.中国-喜马拉雅分布	2	1.02
14-2.中国-日本分布	1	0.51
15.中国特有分布	2	1.02
合计	235	100

注：各地理成分类型百分比不含世界分布类型。

4.3.1 世界分布种

有38种，如苍耳（*Xanthium sibiricum* Patrin ex Widder）、飞蓬（*Erigeron acer* Linn.）、千里光（*Senecio scandens* Buch.-Ham.）、马唐［*Digitaria sanguinalis*（Linn.）Scop.］等，以及生长在溪边、河边的芦苇（*Phragmites communis* Trin.）、浮萍（*Lemna minor* Linn.）。本地区出现的世界分布种中不乏干旱草原生境常见种，如少叶早熟禾（*Poa paucifolia* Keng）、灌木铁线莲（*Clematis fruticosa* Turcz.）、棉团铁线莲（*Clematis hexapetala* Pall.）、薄翅猪毛菜（*Salsola pellucida* Litv.）、碱蓬［*Suaeda glauca*（Bunge）Bunge］、蓬子菜（*Galium verum* Linn.）矮莎草（*Cyperus pygmaeus* Rottb.）、菊叶堇菜［*Viola takahashii*（Nakai）Taken.］、早开堇菜（*Viloa prionantha* Bunge）、紫花地丁（*Viola philippica* Cav.）、雀舌草（*Stellaria alsine* Grimm.）、西伯利亚蓼（*Polygonum sibiricum* Laxm.）、狼尾花（*Lysimachia barystachys* Bunge）。达乌里龙胆（*Gentiana dahurica* Fisher）、远志（*Polygala tenuifolia* Willd.）等药材物种则多见于境内退耕坡地上。二色补血草［*Bicolor*（Bunge）Kuntze］、草木樨状黄芪（*Astragalus melilotoides* Pall.）、沙打旺（*Astragalus adsurgens* cv.

Huangheensis)、苦豆子（*Sophora alopecuroides* Linn.）等分布于沙盖黄土区退耕地。沙盖黄土的出现可能是本区地处毛乌素沙漠边缘的缘故。

4.3.2 热带亚热带分布种

占总种数的19.29%。其中泛热带分布种占优势，有25种。例如，狗尾草[*Setariaviridis*（L.）Beauv. Ess.Agrost.]、金色狗尾草［*Setaria glauca*（Linn.）Beauv.]、绿毛莠［*Setaria viridis*（L.）Beauv.]、地梢瓜[*Cynanchum thesioides*（Freyn）K.Schum.]、细野麻（*Boehmeria gracilis* C. H. Wright）等常见于沙棘、刺槐退耕林地以及路边、草甸。虎尾草（*Chloris virgata* Sw.）、白草（*Pennisetum centrasiaticum* Tzvel.）、狼尾草[*Pennisetum alopecuroides*（Linn.）Spreng.]、狗牙根[*Cynodon dactylon*（L.）Pers]、菟丝子（*Cuscuta chinensis* Lam.）、互叶醉鱼草（*Buddleya alternifolia* Maxim.）、鸡冠花（*Celosia cristata* Linn.）则为半干旱草原的常见种。地锦（*Euphorbia humifusa* Willd.）、乳浆大戟（*Euphorbia esula* Linn.）则沙棘退耕林中常见，也分别见于杨树、刺槐退耕林下。曼陀罗（*Datura stramonium* Linn.）、野西瓜苗（*Hibiscus trionum* Linn.）、中麻黄（*Ephedra intermedia* Schrenk ex Mey.）、薯蓣（*Dioscorea opposita* Thunb.）等常见于路边及荒坡上。山猪菜［*Merremia umbellata* subsp.orientalis（Hall. f.）v. Ooststr.］偶见于山杏退耕林下。荷莲豆草［*Drymaria cordata*（L.）Willd. ex Roem. Et Schult.］刺槐退耕林下。荆条［*Vitex negundo* var. *heterophylla*（Franch.）Rehd.］则常见于河北杨退耕林下。

热带亚洲和热带美洲间断分布只有1种，为辣椒［*Capsicam annuum* L.（*Capsicum frutescens* L.）]，偶见于柠条退耕林下。旧世界热带分布有3种：攀援天门冬（*Asparagus brachyphyllus* Turcz.）、木麻黄（*Casuarina equisetifolia* Forst.）；满天星（*Pavetta hongkongensis* Brem.）常分布于柠条退耕林地下，也常与莎草、蒙古蒿、萎陵菜等其中之一形成草甸群落。热带亚洲至热带大洋州分布种为河朔荛花（*Wikstroemia chamaedaphne* Meissn.），它是干旱、半干旱地区的典型种。热带亚洲至热带非洲分布种：香茅[*Cymbopogon citratus*（DC.）Stapf]，常见于本区半干旱草原；杠柳（*Periploca sepium* Bunge）常分布于沙棘、刺槐退耕林地，易见于多裂萎陵菜、莎草以及地皮等为建群种的群落中。热带亚洲（印度-马来西亚）分布种有：苦荬菜（*Ixeris polycephala* Cass.）、韶子（*Nephelium chryseum* Bl.）；蛇莓［*Duchesnea indica*（Andr.）Focke］常见于山杏林退耕地、柠条林退耕地、杨树林退耕地等，易于地椒、蒿类等形成稳定群落。

4.3.3 温带分布种

占总种数的79.70%，比例最大，其中属于北温带性质类型最多，占总种数的36.04%。这是由于吴起地处黄土高原中温带的缘故。在这些北温带分布的区系成分中，绝大部分都是北温带广布种类，其中不少种类都是典型的温带草原种类。例如，风毛菊[*Saussurea japonica*（Thunb.）DC.]、艾蒿（*Artemisia argyi* Levl. et Van.）、臭蒿（*Artemisia hedinii* Ostenf. et Pauls.）、黄花蒿（*Artemisia annua* Linn.）、蒙古蒿[*Artemisia mongolica*（Fisch. ex Bess.）Nakai]、茵陈蒿（*Artemisia capillaris* Thunb.）、猪毛蒿（*Artemisia scoparia* Waldst. et Kit）、冷蒿（*Artemisia frigida* Willd.）、茭蒿（*Artemisia giraldii* Pamp.）、牡蒿（*Artemisia japonica*

Thunb.)、刺盖(*Cirsium bracteiferum* Shih)、马刺蓟[*Cirsium monocephalum*(Vant.) Levl.]、麻花头蓟[*Cirsium serratuloides*(Linn.) Hill.]、碱菀(*Tripolium vulgare* Ness)、菊蒿(*Tanacetum vulgare* Linn.)、蒲公英(*Taraxacum monogolicum* Hand.-Mazz.)、紫菀(*Aster tataricus* Linn. f.)、冰草[*Agropyron cristatum*(Linn.)Gaertn.]、小画眉草(*Eragrostis minor* Host)、披碱草(*Elymus dahuricus* Turcz.)、长芒草(*Stipa bungeana* Trin.)、针茅(*Stipa capillata* Linn.)、多裂委陵菜(*Potentilla multifida* Linn.)、翻白草(*Potentilla discolor* Bge.)、翠雀(*Delphinium grandiflorum* Linn.)、飞燕草[*Consolida ajacis*(Linn.) Schur]、细叶韭(*Allium tenuissimum* Linn.)、山丹丹(*Lilium pumilum* DC.)、蒙古虫实(*Corispermum mongolicum* Iljin)、扁蕾[*Gentianopsis barbata*(Froel.)Ma]、细叶鸢尾(*Iris tenuifolia* Pall.)、马蔺[*Iris lactea* Pall. var. chinensis(Fisch.) Koidz.]、田葛缕子(*Carum buriaticum* Turcz.)、野胡萝卜(*Daucus carota* Linn.)、锦葵(*Malva inensis* Cavan.)、冬葵(*Malva verticillata* Linn.)、虎耳草(*Saxifraga stolonifera* Curt.)、地丁草(*Corydalis bungeana* Turcz.)、列当(*Orobanche coerulescens* Steph.)、短柄小檗(*Berberis brachypoda* Maxim.)等。沙盖黄土区退耕地常见的有:沙蒿(*Artemisia desertorum* Spreng.)、沙芦草(*Agropyron mongolicum* Keng)、二色棘豆(*Oxytropis bicolor* Bunge)、砂珍棘豆(*Oxytropis psammocharis* Hance)、大果琉璃草(*Cynoglossum divaricatum* Stapf et Drumm.)及乔木旱柳(*Salix matsudana* Koidz.)和灌木沙柳(*Salix psammophila* C. Wang et C.Y. Yang)等。本区还零星散生白蜡树(*Fraxinus chinensis* Roxb.)。油松(*Pinus tabulaeformis* Carr.)以及小叶杨(*Populus simonii* Carr.)吴起退耕还林的主要乔木树种,如今已在部分形成稳定群落。

北温带和南温带间断分布(全温带)类型有18种。例如,星星草[*Puccinellia tenuiflora*(Turcz.) Scribn. & Merr.]、野豌豆(*Vicia sepium* Linn.)、展枝唐松草(*Thalictrum squarrosum* Steph.et Willd.)、碱地肤[*Kochia sieversiana*(Linn.) Schrad.]、北方獐牙菜[*Swertia diluta*(Turcz.) Benth.et Hook.f.]、披针叶茜草(*Rubia lanceolata* Hayata)、茜草(*Rubia cordifolia* Linn.)、枸杞(*Lycium chinense* Miller)、白毛羊胡子草(*Eriophorum vaginatum* Linn.)、兴安柴胡(*Bupleurum sibiricum* Vest)、亚麻(*Linum usitatissimum* Linn.)、宿根亚麻(*Linum perenne* L.)、细叶婆婆纳(*Veronica linariifolia* Pall. ex Link)、米瓦罐(*Silene conoidea* Linn.)、缬草(*Valeriana officinalis* Linn.)、费菜(*Sedum aizoon* Linn.)等。欧亚和南美温带间断分布类型仅有1种,即赖草[*Leymus secalinus*(Georgi) Tzvel.]。

东亚和北美洲间断分布类型有7种。如草原及退耕林下常见种,达呼里胡枝子[*Lespedeza davurica*(Laxm.) Schindl.]、牛枝子(*Lespedeza potaninii* Vass.)、铁扫帚(*Magnolia bungeana* Steud.)、透骨草(*Phryma leptostachya* Linn. var. asiatica Hara)等。披针叶黄花(*Thermopsis lanceolata* R.Br.)则在沙盖黄土区退耕地常见。紫穗槐(*Amorpha fruticosa* Linn.)是吴起退耕还林主要树种之一。

旧世界温带分布类型有28种。例如,黄花小山菊[*Dendranthema hypargyrum*(Diels) Ling et Shih]、楔叶菊[*Dendranthema naktongense*(Nakai) Tzvel.]、野菊(*Dendranthema indicum*(Linn.) Des Moul.]、甘菊[*Dendranthema lavandulaefolium*(Fisch. ex Trautv.) Ling et Shih]、砂蓝刺头(*Echinops gmelini* Turcz.)、麻花头(*Serratula centauroides* Linn.)、蓼子朴[*Inula salsoloides*(Turcz.) Ostenf.]、飞廉(*Carduus crispus* Linn.)、芨芨草

[*Achnatherum splendens*（Trin.）Nevski]、丛生隐子草（*Cleistogenes caespitosa* Keng）、草木樨（*Melilotus suaveolens* Ledeb.）、百里香（*Thymus mongolicus* Ronn.）、展毛地椒[*Thymus quinquecostatus* Celak. var. *przewalskii*（Kom.）Ronn.]、刺齿枝子花（*Dracocephalum peregrinum* Linn.）、香薷[*Elsholtzia ciliata*（Thunb.）Hyland.]、益母草[*Leonurus artemisis*（Lour.）S. Y. Hu]、无柄沙参（*Adenophora subsp. sessilifolia* Hong）等。乔木杜梨（*Pyrus betulaefolia* Bge.）和柽柳（*Tamarix chinensis* Lour.）散生在本区。沙棘（*Hippophae rhamnoides* Linn.）则是吴起退耕还林面积最大的树种，目前已形成稳定的群落。

属于地中海区、西亚（或中亚）和东亚间断分布类型的有：祁州漏芦（*Stemmacantha uniflora*(L.)Dittrich)、帚状鸦葱(*Scorzonera pseudodivaricata* Lipsch.)、笔管草(*Scorzonera albicaulis* Bunge）等；山桃[*Amygdalus davidiana*（Carr.）C.de Vos ex Henry.]是吴起退耕还林的主要树种，目前已形成稳定的群落。属于欧亚和南部非洲（有时也在大洋洲）间断分布类型的种有：蒙山莴苣[*Lactuca tatarica*（L.）C. A. Mey.]、野苜蓿（*Medicago falcata* Linn.)，紫花苜蓿（*Medicago sativa* Linn.）是吴起退耕还林首选的牧草种，目前种植面积较大，已形成稳定的群落。

属于温带亚洲分布类型的种有：刺儿菜[*Cephalanoplos segetum*（Bunge）Kitam.]、大刺儿菜[*Cephalanoplos setosum*（Willd.）Kitam.]、米口袋（*Gueldenstaedtia multiflora* Bunge)、蒙古芯芭（*Cymbaria mongolica* Maxim.）等，其中柠条锦鸡儿（*Caragana korshinskii* Kom.）和山杏[*Armeniaca sibirica*（L.）Lam.]是吴起退耕还林的主要灌木和乔木树种。属于地中海区、西亚至中亚分布类型的有：刺头菊（*Cousinia affinis* Schrenk)、野胡麻（*Dodartia orientalis* Linn.)、锁阳（*Cynomorium songaricum* Rupr.)、蚓果芥[*Torularia humilis*（C.A.Mey.）O. E. Schulz]等。属于地中海区至温带-热带亚洲、大洋洲和南美洲间断分布类型的有：甘草（*Glycyrrhiza uralensis* Fisch.）和牻牛儿苗（*Erodium stephanianum* Willd.）等。属于中亚东部（亚洲中部）分布类型的是沙蓬[*Agriophyllum squarrosum*（Linn.）Moq.]。属于中亚至喜马拉雅和我国西南部分布类型的有：女蒿[*Hippolytia trifida*（Turcz.）Poljak.]和角蒿（*Incarvillea sinensis* Lam.）等。属于东亚分布类型的有：阿尔泰狗娃花[*Heteropappus altaicus*（Willd.）Novopokr.]和岩败酱[*Patrinia rupestris*（Pall.）Juss.]等。属于中国-喜马拉雅分布类型的有：蕤核（*Prinsepia uniflora* Batal.)，侧柏[*Platycladus orientalis*（Linn.）Franch.]是吴起退耕还林的主要树种，现已形成稳定的群落。属于中国-日本分布类型的是地海椒[*Archiphysalis sinensis*（Hemsl.）Kuang]。

4.3.4 中国特有种

种类比较少，仅有两种：山鸡谷草[*Neohusnotia tonkinensis*（Balansa）A.Camus]和地构叶[*Speranskia tuberculata*（Bunge）Baill.]。

5 结论

1）吴起种子植物区系的种类比较丰富，种子植物有56科160属235种。其中裸子植物3科3属3种，被子植物53科157属232种。被子植物中双子叶植物47科126属186种，单子叶植物6科31属46种。双子叶植物无论科、属、种均占绝对优势，单子叶植物次之，裸子植物比例最小。

2）吴起植物区系地理成分复杂，包括了种子植物科的8个分布类型和2个变型，以及种子植物属的14个分布类型和11个变型。

3）退耕还林后，吴起植物区系科的分布型中，热带亚热带成分占了26.79%，温带成分占了37.5%；属的分布型中，热带亚热带成分占了23.70%，温带成分占了74.81%。温带成分构成了本区系的主体，本区系属于温带性质。同时本区系又有丰富的热带亚热带成分，表明了本区植物区系的明显的热带亚热带向温带过渡性。

4）吴起植物区系属、种的特有化程度不高，仅有中国特有分布属2个、包含中国特有分布种2个。特有成分少是由于区域小的缘故。另外，就黄土高原来说也是年轻的地质历史，区系成分没有形成特有类群。更应该在退耕还林建设中予以保护。

参考文献

[1] 应俊生，张玉龙. 中国种子植物特有属. 北京：科学出版社，1994.

[2] 张勇，王一峰，王俊龙，等. 甘肃藜科植物区系地理研究. 兰州大学学报（自然科学版），2005，4（2）：41-45.

[3] 成明昊，石胜友，周志钦，等. 横断山区苹果属植物区系地理学研究. 中国农业科学，2004，37（11）：1666-1671.

[4] 彭华. 滇中南无量山地区的种子植物. 昆明：云南科技出版社，1998.

[5] 王娟，马钦彦，杜凡，等. 云南大围山种子植物区系海拔梯度格局分析. 植物生态学报，2005，29（6）：894-900.

[6] 张存厚，刘果厚. 浑善达克沙地种子植物区系分析. 应用生态学报，2005，16（4）：610-614.

[7] 邓红兵，王青春，代力民，等. 长白山北坡河岸带群落植物区系分析. 应用生态学报，2003，14（9）：1405-1410.

[8] 张绪良，丰爱平，隋玉柱，等. 胶州湾海岸湿地维管束植物的区系特征与保护. 生态学杂志，2006，25（7）：822-827.

[9] 何友均，杜华，邹大林，等. 三江源自然保护区澜沧江上游种子植物区系研究. 北京林业大学学报，2004，26（1）：21-29.

[10] 郑朝贵，朱诚，汪美英，等. 安徽琅琊山种子植物区系科属地理成分分析. 南京林业大学学报（自然科学版），2005，29（3）：85-90.

[11] 茹文明，张峰. 山西五台山种子植物区系分析. 植物研究，2000，20（1）：36-47.

[12] 朱华，许再富，王洪，等. 西双版纳片断热带雨林植物区系成分及变化趋势. 生物多样性，2000，8（2）：139-145.

[13] 王娟，马钦彦，杜凡. 云南大围山国家级自然保护区种子植物区系多样性特征. 林业科学，2006，42（1）：8-15.
[14] 张希彪，郭小强，周天林，等. 子午岭种子植物区系分析. 西北植物学报，2004，24（2）：267-274.
[15] 西北植物研究所. 黄土高原植物志（第一卷）. 北京：科学出版社，2000.
[16] 西北植物研究所. 黄土高原植物志（第二卷）. 北京：中国林业出版社，1992.
[17] 陕北建设委员会，西北植物研究所. 黄土高原植物志（第五卷）. 北京：科学技术文献出版社，1989.
[18] 吴征镒，周浙昆，李德铢，等. 世界种子植物科的分布区类型系统. 云南植物研究，2003，25（3）：245-247.
[19] 吴征镒. 世界种子植物科的分布区类型系统的修订. 云南植物研究，2003，25（5）：535-538.
[20] 李锡文. 中国种子植物区系统计分析. 云南植物研究，1996，18（4）：363-384.
[21] 吴征镒. 中国种子植物属的分布区类型. 云南植物研究，1991，13（S4）：1-139.

城市居住区绿化浅议*

阮 煜 蔡 彤 张 纯 薛君艳 刘 怡

摘要

本文通过对城市居住区绿化的功能，现状和不足以及解决途径进行探讨和研究，表明了城市居住区绿化的重要意义，也预示了城市居住区绿化设计的发展前景和趋势。

关键词：居住区；居住区绿化；绿化

随着社会的不断发展，人们逐渐向城镇、城市、城市带聚居，以获取便利的交通、生活设施和信息交流等方面的服务。这使得我国的城镇化水平显著提高，城市建设空前繁荣。但伴随而来的人口增多、资源缺乏、环境恶化等问题也不断出现。身心疲惫的现代人比以往更渴望生活在自然美丽的环境中。而城市中的居住区作为城市人民主要的生活栖息场所，其周围环境的建造就显得更为重要，因此我们对城市居住区绿化进行一定的研究也是十分必要的。

1 居住区绿化的功能

居住区绿化的功能是多方面的。概括起来讲，可以分为物质功能和精神功能。

在物质功能方面主要是绿色植物具有净化空气、减弱噪声、改善小环境的作用，能从客观上切实有效的改善居住环境。

而在精神功能方面，主要来源于人们的内心感受。居住区中配置一年四季色彩富有变化的植物，配以水面的衬托，亭、廊、桥的精心点缀，迂回曲折的林荫小道，其相互映衬使人们尽情享受大自然的风光，赋予人们生活情趣。

2 居住区绿化的现状和不足

2.1 我国居住区绿化的现状

一般来说，生活居住用地占城市用地的50%～60%，而居住区绿地占居住区用地的

* 原载于：杨凌职业技术学院学报，2007，6（3）：38-41.

30%～60%。由于我国人多地少，城市用地紧张，长期以来绿地指标与国外许多发达国家相比一直偏低，居住区的绿地系统长期以来得不到重视，发展缓慢。甚至很多老居住区一眼望去都是只有楼房没有绿色。

直到近些年，我国城市居住区的绿化水平才有了较大的提高。大多数居住区已经意识到环境绿化的重要性，扩大了绿地面积并采用了比较合理的植物配置，乔木、灌木、花卉以及草坪都能充分运用于绿化设计中。栽植方式也有所创新。各种设施配置也日趋完善，小区中的雕塑、垃圾桶、座椅、亭、廊的设计水平均有较大的提高。一些示范居住区，高档住宅的小区绿化设计水平与配套设施更高于一般的居住区。绿地率和人均公共绿地面积的指标也都比较令人满意。小区绿地率几乎都在 30%以上，人均公共绿地面积大多也在 1.5m^2 以上。

2.2 我国居住区绿化的不足

由于我国的住宅建设正处于由计划经济向市场经济转轨的历史时期，良性、平稳的住宅市场尚未形成，管理规范还不够完善。投资开发商的水平和喜好直接或间接影响着环境绿化设计的方向和水平。另外，在我国现行的设计体制中，建筑和园林是截然分开的两个行业，一般居住区都只在建筑布局后，将剩下的地块供园林设计师“填空”，这样就极大地妨碍了绿化整体效果的表现。再加之一些其他的主客观原因，造成了今天城市居住区绿化存在的一些主要问题。

1）居住区绿化建设未能异地制宜。一些居住小区没有将原有地形、自然植物与水面和绿化结合起来，而是大兴土木、任意采伐，不仅破坏了原有自然环境还浪费了大量的人力物力；盲目引进外来树种，奇花异树，却因地理位置，管理技术不适当等原因导致死亡的现象屡见不鲜；一味模仿城市公园或照搬其中片断，使小区中的小游园变成了孤立的“园林”，破坏了整体的和谐统一，也缺少生活情趣。

2）人均绿地面积较低。由于城市化进程的加速，居住区用地的紧张，越来越多的居住区建造了一批又一批的高层住宅，极大地改变了居住区中传统的空间绿地，组团绿地的布局。在绿地总量不变的条件下，虽然增加了公共绿地的面积，却使人均绿地面积降低了，造成了居住区环境的恶化。

3）过分强调草坪绿化。许多居住区过分追求明快开阔的视觉效果以及绿化的美化作用。大面积种植草坪或疏林草地，花灌木。致使绿量减少，实际绿化效率降低，生态效益变差。而且无形中增大了小区的物业管理费用。

4）绿化设计缺乏特色。居住区绿化设计缺乏地方特色和文化特色，各小区甚至各地区都千篇一律；植物种植往往过于单调乏味或烦琐零碎，结构简单，层次感不强，物种丰富性不足，缺乏地域特点。

5）游憩活动场地等设施发展滞后。目前居住区绿地中的活动场地普遍不足，体育活动场地尤其缺乏；没有考虑到老人和儿童的心理特征，为他们建造一个合理的游憩活动场所；没有为伤残人员设计无障碍通道，也没有为盲人设计盲人道或扶栏等便利设施。

3 居住区绿化中存在问题的解决途径

只有通过增加居住区的绿地指标，合理进行植物配置和树种选择，合理进行绿地规划设计，并将这些有机结合起来才能够有效地解决上述问题。

3.1 居住区的绿地指标

居住区的绿地指标是衡量居住区绿化水平的一个先决因素。

建设部颁布的行业标准《居住区规划设计规范》中规定："我国新建居住区绿地率不低于30%，旧区改造不低于25%；组团绿地不少于0.5m^2/人，小区绿地（含组团）不少于1m^2/人，居住区绿地（含小区与组团）不少于1.5m^2/人，旧区改造可酌情降低，但不得低于相应指标的50%。

近年来，许多地区使用"公共绿化率"，即居住区小游园和组团绿地及其他块状、带状绿地占居住区总用地之比这一测算方法。一般环境较好的小区公共绿化率可达15%。至少还有15%的绿地得从宅旁和一些公建的绿化中获得才可以保证小区达到30%的绿化率。即居住区绿地中的50%以上是宅旁绿地和小区道路绿地，可见搞好小区中的宅旁绿地，可以在很大程度上弥补小区公共绿地的不足。

3.2 居住区绿化中植物配置和树种选择

3.2.1 植物配置

园林植物配置是将园林植物等绿地材料进行有机结合，以满足功能和观赏要求。理想的配置会为整个绿化效果增色不少。在具体进行植物配置的过程中要尽量坚持以下原则。

1）将乔木、灌木、花卉、草坪配置成高、中、低及地被层，各个层次要分明并注重色彩的简洁明快。

2）植物种类不易繁多，但也要避免单调。在确定统一的基调上，树种力求变化，还要创造优美的林冠线和林缘线。

3）在栽植上除了特别需要行列栽植外，一般都要避免等距离的栽植，可采用孤植、对植、丛植等方法，适当运用对景、框景等造园手法。

4）在种植设计中，充分利用植物的观赏特性，进行色彩的组合与协调，通过植物的叶、花、果实、枝条和干皮等显示的色彩，在一年四季中的变化为依据来布置植物，创造季相景观。

5）注意选择一些在观形、闻香、赏色、听声等方面有特殊观赏效果的植物。不仅可满足人们五官的愉悦要求还可以制造出不同的意境。

3.2.2 树种的选择

树种选择的一个总原则就是根据当地的气候、土壤条件，选择居民喜闻乐见的树种，最好是乡土树种，辅以边缘树种，结合速生树种，注意突出特色。一般来说要尽量达到以下要求。

1）冠幅大，枝叶密。例如国槐、栾树、银杏、悬铃木等。

2）发芽早，落叶迟，可以有较长的绿色期。例如旱柳、迎春、金银木等；花繁叶茂，花期长。如月季、紫薇等。

3）根据树种喜阴喜阳、耐水湿耐干旱、喜酸喜碱以及其他抗性等生理生态的差异选择合适树种。如垂柳耐水湿、构树耐瘠薄、桃叶珊瑚耐荫等。

4）选择深根性树种。

5）选择落果少、无飞絮，无毒、无刺激性的树种。经常落果或飞毛会污染环境，而毒、刺会使人们受到伤害，如夹竹桃的毒汁，花椒、玫瑰、黄刺玫的刺。

6）选择寿命长，短期内不必更换的树种，如银杏、槐树、楸树、栾树等。

7）所选树种要管理粗放，病虫害少，耐修剪；草坪草种要耐践踏。

常见居住区绿化植物见表1。

表1　常见居住区绿化植物配置表

序号	分类	植物举例
1	常绿针叶树	乔木类：雪松、黑松、龙柏、马尾松、桧柏 灌木类：（罗汉松）、千头柏、翠柏、匍地柏、日本柳杉、五针松
2	落叶针叶树（无灌木）	乔木类：水杉、金钱松
3	常绿阔叶树	乔木类：香樟、广玉兰、女贞、棕榈 灌木类：珊瑚树、大叶黄杨、瓜子黄杨、雀舌黄杨、枸骨、桔树、石楠、海桐、桂花、夹竹桃、黄馨、迎春、撒金珊瑚、南天竹、六月雪、小叶女贞、八角金盘、栀子、蚊母、山茶、金丝猴、杜鹃、丝兰（波罗花、剑麻）、苏铁（铁树）、十大功劳
4	落叶阔叶树	乔木类：垂柳、直柳、枫杨、龙爪柳、乌桕、槐树、青桐（中国梧桐）、悬铃木（法国梧桐）、槐树（国槐）、盘槐、合欢、银杏、楝树（苦楝）、梓树 灌木类：樱花、白玉兰、桃花、腊梅、紫薇、紫荆、戚树、青枫、红叶李、贴梗海棠、钟吊海棠、八仙花、麻叶绣球、金钟花（黄金条）、木芙蓉、木槿（槿树）、山麻秆（桂圆树）、石榴
5	竹类	慈孝竹、观音竹、佛肚竹、碧玉镶黄金、黄金镶碧玉
6	藤本	紫藤、络石、地绵（爬山虎、爬墙虎）、常春藤
7	花卉	太阳花、长生菊、一串红、美人蕉、五色苋、甘蓝（球菜花）、菊花、兰花
8	草坪	天鹅绒草、结缕草、麦冬草、四季青草、高羊茅、马尼拉草

3.3　居住区绿地的总体设计

居住区绿地应以植物造景为主，充分利用原有自然条件，因地制宜。以宅旁绿地为基础，以中心绿地为核心，以道路绿地为网络。既要保持格调的统一，又要在立意构思，布局方式、植物选择等方面做到多样，在统一中力求变化。最终使绿地均匀分布在居住区内部，使绿地指标、功能均得到平衡。

针对不同的绿地类型要有具体的设计方法。

（1）居住区外围绿地

居住区外围绿地应充分考虑其周围环境进行规划设计。例如有的居住区临近城市主干道，由于车辆多，噪声大，这时绿地的规划要重视防护林的布置，一般以冠大干高的落叶树，常绿树以及花灌木相互配植，增强其降低噪声，减弱灰尘以及安全防护的作用，行数以三行以上为好。如果用地充足，应考虑在防护林带内布置小型休息地，以尽可能地使居住区建筑远离城市主干道，使居民有一个良好的休息环境。同理，如果附近有工矿企业、喧闹场所等对居民有影响的休息单位，都要注意防护林的布局。

（2）中心绿地

中心绿地位于小区的公共中心区域，为本居住区居民提供商业，文化，娱乐等服务。一般按面积大小，居民人数多少分为居住区公园、小游园、组团绿地三级，其设计方法基本相同。但规模上，居住区公园最大，可容纳较多设施，内容比较丰富。小游园和组团绿地依次降级。因此，小游园和组团绿地则应以植物造景和简单的休息停坐设施为重点进行设计。

其中，居住区公园要有一定的地形地貌，小型水体；有功能分区，景区划分，除花草树木以外，有一定比例的建筑、活动场地、园林小品、活动设施。一般来说，最好有体育活动场地，适应各年龄组的游戏场及小卖部，茶室、棋牌、花坛、亭廊、雕塑等活动设施。应注意不要将活动场地设在交叉路口，以免发生交通事故。一般夏季的夜晚，游人较多，因此广场或活动区应加强照明设施、灯具造型、夜香植物的布置。小游园与组团绿地可根据面积大小与位置来选择设施。最好选择简洁耐用的小品，如坐凳、花架、小型雕塑及水景等。适当配以简单的铺装广场以便于集散居民。

（3）宅旁绿地

低层行列式住宅在中小城市较为普遍，在住宅向阳面应以落叶乔木为主，采用一种简单，粗放的形式，以利于夏季和冬季采光。在住宅北侧，由于地下管道多，又背阴，应选择耐荫花木及草木，以绿篱围出一范围空间，这样层次，色彩都比较丰富。在相邻两幢之间，可以起隔声遮挡和美化的作用，又能为居民提供就近游憩的场地。在住宅的东西两侧，种植一些落叶乔木或设置绿色荫棚，种植豆类等攀缘植物，把朝东西的窗户全部遮挡，可有效减少夏季东西日晒。在靠近房基处应种植一些低矮的花灌木，以免遮挡窗户，影响室内采光。高大的乔木要离建筑 5～7m 以外种植，以免影响室内通风。

（4）居住区道路绿化

根据居住区规模和功能要求，居住区道路可分为三级或四级，道路绿化要和各级道路功能相结合。

（5）居住区公共设施周围绿地

居住区公共设施周围的绿化问题常常出在锅炉房，垃圾台及停车场上。锅炉房、垃圾台是一个居住区中不可缺少的设施，但又是最影响环境清新整洁的部位。绿化设计主要应以保护环境，隔离污染源、隐蔽杂乱改变外部形象为宗旨。在保证运输车辆进出方便的前提下，在周边采用复层混交结构种植乔灌木。墙面用攀缘植物进行垂直绿化，给人们以轻松而不厌恶的整洁外貌。

4 居住区绿化的前景和趋势

居住区绿化的前景十分广阔，《中国21世纪议程》提出居住区发展目标："建设规划布局合理、配套设施齐全、有利工作、方便生活、住区环境清洁优美、安静，居住条件舒适的人类居住区。"根据现在居住区绿化的发展方向，结合未来人们的审美。估计在将来主要会出现以下几种趋势。

1）绿化美化要有所创新，创造出与现代建筑风格相和谐的绿化风格及绿地景观。

2）人们将不再满足于功能单一的绿化空间，而是要求绿地与环境设施相结合，共同满足舒适，卫生、安全、美观的综合要求。

3）居住区绿化美化要随着时代的发展而不断变化，要不断加入现代元素的同时又要有文化内涵和历史底蕴。

4）环境为源，以人为本。创造亲切的绿化空间便于人们彼此交流，交往。使整个社会氛围更和谐。

5）不同地域不同城市应发展具有自己地区文化特色的绿化环境，才会更有生命力。从而使居住区的绿化水平达到质的飞跃。

6）提高屋顶花园及墙体等立体空间的绿化运用，在不增加绿化用地的同时，提高绿化覆盖率。

我国与其他发展中国家的都市农业发展

李 琴

摘要

都市农业从 20 世纪 60 年代以来成为全球发展和研究的重要领域，被公认具有经济、社会和生态三大功能。在其他发展中国家，都市农业在提供食物供应、增加家庭收入、维护环境生态等方面发挥着重要作用，但在缺乏规划和政策指导的情况下，也存在其发展障碍。在我国，都市农业实践历史比较短，主要以现代化高科技农业的形式出现，对城市发展的多功能效应还远未被充分开发出来。

关键词：都市农业；可持续发展；发展中国家

高速城市化不仅带来了城市经济的繁荣，也给城市的生态环境造成了前所未有的压力，与城市化伴生的还有一系列社会问题。如何促进城市经济、社会和环境的协调发展是各国城市政府最关心的问题。事实证明，都市农业有助于协调和解决现阶段大多数城市发展中的各种问题。

都市农业从 20 世纪 60 年代以来成为全球研究的新兴领域。最先的工作主要是由地理工作者和城市管理者来做的，他们的兴趣在于研究快速城市化和郊区退化，即城市与农业间的关系。在 80 年代，国际发展合作组织们在全世界的发展中国家中提倡集体和家庭花园的实践。90 年代以后，都市农业有了更大的发展。这些研究强调在城市市政范围内从事的最初的农业生产活动以提供食物和健康，抵制饥饿和营养不良，提供经济安全性为目的。实际上，都市农业通过在废物转换、节省自然资源、预防土壤流失、绿化和消减污染等方面的作用而增加了环境的生态可持续性，进而促进了社会的可持续性发展。

1 都市农业在其他发展中国家的发展

在发展中国家，城市范围内的农业生产不是个新鲜事物。联合国开发计划署估计，在 20 世纪 90 年代中期，大约有 8 亿城市居民从事城市农业得到生产或商业活动[1]。从 20 世纪 70 年代末到 80 年代初期，都市农业经历了一场剧烈的转变。在非洲，城市种植已成为其景观的永久性的一部分。在 20 世纪 80 年代初，有 10%～25%的城市人口从事都市农业，90 年代，这个数字上升为 70%，亚洲是 60%[2]。在坦桑尼亚首都，从事农业生产的家庭从 1967 年的 18%上升到 1991 年的 67%，这使得都市农业成为继小型贸易之后第二个最大的雇主行业[3]。

1.1 都市农业与城市化进程

据人口学家分析，全世界有接近一半的人口居住在城市，发达国家的城市人口占总人口的 70%以上，发展中国家平均城市人口占总人口的比重为 35%。由于城市交通高度密集，城市的空气质量下降和噪音污染较大；城市人口的过度密集和高度城市化的生活方式使城市生活用水的水质水量以及水源问题突出；城市规模的扩大和建筑设施的激增使城市绿地进一步缩小；玻璃建材的大量使用和无线电通讯的飞速发展加剧了光、电磁波的污染等；新的城市生活方式的引进也驱使原有文化和习俗的衰退等。人口的都市化形成了都市化社会，这会降低农业作为基础产业的竞争力，并促使第二产业和第三产业迅速发展，但是，都市化社会的形成对农业的发展也有一定的好处。随着都市化社会的形成，可以吸引农村人口流向城市，使愿意继续务农者有了扩大经营规模的可能性。

1.2 都市农业的场所和从业人员及其动机

都市农业的增加创造了新的生产空间。很多的从业者选择了房屋后院和建筑物周边来栽培，甚至侵占了部分公共用地和公园。在这些用地中有些是有其他的用途，如公路辅道、机场佐道及一些不适合建筑物的地带，如河边、涝原、湿地和陡峭坡地。

在发展中国家，特别在非洲撒哈拉边缘国家和南亚，从事种植业的主要是妇女[4，5]。这似乎有两个主要原因：首先城市种植业相对更容易切入妇女日常的工作方式。种植地一般比较接近居住地，这使得家庭的女性成员更易于在其他工作的间歇来从事种植。第二，来自发展中国家的不同报告表明，男人一般不把城市农业作为事业来经营，而仅仅当作一种边缘性的活动。这种明显的性别划分显示了两个重要的后果。首先是都市农业在城市居民中的增加加剧了妇女的负担，这也使妇女不能获得更高收入的正式或非正式的职业。从这种意义上讲，都市农业成为一种低收入的陷阱，限制了低技能的妇女[6]。研究也表明，一般而言，妇女很乐于从事都市农业的活动。都市农业因而成为一项重要的生计方略，尤其对妇女而言。

尽管在发展中国家大多数都市农业的产物用于生活所需，但也存在其他动机。一些高收入家庭通过种植高产量的作物来达到更多的财富积累，同时一些中产家庭利用城市种植来巩固其状态，保证家庭的优势状态。当然，大部分的从业者把种植业作为生存手段，城市农业也就成为城市家庭的一种生存策略[7]。

1.3 都市农业的贡献和积极作用

正确管理下的都市农业对城市环境具有以下贡献：①能够稳定提供给城市居民新鲜食物，特别对最贫穷的人群；②是对城市区域内空地的生产性利用；③通过对有机废料用做农肥的利用，可以提供有效的环境管理模式——这对关注固体和液体废弃物的处理的城市决策者来说，会影响到他们的决定，这对都市农业的发展有重要的作用。都市农业的发展可以解决乡村人口的就业问题和城市人口的休闲娱乐问题。都市农业有比传统农业更长的产业链，而且不仅具有产品功能，更具有服务功能，这会带来更多的就业机会和更大的发展空间，有助于解决劳动力过剩的现实问题。

2 都市农业的重要性

都市农业的重要性表现在：①是城市贫民的部分收入来源；②是城市居民禽类产品，蔬菜，日用品的来源；③是城市有机垃圾的产生者和使用者，包括植物和动物的。

都市农业具备的优势可以大体分为以下几方面。

2.1 社会优势

都市农业在提高城市居民生活水平上有明显的优势，特别对那些只有最低收入水平，食物依赖当地自产的人群。当城市化加剧，人口增加，对充足食物的需求也增长了。种植或获得当地生产的食物成为在城市生存的重要因素，所以，都市农业在城市贫民的生活福利方面起着重要的作用。由此而空闲的资源，可以用来购买其他种类的食物，如鱼和水果，起到平衡饮食结构的作用。一般而言，城市贫民更多地依赖现金收入来购买食物。日常饮食摄入量因而根据每天的收入和市场价格而变化。所以，对自产农产品的稳定摄入将降低城市居民对不稳定收入的依赖，并改善他们的营养水平。

2.2 经济优势

由于大部分的都市农业产物最终用于生活消费，所以对都市农业的经济影响做评价很困难。然而，毫无疑问的是都市农业对城市的经济活力起着相当大的作用，正如前面所描述的，以前的限制于购买食物的资源现在可以转移到其他更紧迫的需求，如学费，医疗费，房租等。这样不可避免地增加了家庭的机动空间，尤其对作为都市农业主要从事人员的妇女而言，更是如此。从这样的途径来看，都市农业可以作为妇女的职业，同时促进家庭其他成员福利的提高。

2.3 环境优势

除了都市农业带给种植者直接营养方面的益处外，环境优势同样值得关注。都市农业领域内的增加植被可以减少灰尘，吸收污染物质，增加空气含氧量。树木和植物还可以增加干燥环境的湿度，并通过把地下水转化成大气湿度产生的热量来降低辐射。种植还具有城市景观意义上的价值，可以通过把不悦目的地块变成绿地来保持城市景观。此外，在发展中国家还有对燃烧用木料的持续需求，这也可以部分的从城市和城郊地带的森林中得到满足。都市农业对一个发达的城市环境也可以做出贡献。改善环境的最有效途径之一是促进有机废物的循环。有机废物中的成分很容易在城市和城郊的地块里以肥料的形式而被利用。

3 都市农业的问题

都市农业有好几方面的益处，但发展都市农业并不是完全没有问题的。不可否认的是，在缺乏有效规划和管理的情形下，都市农业对周遭的环境的确具有潜在的健康危害。当固体垃圾被处理时，或废水被用来灌溉和养鱼时，会有多种问题产生。堆肥的管理不善会引起多种疾病发生，其中废气会引起支气管炎、肺结核、痢疾和癌症。而且，土壤和空气中的铅是一种主要的污染物，会在叶片蔬菜的叶子中聚集。另外一方面，都市农业中可能会大量使用化肥，化肥的滥用必然又带来潜在和深远的环境问题。

4 都市农业的发展障碍

4.1 都市农业在城市发展中的合法地位未被明确

都市农业在一定程度上被认为是一种“缓解危机”的策略。在世界各地，尤其是欠发达地区，越来越多的居民从事农业活动，因为他们不得不应对频繁爆发的食物危机。另外，干旱、经济崩溃，政治和经济环境的变化或对现有的农业实践缺乏信心，还有废物处理问题等各式各样的危机都会使得规划师和决策者去关注都市农业，因为它为城市提供食物保障、增加居民的收入并且改善人们的生活水平。都市农业作为一种有效的应急措施，被提上了城市规划的议事日程。但危机结束后，都市农业又何去何从呢？很多案例表明，政府对都市农业的依赖随着危机的缓解或结束就大大减弱了。这种不合法的状况影响到城市决策者的认识，进而造成都市农业的发展缺乏政策引导和科学规划。

4.2 都市农业生产的土地和人力资源限制

土地作为一种稀缺资源，一直以来是影响城市发展的最核心要素。而都市农业较之其他占主导地位的工业、商业和居住用地，其经济上的竞争力通常显得不足。这就使得都市农业在空间分布上呈现出一种不稳定的趋势，常常被其他经济活动所抵占。

4.3 乱伐和偷盗带来的不可靠收益

作为一种反对城市种植的强制措施，市政工作者会不定期地破坏或砍伐公共用地上的庄稼，即使在食物短缺的时间。另外，很多从业者不得不把防盗作为每天要面对的事务。Freeman[8]证明在肯尼亚几乎半数的从业者遭遇到偷盗，其中又大部分受害者是妇女。Smith[9]的发现也证实，在津巴布韦首都，60%的从业者有同样经历。由于法律的限制和偷盗，城市农业在将风险降到最低的情况下发展着。一些种植者选择生产一些产量低且似乎不具消费性的蔬菜，以躲避官方和盗贼的注意。其他人选择种植短生长期的庄稼，以缩短时间，降低砍伐和偷盗的风险。然而这种策略降低了产量。因此，这些这种方式使得种植者，最终是城市蒙受到产量损失的结果，进而加剧了城市食物的缺乏[10]。

5 我国都市农业发展概况

从1995年开始，我国进入城市化进程的快速发展期。据2002年中国市长报告，我国城市人口占总人口的37.7%，预计到2050年将达到75%[11]。城市化是推进我国经济发展的重要途径，但是高速城市化带来的问题也显而易见：能源的严重损耗枯竭，城市环境污染，耕作土地资源的严重流失，边缘区人口的生存问题和心理问题等。多个文献资料表明，发展都市农业是促进城市可持续发展的有效途径[12]。

20世纪90年代初，我国长江三角洲、珠江三角洲、环渤海经济区等经济较发达的大城市开始城市农业的实践。上海是我国第一个将城市农业列入“九五”计划和2010年国民经济发展规划中的城市，在发展城市农业过程中，上海树立了“开放式农业”的新观念，形成农副产品生产、生态农业、观光农业、农产品加工业、农产品储运业五大生产体系。北京市明确提出以现代化农业作为都市经济新的增长点，强化其食品供应、生态屏障、科技示范和休闲观光功能，使京郊农业成为我国农业现代化的先导。深圳市为适应建设国际大都市的需要，对城市农业发展战略进行了深入研究和实践，目前观光农业、高科技农业建设已取得明显成效。苏州、无锡、常州三市的都市农业，经过多年的实践和探索形成了独具特色的苏南模式，在农业产业组织创新与推进土地适度规模经营促进农业产业化方面成效显著，初步实现了农村工业化、农村城市化、农业现代化[13]。

我国的都市农业在发展中与国外相比较，呈现出以下三大特点：一是经济功能与社会功能兼顾发展。从目前我国几个大城市的都市农业发展实践看，均有效吸取了日本、新加坡的都市农业发展经验，在制定城市农业发展规划中，既强调都市农业必须以生产、经济功能为主，也同时强调重视生态、社会功能与文化功能。二是国家政策的大力支持。特别是近几年国家对经济建设的宏观调控，加大了包括水利、生态农业的基础建设投资，扩大了包括农村市场为重点的国内需求，从根本上拉动了整个经济的持续发展，为城市农业的发展提供了前所未有的机遇。三是在城郊农业基础上发展都市农业。由传统农业向现代化农业转变过程中的城郊农业，正逐渐被作为城郊农业发展的高级阶段的都市农业所替代[14]。

6 比较与启示

通过比较可以看出，我国都市农业的发展状况与其他发展中国家有比较大的区别。我国都市农业的发展模式更多地借鉴发达国家的经验，以发展高效益高投入高技术含量的现代化高科技农业的形式为其发展特点。在发展相对滞后的西部和中部地区，都市农业的发展也相对缓慢。按作用分，我国城市农业可分为科研示范型城市农业、休闲观光型城市农业和生态保护型城市农业三大类。但总的体现出表现形式单一，对城市发展的多功能效应还远远未被充分发挥出来，在城市规划中也尚未被给予应有的重视。我国作为一个地域差异巨大的国家，其都市农业发展的区域模式必然表现为多样性和复杂性。根据我国的具体情况，应该一方面借鉴其他发展中国家的经验，充分利用都市农业来保障城市居民的食物供应和收入增加，另一方面更要借鉴发达国家的经验，充分利用都市农业来不断改善城市的生态环境，并为城市居民提供优质的食物、良好的观光、旅游和休闲场所，同时使城市居民能重新体验到与大自然和谐相处的乐趣。

我国的都市农业实践中历史还比较短，应该把发展方向更多地放在发挥都市农业的社会效益和环境效益上来，以减缓城市化对城市环境日益加剧的压力，减少环境污染，减少能源浪费，促进有机物质的循环。不同城市及城市的不同功能区可根据其资源禀赋、环境条件和功能要求，因地制宜发展其各具特色的都市农业生产。通过对国际经验的综述和评价，可以促进我国对都市农业与城市规划关系的系统研究，不断提高我国在这一新领域的理论水平，并使其最终更好地应用到实践中去。

参考文献

[1] United Nations for Development Program. Urban Agriculture：Food，Jobs and Sustainable Cities. New York：United Nations for Development Program，1996.

[2] Rogerson C M. Globalization of informalization? African Urban economies in the 1990s//Rakodi C. The Urban Challenge in Africa. Geneva：United Nations University Press，1997.

[3] Ratta A，Nasr J. Urban agriculture and the African urban food supply system. African Urban Quarterly，1996，11（2/3）：154-161.

[4] Maxwell D. Alternative food security strategy：a household analysis of urban agriculture in Kampala. World Development，1995，23（10）：1669-1681.

[5] Mbiba B. Classification and description of urban agriculture in Harare. Development Southern Africa，1995，12（1）：75-86.

[6] Potts D. Urban lives：adopting new strategies and adapting rural links// Rakodi C. The Urban Challenge in Africa. Geneva：United Nations University Press，1997.

[7] Rigg J. Rural-urban interactions，agriculture and wealth：a southeast Asian perspective. Progress in Human Geography，1998，22（4）：497-522.

[8] Freeman D B. Survival strategy or business training ground? The significance of urban agriculture for the advancement of women in African cities. African Studies Review，1993，36（3）：1-22.

[9] Smith D. Urban agriculture in Harare：socio-economic dimensions of a survival strategy// Grossman D，van den Berg L M，Ajaegbu H I. Urban and Peri-Urban Agriculture in Africa. Aldershot，UK：Ashgate Publishing，1996.

[10] Mbiba B. Urban Agriculture in Zimbabwe，Implications for Urban Management and Poverty. England：Avebury，1995.

[11] Zhang L，Wu J，Zhen Y，et al. RETRACTED：a GIS-based gradient analysis of urban landscape pattern of Shanghai metropolitan area，China. Landscape and Urban Planning，2004，69（1）：1-16.

[12] 张强. 城市农业发展的社会学意义. 中国农村经济，1999，（11）：64-61.

[13] 冯雷. 论我国城市农业的现代化. 农业现代化研究，2001，22（4）：220-224.

[14] 方志权. 论城市农业的基本特征、产生背景与功能. 农业现代化研究，1999，20（5）：281-851.

生态单元制图在国外自然保护和城乡规划中的发展与应用*

高 天 邱 玲 陈存根

摘要

生态单元制图作为景观生态学研究方法之一，能够提供研究区域内基础详细的、保护或规划定向的、便于使用的生物学和生态学信息，该方法已经成为一些国家自然保护和城乡规划工作的基本工具。本文简明介绍了生态单元的定义和功能以及制图的两种主要方法，着重探讨了生态单元制图在国外30多年不同阶段的发展历程，并分析了生态单元制图在自然保护和城乡规划中应用的3个方面：物种和生境保护、土地利用规划和管理以及不同尺度景观规划和管理。另外，本文对生态单元制图中存在的问题与不足以及深入研究的思路进行探讨，目前生态单元制图研究中存在的问题主要集中在生态单元调查的主观性、制图比例尺和GIS技术等方面。本文还分析了生态单元制图在我国的研究现状以及生态单元制图在我国自然保护和城乡规划中应用的前景。

关键词：生态单元制图；生态单元；自然保护；城乡规划

随着城市化进程的加速和人口的激增，自然和城市景观中群落生境的数量已经大幅度减少并且质量也在逐步降低。这样剧烈的变化通常伴随着诸多的生态问题，例如，绿色空间的减少、能源消费的增长以及诸如城市热岛效应等的环境恶化问题[1]。然而，缺少相关生态方面详细的原始数据和生态环境保护的具体措施已经成为当今生态环境保护与城市可持续发展的最大障碍[2]。

自20世纪70年代，德国各州都相继利用生态单元制图进行自然景观保护工作。至2000年，德国约有223个大中城市，2000多个小城市以及乡村完成或正在实施生态单元制图，该方法已经成为德国各级政府生态规划的基本工作内容[3]。由于生态单元制图能够提供研究区域内基础详细和便于使用的生物学和生态学信息，英国、瑞典、土耳其、日本、韩国、新西兰、巴西等越来越多的国家也加入到应用生态单元制图的行列中来，

* 原载于：自然资源学报，2010，25（6）：978-989.

着手于生态单元的调查和图谱的绘制，以期为景观规划和环境保护提供最基础的生态信息[4-10]。本文从辨析生态单元的概念和功能入手，对比分析了生态单元制图的两种主要方法，着重叙述了生态单元制图在国外三十多年不同阶段的发展历程以及归纳了生态单元制图在自然保护和城乡规划中应用的主要方面，进一步探讨了生态单元制图研究中存在的问题、不足和深入研究的思路。最后分析了我国生态单元制图的研究现状及其在自然保护和城乡规划中应用的前景。

1 生态单元的概念及其功能

1.1 生态单元的概念

生态单元的概念随着生态学研究的深入一直在更新着。1908 年，Dahl 提出生态单元的概念，即任何可以圈定的动植物可以生存的空间[11]。1988 年，生态学家 Sukop 和 Weiler 将生态单元重新定义为：一个具有相同或相似环境条件的区域，并且能够为特定的动植物群落提供生存环境[12]。进入 20 世纪 90 年代，Forman 教授融入了景观生态学的信息再次修改了生态单元的定义。该概念是依据景观的相关尺度和所包含的部分特定物种来界定的[13]。因此，一个生态单元可以被看作是一个特定尺度下环境条件一致的景观单元，例如一片开敞的草地或者一处湿地，它们的特点都是含有特殊的环境和特定的生物群体。

1.2 生态单元的功能

生态单元是生物大环境的重要组成部分，在特定的尺度下，各个生态单元或若干生态单元的组合可被视作一种“生态功能单元”，其包含以下重要功能：①自然资源保护的功能，其中包括：环境的保护以及生态的平衡，如促进水分循环、改善水源净化水质、调节气候、净化空气、阻隔噪音等；物种与生境的保护，如物种的繁殖和栖息的场所、物种驱散迁徙的走廊、区域间的连接度等；对环境变化和人为干扰的监测，起到了生物指示剂的作用；生态学的研究。②提高人们生活质量的功能（感受和享受自然），包括：游憩场所、提供多样化的经历和知识、造园、教育等。③构建城乡特色景观的功能，包括：增添富有层次和生命力的城乡景色，反映不同地域独特的自然和文化历史[6, 14]。

2 生态单元制图的主要方法

生态单元制图作为景观生态学研究中的一个方法，是依据特定动植物集合识别、划分和记录不同土地使用/覆盖类型的过程[12]，其描述的主题是植物和动物，需要完成物种定向性的生物学工作，如特定森林生态单元中木本植物清单的制备、繁殖鸟分布密度的鉴定等[2, 4, 9]。因此，生态单元制图与土地利用/覆盖制图以及景观生态制图是有明显区别的。生态单元制图是基于生态单元分类系统而实现的，制图对象可以是连续的区域整体（涵盖区域内所有生态单元类型），也可以是区域中的局部范围（仅含有区域中的部分生态单元类型），例如湿地生态单元图谱、森林生态单元图谱等这类的专类图谱。

制图主要有两种方法，分别是选择性生态单元制图法（selective biotope mapping）和全面性生态单元制图法（comprehensive biotope mapping）。

2.1 选择性生态单元制图法

该方法是1983年由景观生态学家Witig和Schreiber创新的一种在城镇自然景观地保护中对一些重要生态单元评估的快速方法[15]。这些生态单元都是含有保护或潜在保护价值的动植物的生存空间[16]。它们至少具备一种以下特征：①物种丰富度高并且含有一些稀有物种；②生境结构丰富；③能够为由于集约化的土地利用而被驱散的动植物提供庇护场所。这也意味着选择性生态单元制图法的对象往往只考虑绿色空间，不包括建成区[12, 15]。

在制图过程中，根据几个评判标准对绿色空间进行评估，这些标准包括每个生态单元的发展时段（年龄及群落生境的连续性等），生态单元的尺寸大小，物种的稀有度，生态单元的结构等[15, 17]。依据每一项评估标准等级对生态单元进行打分。综合得分高的生态单元将需要重点保护。

该方法的优点在于花费较低，不需要过多的专业人员同时从事作业，几个专业人员在相对较短的时间内就可以记录下生态单元有关生物学方面的信息，缺点就是将每个生态单元进行孤立地观察而忽略了每个生态单元周边大环境的作用[18, 19]。

2.2 全面性生态单元制图法

全面性生态单元制图反映了研究区域内所有生态单元类型有关生物学和生态学的信息。在全面性生态单元制图中，生态单元信息的采集与记录通常使用两种方法：①全区域调查法（comprehensive biotope investigation）是调查研究区域内的所有生态单元并记录相关信息数据；②典型样本区调查法（representative comprehensive biotope investigation）是按照生态单元类型对研究区域进行调查，在每一类生态单元类型中选取若干生态单元作为代表样本进行调研，最后将结果应用于相同类型生态单元的区域[12, 20]。无论使用哪种方法，图谱都包含了各种类型的生态单元，其结果都将以含有同种性质的单元为一类展示研究区域[21]。全面性生态单元制图不仅将所有生态单元进行适当分类并绘制了其分布图谱，而且还对每一个生态单元及其所构成的景观模式进行了评估[22]。其最本质的目的就是检验生态单元在城市环境中已经发挥特殊功能的程度和一些特殊生态单元发挥潜在作用的程度[23, 24]。

与选择性生态单元制图法相比，全面性生态单元制图法的优点在于为整个区域生态数据的判读提供了一个更为详细和广泛的基础。但是，此项工作需要投入相对较大的人力、财力资本，并且对于从业人员知识背景的要求也相对严格，通常需要生态学、植物学、动物学等方面的专家学者以及景观规划师和设计人员的共同参与。所以在实际操作中，为了节省时间和费用，往往选用典型样本区调查法绘制全面性生态单元图谱[14]。

2.3 制图步骤

生态单元制图工作程序主要包括以下六个步骤：①界定研究区域范围；②基于地图

集、航空像片、遥感图像等，收集与分析初步数据以及划分生态单元的基础类别（通常依照土地利用/覆盖类型初步划分）；③实地调查：记录各个土地利用/覆盖类型的生物学和生态学信息以及历史文化和美学方面的信息等，检验初步数据和生态单元基础类别的准确性与可靠性；④细分生态单元的类别并绘制图谱（通常借助地理信息系统技术对相关空间数据进行采集、管理、操作、分析、模拟和显示）；⑤依据不同目的对生态单元价值进行分析和评价，最终提出保护、管理和发展的措施方案；⑥制图更新。

3 生态单元制图的发展

生态单元制图从 20 世纪 70 年代产生，至今已发展了 30 多年。它不仅成为德国自然保护和城乡规划的基础工具而且也被越来越多的国家所使用和创新。其发展经历了如下三个主要阶段。

3.1 生态单元制图的产生阶段（1974～1986 年）

生态单元制图思想的源头始于 1974 年对德国慕尼黑农村地区中具有特殊自然保护价值和潜在保护价值的生态单元研究中[14]。1978 年，德国首次尝试在城市人文区域开展生态单元制图工作，并且为了使此方法形成一套完备的理论基础体系，同年成立了德国联邦与各州参与并联合协调的“人文区域生态单元制图工作组”（下文简称工作组）[12]。工作组将慕尼黑市、奥格斯堡市和柏林市作为试点城市。1986 年，工作组基于对试点城市工作的总结正式提出了“德国人文区域生态单元制图基本方案”[3]。

在 1980 年德国柏林第二届欧洲生态学会议后，生态单元制图的理念在英国也相应产生。为了促进地方政府开展自然保护工作，则需要一套关于所有具有潜在意义地点的详细生态学资料，包括生态单元的类型以及对它们重要性的评价。1984 年在大伦敦会议的领导下开展了伦敦地区野生生物生境的综合调查，第一次提供了野生生物生境的范围、质量和分布的资料，在这个基础上评价了每一个生态单元的保护价值，并绘制了图谱。基于此制定了伦敦地区的自然保护方针[4]。

3.2 生态单元制图的发展阶段（1986～1997 年）

20 世纪 80 年代中后期，德国的众多城市以及英国、奥地利的一些区域都加入到生态单元制图的行列中来，而制图的目的从单纯的保护稀有、濒危物种以及保护有保护价值的生态单元逐渐转变为不同尺度下城乡规划和管理的一种手段[25-27]。生态单元图谱所提供的信息也越来越详细并且更加定向化，例如为建筑景观规划提供生态数据（生态单元的方位、类型、面积）、为自然保护专题规划与管理提供生态数据（生物群落、物种数量、优势物种）等[25-27]。这意味着生态单元制图不仅包括对生态资源的调查，还包括规划定向的生态单元信息的判读。

进入 20 世纪 90 年代，仍然以德国专家学者为主要力量，开始尝试于技术层面制图方法的改进。例如，1991 年德国学者 kuebler 等基于航空多谱扫描数据来优化城市生态单元分类系统[28]。同年，德国学者 Gopfert 将融入地理信息系统技术的生态单元制图用于环境和景观规划的分析[29]。在技术更新的基础上以及两德的统一，工作组设立了新的专家组并更新和完善了1986年制定的基本方案，方案的修订版在1993年正式发表，主要章节包括制图目标、基本理论、程序和方法、判读和评价、方案实施和效果监测[30]。这为工作组进一步扩大德国生态单元制图研究区域奠定了理论基础，也为其他欧洲国家借鉴生态单元制图经验提供了有力保障。同年由芬兰学者Oulasvirta和Leiniki首次对水下生态单元进行了图谱的绘制，这标志着生态单元制图又迈向一个新的领域[31]。

3.3 生态单元制图的推广阶段（1997至今）

1997年底，受联合国环境署、联合国教育、科学及文化组织和德国环保部资助，在德国德累斯顿大学举办了有21个国家人员参加的生态单元制图研讨会，这次会议为生态单元制图的推广奠定了良好的基础[3]。

在欧洲，生态单元制图的应用除了在德国已经成熟以外，在英国和瑞典的应用也比较系统。英国将生态单元制图除了用于城市景观保护和规划外，还用于海洋生态单元制图工作，并致力于如何提高技术手段更加准确地收集海底生态单元的信息，并对海洋环境进行监测以及对环境变化敏感和濒危的物种进行保护[32-35]。瑞典主要基于制图完成对城镇环境和特定环境的监控以及构建丰富城市生物多样性的城市规划模型[5, 36-38]。除此之外，捷克、斯洛伐克、爱沙尼亚、荷兰、希腊、土耳其、西班牙、匈牙利等其他欧洲国家也加入到应用生态单元制图的行列中来，目的都是为了依靠该方法得到足够的生态单元详细信息来满足不同级别不同类型的规划、设计和保护措施的需求[6, 39-46]。

自20世纪90年代末，生态单元制图首次离开欧洲，先后被引入以日本、巴西、韩国、新西兰、南非等为代表的国家。其中日本和巴西直接借鉴德国的经验在本国进行生态单元制图的研究，主题仍然以保护地方有保护价值的区域为主[7, 10, 47]。2003年，新西兰开展了绘制城市生态单元图谱的工作，此图谱包含了全市各种从本土物种到外来物种的生态单元，创建了适合本土土地利用和生物群落的分类系统，并将图谱及相关信息应用于未来城市开敞空间设计中[9]。近年来在韩国，生态单元制图的应用比较广泛，方法和理论也有所创新。主要致力于制定城市可持续发展计划以及解决土地开发和保护之间的矛盾[2, 8, 48]。已有10余个城市已经完成或正在开展制图工作[2]。从方法创新而言，始兴市于2006年首次将雷达激光技术应用于生态单元制图，不仅完成了对生态单元结构的分析而且还对各类土地利用类型的特征进行了描述[49]；2008年底，韩国政府又开展了一项基于无线信息技术名为“U型生态城市”的计划，其研究目的就是利用高分辨率的图像和雷达信息来绘制和更新生态单元图谱内容，为促进城市的可持续化发展制定相应的景观规划方针[50]。当今，很多国家已经陆续开展了生态单元制图工作，其中部分国家已经将生态单元制图作为自然保护和景观规划的基本工具。为了提高生态单元图谱所反映信息的准确程度，并且减少人力、物力以及时间成本的消耗，致力于制图技术层面改进的研究仍然在不断地进行着[32, 37-38, 51-56]，例如，栅格GIS的图像处理技术、彩色红外航空摄影技术、卫星遥感技术、航空成像高光谱技术等应用的改进。

4　生态单元制图在自然保护和城乡规划中的应用

通过分析生态单元制图的发展历程，发现其在自然保护和城乡规划中的应用比较广泛，主要体现在以下 3 个方面：①物种和生境保护；②土地利用规划和管理；③不同尺度景观规划和管理。

4.1　物种和生境保护

保护物种和生境一直是生态单元制图的基本目标。其保护的物种和生境的概念是广义的，既可以是濒危物种和稀有生境，也可以是人们日常接触的普通物种及其生境[57-59]。例如，Mùller 和 Fujiwara 利用生态单元制图对日本东京城镇群中含有濒危和稀有物种生境的保护以及德国纽伦堡市政开展的生态单元制图工作，专门以保护与人们日常生活紧密相连的功能绿地为目标[7, 60]。这些功能绿地包括了居住区附近的普通绿步道以及市郊供人们周末休闲的绿地。

利用生态单元制图来进行物种和生境的保护通常都是按照以下四大步骤完成的：①确立当地需要保护的目标种和目标生境。②基于 RS 和 GIS 技术绘制目标种和生境的分布图谱，并分析现状。③制定物种和生境相对价值的评价标准，进而对目标种和生境进行保护定级。目前选用最多的评价因子包括物种稀有度、物种和生境的多样性、生境自然化的程度、恢复和更新的能力、受人为干扰的威胁程度以及可取代性等[2, 6-7, 12, 20, 38]。④依据保护等级的评价结果制定专类保护方针，最终将其纳入整个地区自然保护项目中。

4.2　土地利用规划和管理

城市生态单元制图不仅能够明确城市各类土地利用类型的优缺点而且还能反映出各类土地利用类型中的物种多样性和生境质量。利用生态单元制图对土地利用形式的规划和管理往往是借助态势分析法（SWOT）来实现的。SWOT 分析能够对比不同土地利用类型之间和不同地点相同土地利用类型之间的优缺点以及物种多样性和生境质量所面临的机遇和挑战，因此，目前欧洲很多国家都将生态单元制图获取的信息通过 SWOT 分析来制定土地利用规划和管理的战略，并通过这些战略方针来辅助其他相应的规划[61]。例如，德国哈瑙市政府利用生态单元制图结合 SWOT 分析将该地区划分为五类区域，并针对每一类区域制定具体的规划和管理措施[14]。这 5 类区域具体为：①复兴区域：该区域生境质量差，缺少开敞绿色空间。建议只有改变建筑区结构才能有助于改善生境质量。②恢复区域：生境质量较低，开敞绿色空间不足。需要改变部分建筑区结构来改善生境质量。③适宜发展的区域：生境质量平均一般，仍有潜在的建筑区结构调节的问题，但具备开发建设的能力。④生境良好区域：该区域可以进行拓展。⑤生境优质区域：重点保护。在这 5 类区域性质的基础上提出了每一类具体的发展计划，最终用于今后的城市发展和建设中。

4.3 不同尺度景观规划和管理

依据判读不同规划定向的生态单元制图信息，往往可以完成不同尺度景观规划和管理的要求[62]。例如，为了评估城市景观结构异质性，Young 和 Jarvis 基于土地利用与覆盖类型、结合航空像片判读和野外调查，将英国伍尔弗汉普顿地区景观特征进行大致分类，然后融入已制定的 21 个生态单元结构元素（生态单元结构元素被认为是影响景观异质性的最小空间特征）完成生态单元图谱[63]。他们将各类景观中含有生态单元结构元素的个数按照灰度等级划分为 6 个级别，并归纳了每类景观类型主要含有的结构元素特征，最终按照结构元素多样性和生态单元面积不相关的分析结果，着重制定了两类不同尺度景观的规划和管理计划。这两类分别是含有生态单元结构元素较少的大面积生境和含有结构元素丰富的小面积生境[63]。另外，Löfvenhaft 等利用判读生物多样性价值的生态单元信息，将瑞典斯德哥尔摩国家城市公园地区按照生态单元组合现状以及土地覆盖历史现状划分为核心区、连 接区、缓冲区和障碍区四类规划区域，并指出各类区域的规划和管理要求，为该地区开展生物多样性定向的景观规划与管理提供了有力保障[5]。在小尺度空间的设计中，例如新建成居住区绿色空间的设计、老城区小规模绿色空间以及绿色廊道的维护等，生态单元信息的判读和评价依然发挥着重要的作用[9, 10, 27, 42]。

使用生态单元制图必须确定现实问题和规划目标所需要的数据类型，因此细化和定向性的描述景观结构是非常重要的。在生态单元制图的应用中，对景观结构的描述通常包括四个层面：①基本利用结构或覆盖类型（居民居住建筑层次结构、绿地、公园、果园等）；②土地基本特征（地表土壤和建筑密度、支撑土地密集利用的能力、土壤参数等）；③生物资源（生态单元要素的结构、多样性和形式等）；④动植物种群和植被现状（种类、数量以及分布等）[64]。

5 生态单元制图研究存在的问题与不足

生态单元制图研究无论理论还是实践都取得了很大的进展，在一些国家已经成为自然保护和城乡规划工作的基本工具，但是仍然存在一些需要解决的问题，其主要表现如下。

（1）生态单元制图的主观性

传统的生态单元制图工作大多数是基于对彩色红外航空像片的判读结合实地调研完成的。这种制图方法虽然可以得到生态单元组成和现状的一系列复杂定性化的信息，但是这类定性化的信息都是基于外观评定而确立的，然而观测者的主观判断会或多或少地影响外观评定的结果[53-57, 65]。在生态单元调查过程中主观性往往存在于对植被类型的诠释中[2, 8-9, 18, 23]。通常调查按照事先规定的标准将生态单元进行分组，并按照标准化的生态单元调查清单进行野外调研，确保野外调研信息的一致性，但是，实地生态单元的分布情况十分复杂，并不是所有生态单元的边界都很明显。生态单元边界范围可以从尖锐、明显到模糊，例如，由道牙分割的草坪和道路两个单元的明显边界或者自然与半自然式植物群落之间形成的模糊边界（如新西兰牧草地与丛生草原）[9]。所以如何客观的界定生态单元边界问题使图谱准确地反映实地情况是有待解决的问题。

（2）比例尺与 GIS 技术

比例尺的问题在生态单元制图过程中也是一个突出的问题。要想完成整个城市详尽的全面性生态单元图谱一般是很难实现的。通常依据研究区域的大小，进行指定生态单元数字化信息的处理，这也就不能保证研究区域中所有出现的生态单元都被绘制到图谱当中来。换句话说，很可能丢失重要的生态小单元信息。例如，一个住宅区附属公共绿地或私家花园（院落）的总面积小于该地生态单元制图中最小生态单元的面积时，往往被归属为与其相邻的生态单元类型。但是住宅区绿地以及私家花园的重要性已被很多研究所证实，它们对于城市物种的迁移和生存起到了生态步石的作用[66, 67]。所以生态单元制图比例尺的确定以及如何利用高分辨率的遥感数据来得到小面积的制图单元，进而为利用 GIS 技术进行生态单元系统分类和大尺度的生态单元制图提供可能性将是今后生态单元制图法技术突破问题的关键。

6 生态单元制图在我国的研究现状及展望

6.1 生态单元制图在我国的研究现状

景观生态学自 20 世纪 80 年代引入我国，其研究已经取得了长足的进步，逐步走上国际舞台。在 Scopus 文摘索引数据库中以“landscape ecology”为主题词、“China”为文章从属关系检索到包括中文和英文（含 SCI 论文）共 535 篇论文（1984～2009 年），其中 456 篇是基于景观分类系统运用景观格局指数对景观空间格局、景观功能和景观动态进行分析，试图为景观生态评价、规划和模拟以及景观生态保护与生态恢复提供策略。例如高峻和宋永昌以 1984 年、1989 年和 1994 年 3 个时相的航空遥感图像为主要数据源，选取了景观破碎化指数、多样性指数、分维数等一系列指数，对上海西南地区城乡交错带开展了景观演变的研究，通过对比揭示出研究区域发展和演变的规律[68]。

然而国内关于生态单元制图的研究还处于初级阶段，仅有个别学者对其做了相关的研究，并且面向城市生态要素的层次还仅停留在对城市局部地区的调查中。孟伟庆等建议将生态单元制图有选择性的运用到我国西部生态环境保护中，在生态单元划分的基础上，把各种生态单元类型落实在地图上，并建立生态信息数据库，为西部规划提供基础的生态数据[69]。赵振斌等基于 GIS 和 RS 技术，对西安市南郊陕西师范大学附近的城乡过渡带的保护规划进行了研究，绘制出生态单元图谱并对生态单元的保护价值进行了评价，依据评价结果构建了城市生境链的规划方案[70]。另外，高大伟等又利用彩色红外航片，在城市土地利用类型划分的基础上结合野外植被调查绘制了上海市闵行区的生境图谱，并依据相对盖度和相对物种丰富度以及地表水水质质量划分了生境质量等级图。然后以生物多样性因子为基础探讨和评价了闵行区的生境质量，为该地区的生物多样性保护和城市生态规划提供了科学依据[71]。但这些研究在实践范围和理论深度上与国外一些国家相比都有一定的差距，并且在生态单元制图成果的进一步应用方面也缺乏探讨。

6.2 研究展望

6.2.1 生态单元制图对我国城市自然保护的启示

我国正处于城市化的加速期，新的发展理念要求城市发展应与自然发展相互协调起来。城市因为含有各种不同特色的城市生境（如居住区绿地、城市公园、道路绿地、城市废弃地等）和城市自然遗留地（如森林、河流等）以及近自然生境（如草地、耕地等），往往被认为是一个生物多样性很高的生态系统，所以对于城市中含有生物学价值的生境都应该进行积极的维护[72, 73]。然而，现有的我国城市自然保护还仅停留在孤立保护、挂牌保护阶段，使得很多有保护或潜在保护价值的生境在城市化的迅猛发展以及蔓延式的城市建设模式下逐渐破碎化乃至消失[70, 74]。而这些城市生境对于强化城市地域特色、改善城市生态环境及提高城市居民生活质量的意义与那些位于城郊乃至更远地区的大型自然保护区、风景名胜区及国家森林公园相比则更加直接和重要[74]。所以获取城市生境的基础生态信息，依据各类生境的评价结果制定有保护价值区域的整体保护方案和构建城市生境自然保护网络，将是我国进行城市自然保护的目标。城市生态单元制图对于实现我国城市自然保护网络目标具有较高的可靠性与实用性。

6.2.2 生态单元制图对我国城乡规划的启示

随着城市化进程的加剧，生态环境被破坏日趋明显，大量的林地和良田都被拔地而起的高楼大厦所代替，城乡土地利用/覆盖的剧烈变化为我国城乡规划带来了极大的挑战。“可持续发展的生态型城市”的建设已经成为现在与未来城市发展的目标[49, 50]。因此对于这种规划与设计而言必需一套完备的科学基础，仅传统的园林规划设计理论已经不能胜任当今生态城市建设的任务，景观生态学方法理论的应用为实现这个目标奠定了理论基础。我国的景观生态学主要集中在景观格局分析的研究中，然而多年来景观格局分析一直停留在对景观静态格局特征的描述方面[68, 75-78]，并不能深入反映导致这种格局产生的生态过程，也不能很好地揭示出现有的景观格局在未来的发展方向，因而理论的研究结果与如何指导实际的规划与设计联系的并不紧密。生态单元制图则是将各个景观类型划分为不同生境类别或不同土地利用单元，根据基本要素组成的不同构成一个尺度系列，对于这种尺度序列可以采取“总-分-总”的形式进行制图和研究，并对生态单元逐一进行评价与打分，依据结果进行生态单元个体或组合的改造，从而达到对景观整体的改造，同时也就能够对改造后的景观格局做到预先的判断和把握。因此，在快速城市化的当今，生态单元制图应当加速在全国普及，从而为各地区城乡区域规划及城市总体规划提供依据。图谱提供的规划定向的城市环境和生物学信息可以使城市摆脱摊大饼式的发展和扩张模式；也可改变传统园林规划设计的以“美”为主的、小尺度的和“先开发后填补式的”开敞空间绿化模式，从而为城市的发展方向和城市的特色奠定基础。对于规划后的景观格局仍然能够运用景观格局的分析方法进行量化与评价。当然，在应用生态单元制图的同时，当地政府相应法规的出台也是必不可少的，应当根据制图的评价结果明确指明禁止开发、限制开发和允许开发的区域 ，并为限制开发和允许开发的区域提供发展的要求和策略。

参 考 文 献

[1] Lookingbill T R，Gardner R H，Townsend P A，et al. Conceptual models as hypotheses in monitoring urban landscapes. Environmental Management，2007，40：171-182.

[2] Hong S K，Song I J，Byun B，et al. Application of biotope mapping for spatial environmental planning and policy：case studies in urban ecosystems in Korea. Landscape Ecological and Engineering，2005，1（2）：101-112.

[3] Schulte W，Sukopp H. Stadtund Dorfbiotopkartierungen. Erfasung und analyse oekologischergrundlagen im sbesiedelten bereich der bundesrepublik deutschland-ein ueberblick. Natur und Landscha ftsplanung，2000，32（5）：140-147.

[4] Greater London Council. Nature Conservation Guidelines for London. Ecology Handbook No. 3. London：Greater London Council Press，1985.

[5] Löfvenhaft K，Björn C，Ihse M. Biotope patterns in urban areas：a conceptual model integrating biodiversity issues in spatial planning. Landscape and Urban Planning，2002，58（2-4）：223-240.

[6] Mansuroglu S，Ortacesme V，Karaguzel O. Biotope mapping in an urban environment and its implications for urban management in Turkey. Environmental Management，2006，81（3）：175-187.

[7] Müller N，Fujiwara K. Biotope mapping and nature conservation in cities Part2：results of pilot study in the urban agglomeration of Tokyo. Bulletin of the Institute of Environmental Science and Technology，1998，24（1）：97-119.

[8] Le K J，Han B H，Hong S H，et al. A study on the characteristics of urban ecosystems and plans for the environment and ecosystem in Gangnam-gu，Seoul，Korea. Landscape and Ecological Engineering，2005，1（2）：207-219.

[9] Freman C，Buck O. Development of an ecological mapping methodology for urban areas in New Zealand. Landscape and Urban Planning，2003，63（3）：161-173.

[10] Weber M，Bedü L C. Comprehensive approach to the urban environmental status in Brazil using the biotope mapping methodology // Breuste J，Feldman H，Ohlman O. Urban Ecology. Berlin：Springer-Verlag Press，1998：636-640.

[11] Dahl F. Principles and theories of biozone research. Zologischer Anzeiger，1908，33（1）：349-353.

[12] Sukop H，Weiler S. Biotope mapping and nature conservation strategies in urban areas of the federal republic of Germany. Landscape and Urban Planning，1988，15（1-2）：39-58.

[13] Forman R T T. Land Mosaics：The Ecology of Landscapes and Regions. Cambridge：Cambridge University Press，1995.

[14] Werner P. Why biotope mapping in populated areas? Deinsea，1999，5：9-26.

[15] Witig R，Schreiber K F. A quick method for assessing the importance of open spaces in towns for urban nature conservation. Biological Conservation，1983，26（1）：57-64.

[16] Duhme F，Beutler A，Banse G，et al. Mapping Living Space Worthy of Protection in Munich. Germany：Technische Universität München Press，1983.

[17] Buck O，Freman C，Kisling W D. Urban ecological mapping. New Zealand：The 13th Annual Colloquium of the Spatial Information Research Centre，2001.

[18] Bruner M，Duhme F，Mück H，et al. Kartierung erha ltenswerter Lebensräume inder Stadt. DasGartenamt，1979，28：1-8.

[19] Bichlmeier F，Bruner M，Patsch J，et al. Biotope mapping in the city of Augsburg. Garten&Landschaft，1980，7（80）：551-559.

[20] Wächter M. Comprehensive biotope mapping in Germany：the example of Leipzig. Deinsea，1999，5：67-76.

[21] Trepl L. Stadtbiotopkartierung Hamburg. Floraund Vegetation I. Berlin：Im Auftrage der Behörde für Bezirksangelegenhciten，Naturschutz und Umweltgestaltung，1983.

[22] Starfinger U，Sukop H. The assessment of urban biotopes for nature conservation//Cok E A，VanLier H N. Landscape Planning and Ecological Networks. Amsterdam：Elsevier，1994：89-115.

[23] Sukop H，Kunick W，Schneider C. Biotopkartierung im besiedelten Bereich von Berlin（West）. Teil Ⅱ. ZurMethodik von Geländearbeit und Auswertung. Garten&Landschaft，1980，7（80）：565-569.

[24] Bastian O. Biotope mapping and evaluation as a base of nature conservation and landscape planning. Ekologia Bratislava，1996，15（1）：5-17.

[25] Kirsch-Stracke R，Lauser P，Lein-Kotmeier G，et al. Stadtbiotopkartierung Hannover-von der Vorbereitungbis zum Planungsbeitrag. Landschaft und Stadt，1987，19（2）：49-77.

[26] Nahrig D，Back H，Spreier B，et al. Floristische Stadtbiotopkartierung Manheim. Verhandlungen-Geselschaft fur Okologie，1988，18：261-264.

[27] Punz W. Biotopkartierung im bebauten Gebiet Wiens-Kartierungder Geholzflora. Verhandlungen-Geselschaft fur Okologie，1988，18：273-278.

[28] Kuebler K，Ammer U，Reinartz P，et al. Classification of biotope types with airborne multispectral scanner data. Digest-International Geoscience and Remote Sensing Symposium（IGARS），1991.

[29] Gopfert W. Umweltplanungen und Landschaftsanalysen durch Integration von Biotopkartierungen in ein Raumbezogenes Information system. Geo-Informations-Systeme，1991，4（1）：19-24.

[30] Schulte W，Sukop H，Werner P. Flächendeckende biotopkartierung im besiede lten bereich als Grundlage einer am Naturschutz orientierten Planung. Naturund Landschaft，1993，68（10）：491-526.

[31] Oulasvirta P，Leiniki J. Underwater biotope mapping in the Tammisari Archipelago National Park. Finish Forest and Park Service，1993，Series A（10）：92.

[32] Sotheran I S，Foster-Smith R L，Davies J. Mapping of marine benthic habitats using image processing techniques within a raster-based geographic information system. Estuarine，Coastal and Shelf Science，1997，44（supl. A）：25-31.

[33] Downie A J，Donan D W，Davison A J. Areview of Scotish Natural Heritage' s work in subtidalmarine biotope mapping using remote sensing. International Journal of Remote Sensing，1999，20（3）：585-592.

[34] Brown C J，Hewer A J，Limpeny D S，et al. Mapping seabed biotopes using sides can sonar in regions of heterogeneous substrata：case study east of the Isle of Wight，English Channel. Underwater

Technology，2004，26（1）：27-36.

［35］Jones G E，Gleg G E. Effective use of geophysical sensors formarine environmental assessment and habitat mapping. Environmental Studies，2004，10：5-16.

［36］McConachie D. Mapping Biotope of Regulated River Coridors Using GIS，Satellite Remote Sensing and Decision Tree Analysis. Stockholm：KTH Royal Institute of Technology，2002.

［37］Cousins S A O，Ihse M. Amethodological study for biotope and landscape mapping based on CIR aerialphotographs. Landscape and Urban Planning，1998，41（3-4）：183-192.

［38］Lundeén B，Gulström M. Satellite remote sensing for monitoring of vanishing seagrass in Swedish coastal waters. Norsk Geografisk Tidsskrift—Norwegian Journal of Geography，2003，(2)：121-124.

［39］Palo A. A Method for Biotope Mapping by Aerial Photos：its Application in Conservation-Related Plannings. Tartu：University of Tartu，1999.

［40］Maděra P. Mapping of forest communities biotopes. Ekologia Bratislava，1996，15（1）：97-101.

［41］Hrněiarová T，Ruicka M. Classification of the ecological stability of the teritory. Ekologia Bratislava，1997，16（1）：81-98.

［42］Reumer J W F，Epe M J. Biotope mapping in Roterdam：the background of a project. Deinsea，1999，5：1-8.

［43］Boteva D，Grifiths G，Dimopoulos P. Evaluation and mapping of the conservation significance of habitats using GIS：an example from Crete，Grece. Journal for Nature Conservation，2004，12（4）：237-250.

［44］zdemir I，Asanü，Koch B，et al. Comparison of quick bird-2 and landsat-7 ETM +data for mapping of vegetation cover in Fethiye-Kumluova coastal dune in the Mediteranean region of Turkey. Fresenius Environmental Buletin，2005，14（9）：823-831.

［45］Ayuga R，Gregorio J，Rubeén M M，et al. Hyperspectral remote sensing application for semi-urban areas monitoring. Pairs：2007 Urban Remote Sensing Joint Event，2007.

［46］Magyari J，Bene L. Determination of wetland areas via a geographical information system in（GIS）in Hungary［Ermittlung der Fläche von feuchtgebieten in ungarnmit einem geografischen information system（GIS）］. Telma，2008，(38)：189-198.

［47］Satoshi O，Hideya Y，Satsuki M，et al. The preparing of biotope mapping in a municipal scale by using Kamakura City as a case study. Journal of the Japanese Institute of Landscape Architecture，2004，61（5）：581-586.

［48］Hong S K，Kim S，Cho K H，et al. Ecotope mapping for landscape ecological assessment of habitat and ecosystem. Ecological Research，2004，19（1）：31-139.

［49］Siheung City. Biotope mapping of Siheung City. Siheung City：Institute of Construction Technology，2007.

［50］Mon S Y，Kim H S，Kim Y M，et al. Biotope mapping in Korea—history of biotope mapping and consideration of a new method. Spain：14th International Conference on Urban Planning and Regional Development in the Information Society Geo-Multimedia，2009.

［51］Roesner S，Segl K，Heiden U，et al. Automated differentiation of urban surface based on airborne hyperspectral imagery. Iee Tgars，2001，39（7）：1523-1532.

［52］Segl K，Roesner S，Heiden U，et al. Fusion of spectral and shape features for identification of urban surface cover types using reflective and thermal hyperspectral data. Journal of Photogrammetry and Remote Sensing，2003，58（1-2）：99-112.

［53］Bock M. Remote sensing and GIS-based techniques for the classification and monitoring of biotopes：case examples for a wetgrass and moor land area in Northern Germany. Journal of Nature Conservation，2003，11（3）：145-155.

［54］Seiler U，Neubert M，Meinel G. Automatisierte Erfasung von biotope-und Nutzungstypen— Beispielder segmentbasierten Klasifikation von IKONOS-Satellitenbildaten. Naturschutzund Landschaftsplanung，2004，4：101-106.

［55］Ehlers M，Gähler M，Janowsky R. Automated analysis of ultrahigh resolution remote sensing data for biotope type mapping：new possibilities and challenges. Journal of Photogrammetry and Remote Sensing，2003，57（5-6）：315-326.

［56］Ehlers M，Gähler M，Jamowsky R. Automated techniques for environmental monitoring and change analyses for ultra high solution remote sensing data. Photogram etric Enginerring and Remote Sensing，2006，72（7）：835-844.

［57］Dauber J. Ameisenfauna einer urbanen Landschaft：Ergebnisse einer Stadtbiotopkartierung in Mainz. Naturschutz und Landschaftsplanung，1997，29（10）：303-309.

［58］Geisler-Strobel S，Bugner J，Feldman R，et al. Bergbaufolgelandschaften in Ostdeutschland-durch Sanierung bedrohte Sekundarlebensraume-Vorkommen hochgradig gefahrdeter Tierarten im Tagebau Goitschebei Bitterfeld. Naturschutz und Landschaftsplanung，1998，30（4）：106-114.

［59］Hili M，Kuitunen M T. Testing the use of a land cover map for habitat ranking in boreal forests. Environmental Management，2005，35（4）：505-516.

［60］Werner P. Urban biotope mapping—the use of data and maps for urban management and planning—experiences from Germany. Darmstadt：Institute for Housing and Environment，2002.

［61］Geneleti D，Bagli S，Napolitano P，et al. Spatial decision support for strategic environmental asaesament of land use plans：a case study in Southern Italy. Environmental Impact Assessment，2007，27（5）：408-423.

［62］Drewes J D，Ciliers S S. Integration of urban biotope mapping in spatial planing. Town and Regional Planning 2004，47：15-29.

［63］Young C H，Jarvis P J. Assessing the structural heterogeneity of urban areas：an example from the Black Country（UK）. Urban Ecosystems，2001，5：49-69.

［64］Schulte W，Sukop H，李建新. 德国人文群落区生态单元制图国家项目. 生态学报，2003，23（3）：589-597.

［65］Heiden U. Ecological evaluation of urban biotope types using airborne hyperspectral HyMap data. Berlin：2nd GGRS/ISPRS Joint Workshop on Remote Sensing and Data Fusion over Urban Areas，2003.

［66］Canon A R，Chamberlain D E，Toms M P，et al. Trends in the use of private gardens by wild birds in Great

Britain 1995-2002. Journal of Applied Ecology，2005，42（4）：659-671.
[67] Mathieu R，Freman C，Aryal J. Mapping private gardens in urban areas using object-oriented techniques and very high- resolution satellite imagery. Landscape and Urban Planning，2007，81（3）：179-192.
[68] 高峻，宋永昌. 城市绿地系统动态及与土地利用关系研究——以上海西南地区为例. 城市环境与城市生态，2001，14（3）：18-20.
[69] 孟伟庆，李洪远，祝玉敏，等. 生态单元制图及其在西北生态环境保护中的应用. 世界科技研究与发展，2006，28（2）：86-89.
[70] 赵振斌，薛亮，张君，等. 西安市典型区域城市生境制图与自然保护规划研究. 地理科学，2007，27（4）：561- 566.
[71] 高大伟，陈艳，陆慧萍，等. 生境制图在生境质量评价中的应用——以上海市闵行区为例. 环境科学与技术，2009，（5）：179-182.
[72] Mùler N. Distinctive characteristics of urban biodiversity. Erfurt，Germany：International Conference on Urban Biodiversity＆Design，2008.
[73] Mùller N，Abendroth S. Biodiversity in urban areas—recommendations for integration into the German biodiversity strategy. Naturschutzund Landschaftsplanung，2007，39（4）：114-118.
[74] 韩西丽，李迪华. 城市残存近自然生境研究进展. 自然资源学报，2009，24（4）：562-566.
[75] 王健，田光进，全泉. 广州市城市化过程的景观动态格局及尺度效应为例. 生态科学，2009，28（1）：78-84.
[76] 王原，吴泽民，张浩，等. 基于 RS 和 GIS 的马鞍山市分区城市森林景观格局综合评价. 北京林业大学学报，2008，30（4）：46-52.
[77] 杨瑞卿，薛建辉. 徐州市公园绿地景观结构与格局分析. 南京林业大学学报（自然科学版），2006，30（4）：135-137.
[78] 高峻，杨名静，陶康华. 上海城市绿地景观格局的分析研究. 中国园林，2000，16（1）：53-56.

融入植被连续性因子的生态单元制图法在城市生物多样性维护中的应用*

高　天　邱　玲　陈存根

摘要

基于一个以植被结构为构建框架的生态单元分类系统，构建了融入了植被覆盖连续性因子的改良城市生态单元制图模型，并将其应用于瑞典赫尔辛堡市的绿色空间研究。使用原生林地指示种或林地连续性指示种（AWIS）鉴定长、短连续性林地的分布，对比其含有维管束植物的物种丰富度，对植被覆盖的连续性因子进行评估检验。结果表明：长连续性林地中含有较多的 AWIS；在建群种均龄大于 30 年的林地中，长连续性林地相对于结构相似的短连续性林地通常含有较高的生物多样性。融入植被连续性因子的生态单元制图模型是调查城市生物多样性的重要工具，通过图谱中各生态单元所含有的生物多样性信息，可对今后城市生物多样性的维护提出相应策略。

关键词：生态单元制图；连续性；生物多样性；原生林地指示种；植被结构

随着经济的快速发展和城市人口的大量激增，许多农田、草地、森林为了满足人类的需要已经或正在转变为城市化用地。与许多国家的城市一样，瑞典的一些城市在近 50 年来的都市化发展中，许多有价值的群落生境在不断被人为干扰和破坏，群落生境所蕴含的生物多样性也在大幅下降[1]。因此，瑞典政府颁布了规划与建筑法令，致力于如何长期保护生境和提高生物多样性等问题。

城市生态单元制图法是一种能够有效提供群落生境质量、分布、景观单元类型等信息的方法[2-4]。大多数城市生态单元制图法所应用的分类系统都是基于植被地貌学和植物群落学，按照土地利用类型或生境类别进行划分，很少将植被结构元素融入分类系统中，尤其在研究城市生物多样性方面。一些研究结果表明，原生林地或较长时间的连续性林地为许多动植物提供了不可替代的生存环境。林地的连续性是一个积极因素，它影响着物种的多样性[5, 6]、促进着生物有机体的迁移[7]，以及种群间的基因流动[8]。为此，

* 原载于：应用生态学报，2010，21（9）：2295-2303.

本研究基于一个以植被结构为构建框架的生态单元分类系统，构建融入了植被覆盖连续性因子的改良城市生态单元制图模型，并将其应用于瑞典赫尔辛堡市的绿色空间研究；使用原生林地指示种或林地连续性指示种（ancient woodland indicator species，AWIS）鉴定长、短连续性林地的分布，再对比其所含有维管束植物的物种丰富度，对植被覆盖的连续性因子进行评估检验，以期为保护和提高城市生物多样性提供科学有效的方法。

1 研究地区与研究方法

1.1 研究区概况

瑞典赫尔辛堡市位于瑞典最南部的斯科纳省，人口约 12.2 万，是瑞典第九大城市。该市是瑞典距丹麦的最近点，与丹麦赫尔辛格市隔厄勒海峡相望。拥有很多古老建筑的赫尔辛堡市历史悠久，是一个海滨风景胜地。该区属温带海洋性气候，年均气温 8.2℃，1 月平均温度（-0.7℃）最低，7 月平均温度（16.8℃）最高，年降水量约 568mm。赫尔辛堡市大部分地区的土质以营养丰富的沙质壤土为主。本研究所选区域是从市中心延伸到郊外的一个楔形空间，该区域含有多种不同的城市生境类型。

1.2 生态单元图谱的绘制

1.2.1 融入植被覆盖连续性因子的生态单元分类系统的建立

本研究中植被覆盖的连续性因子指某植被覆盖类型在同一地域中经历了长时间的发展和植物个体世代的更迭，期间所属土地利用类型基本没有发生变化，如林地的连续性、草地的连续性等[9, 10]。当前所使用生态单元制图模型的分类系统中并没有融入植被覆盖的连续性因子，而本文将着重阐明林地的连续性，使其作为研究植被覆盖连续性的切入点。基于瑞典南部的绿地特征以及连续性因子，本文创建了一套生态单元制图的分类系统。此分类系统主要应用于研究区域内的公共绿地空间，并将绿色空间划分为以下 4 个等级（表 1）。

表 1　改良的生态单元制图分类表（适用于公共绿色空间）

分类层级	五类公共绿色空间				
1 级单元	开敞式绿地（乔木/灌木冠幅<10%）	半开敞式绿地（乔木/灌木冠幅 10%～30%）	半闭合式绿地（乔木/灌木冠幅 30%～80%）	闭合式绿地（乔木/灌木冠幅>80%）	树丛、树带/行道树（<50m 跨度）
2 级单元	修剪草坪/草花/牧草地/演替草地	修剪草坪/草花/牧草地/演替草地	优势乔木种<30a（有/无原生林地指示种），优势乔木种年龄在 30～80a（有/无原生林地指示种），优势乔木种>80a（有/无原生林地指示种）	优势乔木种<30a（有/无原生林地指示种），优势乔木种年龄在 30～80a（有/无原生林地指示种），优势乔木种>80a（有/无原生林地指示种）	优势乔木种<30a（有/无原生林地指示种），优势乔木种年龄在 30～80a（有/无原生林地指示种），优势乔木种>80a（有/无原生林地指示种）

续表

分类层级	五类公共绿色空间				
3 级单元	干燥/适中/潮湿土壤	干燥/适中/潮湿土壤	单层结构，双层结构，复合层结构	单层结构，双层结构，复合层结构	单层结构，双层结构，复合层结构
4 级单元	贫瘠的/丰富的	灌木丛，树丛，树丛灌木丛混合	落叶林，针叶林，落叶针叶混交林	落叶林针叶林，落叶针叶混交林	落叶林，针叶林，落叶针叶混交林

第 1 级基于植被的横向结构进行划分。横向结构指植被要素中植物个体在地面的分布形式，其格局可以被视为在地面上的垂直投影，而格局类型则取决于乔木和灌木树冠覆盖的比例。

第 2 级根据草地类型和林地类型进行划分。由于本文重点阐明林地的连续性信息，所以对以草地为主的开敞和半开敞绿地空间按照草地的管理方式进行划分，林地则按照建群种的实际年龄划分为 3 个等级，分别为幼龄组（<30a）、中龄组（30～80a）和老龄组（>80a）。为了确定林地的连续性特征，本研究调查了各个林地是否含有原生（连续性）林地指示种（AWIS）。

第 3 级依照草地土壤的水分状况以及林地的竖向结构特征进行划分。竖向结构指植被要素中植物个体在竖立面的分布形式，按照植被要素的垂直高度可依次划分为林冠层（>10m，属于乔木层）、亚林冠层（4～10m，属于乔木层）、灌木层（1～4m）和草本层（<1m）等[11]。其中，林地的单层结构指仅含有一层乔木层，双层结构指双层乔木层（林冠层与亚林冠层）或乔木层与灌木层的组合，复合结构指多于双层结构的组合。

第 4 级主要集中于对草地质量以及林木类型的划分。

1.2.2 制图步骤

1）根据修改的分类系统以及瑞典土地管理局提供的赫尔辛堡市 2004 版全彩色航拍照片来界定同种属性生态单元的边界；

2）针对公共绿地空间进行实地调研，对每个生态单元的位置、尺寸、土地利用类型、植被结构形态以及林地建群种的年龄结构逐一记录；

3）结合实地调查的信息和全彩色航片的深度分析，利用软件 ArcView3.3 将数据进行存贮、编辑、分析，从而绘制出一系列生态单元图谱，即 1～4 级单元图谱，其中最小单元的面积不小于 1000m^2。

1.2.3 数据处理

应用 ArcView3.3 软件计算斑块数量（P_N）、斑块面积（A_N）、斑块密度（D_P）和生态单元覆盖百分比（PBC），并运用 Fragstats3.3 软件计算研究范围内不同区域生态单元的 Shannon 多样性指数（H）和 Simpson 多样性指数（S），其算式如下。

$$D_P = N_i / A_i \tag{1}$$

$$\mathrm{PBC} = A_i / A \tag{2}$$

$$H = -\sum_{i=1}^{m}\left(\frac{A_i}{A}\right)\times\ln\left(\frac{A_i}{A}\right) \tag{3}$$

$$S = 1 - \sum_{i=1}^{m} \left(\frac{A_i}{A} \right)^2 \tag{4}$$

式中，N_i 为第 i 种生态单元类型的斑块数量；A_i 为第 i 种生态单元类型的面积；A 为各生态单元类型面积的总和；m 为研究区各生态单元类型的总数。

1.3 长、短连续性林地物种丰富度的对比

1.3.1 长连续性林地的鉴定

原生林地指示种或林地连续性指示种（AWIS）特指在次生林地或其他生境中非常罕见的仅生长于原生林地的物种[12]。原生林地指示种通常包括生长在林地特定区域中苔藓植物门、地衣植物门、无脊椎动物门或维管束植物类群中的部分种，这些种的存在往往被认作是此林地具有长连续性的证据[13]。本研究所提及的原生林地或长连续性林地指至少始于 1700 年的连续性林地。此年代是基于瑞典南部的特殊条件所选取：18 世纪初，瑞典南部产生了较准确的当地土地利用的历史资料，包括图集和文字资料；加之 1700 年后瑞典南部景观由于人为活动而逐渐改变，其中包括大规模的伐林与造林。

本文依据 Peterken[14] 和 Rose[15] 的原生林地维管束植物目录和瑞典斯科纳省植物志以及实地调查筛选出 23 种指示种（表 2），这些指示种属于草本层的维管束植物并且具备以下 3 种特性：①耐阴植物；②很少生长于除林地以外的生境；③拓殖能力不强。通常认为林地中指示种的种类和数量越多，该林地具有长连续性的可能性就越大。为了确保这些指示种指示的正确性，本文又对赫尔辛堡市土地利用的历史地图集（地图集主要集中于 4 个历史阶段：1700 年、1810 年、1910 年和 1940 年）和相关市政文件记录作了分析，并进行了实地复查，最后将长连续性林地标识在生态单元图谱上。

表 2　研究区原生林地指示种

学名	拉丁名	学名	拉丁名
类叶升麻	*Actaea*	粟草	*Milium efusum*
五福花	*Adoxa*	山酢浆草	*Oxalisacetosela*
熊葱	*Alium*	四叶重楼	*Parisquadrifolia*
五叶银莲花	*Anemone*	玉竹	*Polygonatum multiflorum*
阔叶风铃草	*Campanula*	黑肺草	*Pulmonaria obscura*
欧洲碎米荠	*Cardamine*	普通肺草	*Pulmonaria officinalis*
露珠草	*Circaea*	林地水苏	*Stachysylvatica*
香猪殃殃	*Galium*	繁缕花	*Stelaria holostea*
常春藤	*Hedera*	林地繁缕花	*Stelaria nemorum*
舞鹤草	*Maianthemum*	颉草	*Valeriana dioica*
林地臭草	*Melica*	早花犬堇	*Viola reichenbachiana*

1.3.2 维管束植物物种丰富度的测量

维管束植物作为植物造景的主要材料，在本文中被用作生物多样性评估的指示因子。本研究依据长连续性林地位置的鉴定结果而选择样地，且各样地之间的关系遵循面积和结构相似的原则。为了对比长连续性林地与短连续性林地的物种丰富度，需要调查和制作各样地的维管束植物清单。植物清单目录的调查与制作时间从2009年初春至秋末，对每个样地进行两次不同季相的调查，首次调查执行于初春至仲夏，再次调查执行于仲夏至秋末。

调查方法采用样线测量法：①在每块样地中设置3条平行的60m长线有刻度的样线，样线之间的间距约为30m（样线设置在各样方除去20m边缘距离的中心位置）；②对每条样线上每间隔4m处的2m距离内接触到样线的、在样线上方和下方垂直投影能够接触到样线的所有维管束植物进行记录；③记录接触到样线的维管束植物种及其在样地中出现的频度，每触碰样带一次，记录频度数值为“1”，种的总频度值为该种在3条样线上频度的总和；④对样地进行遗漏补缺，即对于出现在 3条样线以外的维管束植物种进行补录，并将该种的频度值记录为“1”。

1.4 数据处理

本研究使用维管束植物种的数量（number of vascular plant species，NVPS）、H和S计算各样地维管束植物种的丰富度，最后应用SSPS17软件对长连续性林地与短连续性林地维管束植物种的多样性进行差异显著性检验。

2 结果与分析

2.1 研究区域的生态单元图谱

由表3可以看出，研究区中公共绿地总面积为460hm^2，其中，森林占地面积最大，约占绿地总面积的 43.3%，然后依次为半开敞式绿色空间（25.2%）、开敞式绿色空间（16.5%）、树丛/树带（12.2%）以及半闭合式绿色空间（2.8%）。树丛/树带和开敞式绿地的斑块密度都在0.5ind/hm^{2}以上，高于研究区域内的平均斑块密度（0.4ind[①]/hm^2），说明这两类生态单元类型的破碎化程度较高，树丛/树带（1.4ind/hm^2）的表现尤为明显。

表3 研究区公共绿色生态单元的数量、面积及所占比例

生态单元类型	斑块数量 P_N	斑块面积 A_N（hm^2）	斑块密度 D_P（ind/hm^2）	PBC（%）
A 以修剪草坪为主	14	14.1	1.0	3.1
以牧草地为主	4	17.9	0.2	3.9
以草花为主	12	19.3	0.6	4.2
以演替草地为主	5	24.2	0.2	5.3

① ind为individual的简写。

续表

生态单元类型	斑块数量 P_N	斑块面积 A_N（hm^2）	斑块密度 D_P（ind/hm^2）	PBC（%）
B 以修剪草坪为主	20	84.3	0.2	18.5
以草花为主	8	30.5	0.3	6.7
C 双层中龄落叶林	1	1.3	0.8	0.3
多层中龄落叶林	1	5.9	0.2	1.2
多层老龄混交林	1	6.1	0.2	1.3
D 单层幼龄落叶林	4	24.7	0.2	5.4
双层幼龄落叶林	1	2.1	0.5	0.5
多层幼龄落叶林	7	65.5	0.1	14.4
单层中龄针叶林	8	11.8	0.7	2.6
单层中龄落叶林	4	1.0	4.4	0.2
多层中龄落叶林	4	76.0	0.1	16.7
多层中龄混交林	2	10.8	0.2	2.4
双层老龄落叶林	2	5.2	0.4	1.1
E 单层幼龄落叶林（带）	31	9.2	3.4	2.0
双层幼龄落叶林（带）	23	18.9	1.2	4.1
多层幼龄落叶林（带）	9	19.2	0.5	4.2
单层中龄落叶林（带）	2	0.5	4.0	0.1
双层中龄落叶林（带）	6	2.5	2.4	0.6
多层中龄落叶林（带）	5	5.3	0.9	1.2

注：A，开敞式绿地；B，半开敞式绿地；C，半闭合式绿地；D，闭合式绿地（森林）；E，树丛、树带/行道树。

研究区的生态单元分布呈明显的分区现象。根据公路主干道以及土地利用类别，可将图谱划分为三大区域：第一区域主要集中在城市中心的建成区以及以别墅为主的居住区；第二区域主要含有大型博物馆公园、私用园地和若干公寓式居住小区等；第三区域位于市郊，包括自然森林公园、农田和果园等（图 1）。

由图 1 可以看出，研究区第一区域包含 16 种生态单元类型，其 H 为 1.0、S 为 0.40，绿地主要以条带或斑块形式镶嵌于硬质景观中，绿地类型以城市公园和居住区的私家花园为主，其植被结构主要是以草坪为主的开敞和半开敞式空间，但其中一个公园的结构较丰富，属于多层混交林并含有老龄树木的半闭合式空间；第二区域含有 23 类生态单元，H 和 S 分别为 2.3 和 0.85，说明此区域生态单元的多样性与均匀度较第一区域有大幅提高，该区域的西部主要是博物馆公园，园内主要以多层中龄落叶林和开敞式牧草地为主，区域的中部包含两处公寓式居住小区（小区内绿地以大草坪散植乔、灌木为主）和一处私用园地（私用园地用来满足市民休闲娱乐的需求，如种植花草、蔬菜等），东部由单层幼龄落叶林和半闭合式绿地空间组成；第三区域位于市郊，包含 26 类生态单元，主要以半自然式和农田景观为主，植被结构形式变化多样，H 为 2.0、S 为 0.76，除农田外，该区的森林覆盖面积最大，其中包含单层中龄针叶林、多层幼龄和中龄落叶林以及小面积的多层老龄落叶林和多层中龄混交林等。第二和第三区域内的半闭合式绿地空间主要以苹果树园为主，属于栽培用地。

图 1 研究区公共绿色空间的生态单元图谱

注：F，闭合式绿地（森林）；G，树丛/树带；Ho，半开敞式绿地；Hc，半闭合式绿地；O，开敞式绿地；B，30～80a；L，<30a；M，>80a；La，草坪；Me，草花地；Gr，牧草地；Su，演替草地；C，针叶林；D，落叶林；D&C，针叶落叶混交林；Mo，适中；Dr，干燥；W，潮湿；L-1，单层结构；L-2，双层结构；L-M，复合结构；Sh，以灌木为主；T，以乔木为主；T&Sh，乔灌木混合；R，丰富的；P，贫瘠的；Ⅰ，第一区域；Ⅱ，第二区域；Ⅲ，第三区域。

2.2 长连续性林地的识别

研究区原生林地指示种（AWIS）分布于建群种年龄>80a 和 30～80a 林地中，主要集中于研究区东部；在建群种年龄<30a 的林地以及其他生境中没有发现指示种（图 1、图 2、表 4）。通过对赫尔辛堡市土地利用图谱集以及历史记录资料的分析发现，弗理德瑞克斯乡村公园、公墓、隆德斯花园以及避暑别墅区的土地利用形式变化频繁，作为林地类型存在的时间较短，所以指示种的出现可能是人为引入而不是天然自发生长（图 2）。其余生长着指示种的林地没有历史资料证实其土地利用形式发生过变化，所以原生林地指示种可能是自发生长，因此它们的存在能够证明这些林地可能具有长连续性。在布鲁斯森林发现有 9 种 AWIS，在胡纳托普和普琳萨森林中分别发现 6 种 AWIS，并且其分

布较广，说明这 3 片林地较其他林地而言具有长连续性的可能性更高（表 4）相反地，例如在菲伯纳森林和西布鲁斯森林当中没有发现指示种，并且历史资料显示这两个地点的土地利用类型发生过变化，它们属于在退耕地上种植的人工林，故此林地不具有长连续性。

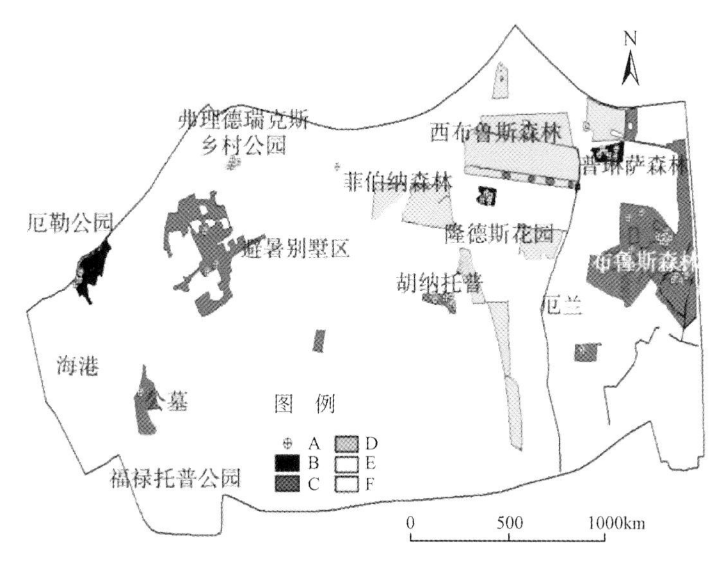

图 2　研究区原生林地指示种的分布

注：A，原生林地指示种 AWIS；B，老龄林木；C，中龄林木；D，幼龄林木；E，其他绿地；F，其他。

表 4　研究区原生林地指示种分布

地点	原生林指示种	注释
避暑别墅区	香猪殃殃	可能人工种植
布鲁斯森林	五叶银莲花，舞鹤草，粟草，山酢浆草，四叶重楼，玉竹，繁缕花，颉草，早花犬堇	可能自发产生
弗理德瑞克斯乡村公园	五福花，熊葱，阔叶风铃草，香猪殃殃，玉竹，黑肺草	可能人工种植
胡纳托普	五叶银莲花，香猪殃殃，舞鹤草，山酢浆草，四叶重楼，玉竹	可能自发产生
公墓	荨麻叶风铃草	可能人工种植
隆德斯花园	五福花，五叶银莲花，舞鹤草，山酢浆草，玉竹，繁缕花	可能人工种植
普琳萨森林	五叶银莲花，舞鹤草，山酢浆草，玉竹，繁缕花，早花犬堇	可能自发产生
厄勒公园	五叶银莲花，荨麻叶风铃草，玉竹	可能人工种植
厄兰	舞鹤草，山酢浆草	可能自发产生

2.3　长、短连续性林地样地之间维管束植物物种丰富度的对比

依据长连续性林地的鉴定结果（图 2），选择 4 个长连续性的林地样地和 5 个短连续性的林地样地进行维管束植物物种丰富度的对比分析（图 3），其中各样地面积均约

2hm^2，且植被结构都属于单层或双层的中龄或老龄林地（表 5）。4 个长连续性林地的维管束植物种数量在 38～51，5 个短连续性林地的维管束植物种数量在 15～28。研究区长连续性林地与短连续性林地的维管束植物种数量（NVPS）间存在极显著性差异（F=0.030，Sig.=0.868，t=5.147，P=0.001）；长连续性林地（2.96～3.34）与短连续性林地的维管束植物 H 值（1.95～2.70）间也呈极显著差异（F=1.066，Sig.=0.336，t= 3.889，P=0.006）；长连续性林地（0.945）与短连续性林地的 S 平均值（0.870）间呈显著差异（F=3.160，Sig.=0.119，t=3.247，P=0.014）。从研究区各林地样方的主要维管束植物种（频度值≥10）也发现，长连续性林地样方的主要维管束植物种数量相对多于短连续性林地样方（表 5）。因此，说明该区长连续性林地的物种丰富度价值高于短连续性林地。

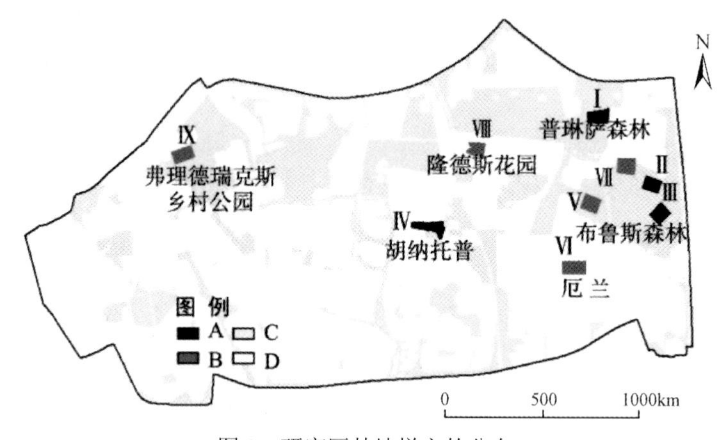

图 3　研究区林地样方的分布

注：A，长连续性林地样方；B，短连续性林地样方；C，其他绿地；D，其他。

表 5　研究区不同样方的面积、多样性指数及主要维管束植物种

样地	面积（hm^2）	物种数 NVPS	H	S	主要维管束植物种（频度值逸 10）
Ⅰ	2.11	51	3.34	0.95	五叶银莲花，铃兰，欧榛，鳞毛蕨，绒毛草，小凤仙花，灯心草，黄连花，舞鹤草，山酢浆草，夏栎，覆盆子，西洋接骨木，繁缕花，早花犬堇
Ⅱ	1.91	38	2.96	0.93	五叶银莲花，毛茛状银莲花，欧榛，鳞毛蕨，欧洲山毛榉，香忍冬，舞鹤草，粟草，山酢浆草，4 叶重楼，玉竹，夏栎，覆盆子，欧洲花楸，繁缕花
Ⅲ	1.94	43	3.21	0.95	赤杨，五叶银莲花，毛茛状银莲花，细叶稷，波状须草，鳞毛蕨，森林草莓，欧洲白蜡，欧亚路边青，小凤仙花，粟草，山酢浆草，甜樱桃，红醋栗，覆盆子，裂叶悬钩子，繁缕花，颉草，早花犬堇
Ⅳ	2.19	40	3.23	0.95	欧亚槭，赤杨，五叶银莲花，垂枝桦，铃兰，欧榛，欧洲山毛榉，香猪殃殃，舞鹤草，山酢浆草，欧洲云杉，普通早熟禾，玉竹，稠李，夏栎，覆盆子，西洋接骨木
Ⅴ	2.05	24	2.58	0.89	五叶银莲花，垂枝桦，鳞毛蕨，欧洲鼠李，夏栎，覆盆子，森林悬钩子，欧洲花楸，七瓣莲

续表

样地	面积（hm^2）	物种数 NVPS	*H*	*S*	主要维管束植物种（频度值逸 10）
Ⅵ	2.19	28	2.69	0.89	铃兰，欧洲山毛榉，夏栎，覆盆子，红果接骨木，七瓣莲
Ⅶ	2.07	15	1.95	0.79	欧亚槭，五叶银莲花，毛茛状银莲花，鳞毛蕨，欧洲山毛榉
Ⅷ	1.85	28	2.70	0.89	欧亚槭，五叶银莲花，毛茛状银莲花，欧榛，夏栎，覆盆子，西洋接骨木
Ⅸ	2.16	25	2.61	0.89	欧亚槭，山生柳叶菜，欧洲山毛榉，小凤仙花，西洋接骨木，欧洲椴，垂枝榆

注：Ⅰ，普琳萨森林；Ⅱ、Ⅲ、Ⅴ、Ⅶ，布鲁斯森林；Ⅳ，胡纳托普；Ⅵ，厄兰；Ⅷ，隆德斯花园；Ⅸ，弗理德瑞克斯乡村公园。

3 讨论

本文使用一种改良的生态单元制图法对瑞典赫尔辛堡市的公共绿色空间进行了调查研究。城市景观通常被定义为深受建成区环境影响以及生境破碎化程度相对较高的区域。在本研究范围内，绿色空间首先被各种城市土地利用类型如住宅区、工厂、街道等分割为不同尺度大小的斑块，再由于市政部门的维护和管理而使一些大型绿地转变为不同形式的结构斑块。以森林生态单元（约 $200hm^2$）为例，其在研究区绿色空间中占据着最大的比例，但却被分割为许多小斑块，既包括被硬质空间所分割的独立斑块，也包括由于管理方式的不同所形成的连续结构斑块（如布鲁斯森林），其中单层中龄落叶林的破碎度最大，斑块密度达 4.4ind/hm^2（图 1、表 3）。至今，许多研究对生境破碎化进行分析的结果表明，由生境丧失所引起的生境破碎化是导致生物多样性下降的本质因素[16-18]，然而破碎化本身与生物多样性之间并没有发现固有的关联，其对动植物的影响非常广泛，对于特定物种而言，这种影响涵盖了从积极因素到消极因素的一系列结果[19-24]。因此可以认为，在生物多样性研究中对生境丧失和生境破碎化有必要区别对待和独立分析。运用破碎化分析并不能正确反映生物多样性的本质，但能够确定的是破碎化本身导致了一个景观当中生物有机体分布和丰富度的改变。故本文试图变换一种角度来分析城市中的生物多样性，城市中现有生境植被的连续性以及生境的植被结构可能是影响生物有机体分布以及丰富度的直接因素。因此，本文使用融入植被连续性因子以及其他植被结构因子的城市生态单元制图法来调查研究城市环境当中的生物多样性。

本研究以分类表中的每一级为基础，绘制出一套生态单元图谱，从而得到研究区绿色空间一系列关于植被结构的数据以及长连续性林地所在的位置（图 1、图 2），并且对不同属性的区域（第一、二、三区域）进行了斑块结构多样性分析，目的为了分别从斑块级别、斑块类型级别和景观级别研究生物多样性。但随之产生一个问题，即这些关于林地连续性的数据能够反映出生物多样性的变化吗？本研究结果表明，AWIS 在一些成熟林和老龄林（这些林地的结构较复杂）的分布较广泛 ，而在幼林当中却较罕见（图 2）。

一般而言，层级复杂并伴有老龄植物的植被通常比结构单一的植被含有较高的生物多样性[25]，这与 AWIS 的指示一致，说明 AWIS 存在的林地通常含有较高的生物多样性。可是，AWIS 也可能自发地生长于幼龄的树木群落当中。如当森林经历短时间的开敞后（如遇到火灾、暴风雨或伐林），进行了人工补植。只要土地利用类型始终为森林用地，依然可认为这片林地含有长连续性，这意味着长连续性林地不必一定含有老龄树或始终为 100%的树冠覆盖[26]。然而，这种冠幅覆盖的变化可能会改变森林内部的小气候环境，地表植物势必会受到影响[27，28]。因此，AWIS 的大量生长和广泛分布指示出林地为长连续性的成熟林或老龄林的可能性大于指示出林地为长连续性的幼林。

从长连续性与短连续性林地维管束植物物种丰富度的对比结果推论，研究区长连续性林地的物种丰富度可能普遍高于短连续性林地。这种推论可以被理解为长连续性的森林可能不仅含有与短连续性林地相同的生物多样性，而且森林生境的长连续性自身以及较少的人为外界干扰使林地产生了许多其他物种喜爱的连续性环境条件。这些物种既包括拓殖能力差的物种，如原生林地指示种（AWIS）等，也包含一些需要非常特殊的环境条件才能生存的物种，如一些濒危稀有物种。这种连续性与物种丰富度的关系同样在半自然草地当中得到证实。半自然草场生境生物多样性的保护与提高不仅依靠人为的管理方式，如放牧或收割，一个长连续性的草场生境对于生物多样性以及生境质量也非常重要[29-31]。因此，连续性作为生态单元制图中的时间因子之一是必不可少的，并且这些长连续性的地域需要在生态单元图谱中被标识出来。

AWIS 的使用也有一些局限性。一个指示种与长连续性林地的关系可能随着地域的变化而变化。也就是说，一组指示种在一个区域可以起到很好的指示作用，但在其他区域则很可能不合适，并且有时 AWIS 会出现在次生林地或其他生境中[12，15，32]，如一个毗邻原生林地的次生林地所获得 AWIS 的可能性会远大于一个孤立的次生林地。所以，为了增加指示的准确度，需要相关的土地利用历史图集和文献的辅助。

改善城市生态单元的质量对于保护和提高城市生物多样性以及满足人们娱乐的要求是至关重要的。然而植被的连续性因子往往容易被忽略或难以获得其信息，因此，本文中改良的生态单元制图模型可以作为一个生物多样性定向的规划与设计工具，用来调查与采集城市生物多样性的信息。此改良模型扩展了传统意义上的植被时间结构的概念，使其不再局限于植物个体的真实年龄，而增加了植被覆盖类型或土地利用类型连续性的概念，研究结果显示植被覆盖的连续性与生物多样性有着密切的关系[8，31，33]。与传统的生态单元制图模型相比，此模型细化了对绿色空间的划分，不再局限于仅对植被外貌轮廓和植物种类的描述，而更加注重各类绿色空间内部的结构形式，事实证明这些结构因子的确决定了特定物种的分布与丰富度。总之，这些丰富的结构信息将会作为一个数据库，为今后的规划设计和管理提供重要的基础信息。

参考文献

[1] Beer A R. Innovative Solutions from Denmark and Sweden to the Design，Management and Maintenance of Urban Greenspace. http：//www. greenstructureplaning. eu/scangreen/index. htm［2004-12-14］.

[2] Reumer J W F，Epe M J. Biotope maping in Roterdam：the background of a project. Deinsea，1999，5：

1-8.

[3] Löfvenhaft K，Björn C，Ihse M. Biotope patterns in urban areas：a conceptual model integrating biodiversity issues in spatial planing. Landscape and Urban Planning，2002，58：223-240.

[4] Hong S K，Song I J，Byun B，et al. Application of biotope maping for spatial environmental planning and policy：case studies in urban ecosystems in Korea. Land- scape and Ecological Enginering，2005，1：101-112.

[5] Segestrom U，Bradshaw R，Hornberg G，et al. Disturbance history of a swamp forest refuge in Northern Sweden. Biological Conservation，1994，68：189-196.

[6] Selva S B. Lichen diversity and stand continuity in the northern hardwoods and spruce-fir forests of Northern New England and Western New Brunswick. The Bryologist，1994，97：424-429.

[7] Sanchez-Lafuente A M，Valera F，Godino A，et al. Natural and human-mediated factors in the recovery and subsequent expansion of the purple swamphen *Porphyrio porphyrio* L. （Ralidae）in the Iberian Peninsula. Biodiversity and Conservation，2001，10：851-867.

[8] McDonald D B，Pots W K，Fitzpatrick J W，et al. Contrasting genetic structures in sister species of North American scrub-jays. Procedings of the Royal Society B：Biological Sciences，1999，266：1117-1125.

[9] Nilson S G，Baranowski R. Species composition of wood beetles in an unmanaged mixed forest in relation to forest history. Entomologisk Tidskrift，1993，114：133-146.

[10] Nilson S G，Arup U，Baranowski R，et al. Lichens and beetles as indicators in conservation forests. Conservation Biology，1995，9：1208-1215.

[11] Zehm A，Nobis M，Schwabe A. Multiparameter analysis of vertical vegetation structure based on digital image procesing. Flora，2003，198：142-160.

[12] Peterken G. A method for assessing woodland flora for conservation using indicator species. Biological Conservation，1974，6：239-245.

[13] Rose F. Lichenological indicators of age and environmental continuity in woodland//Brown D H，Hawksworth D L，Bayley R H. Lichenology：Progress and Problems. London：Academic Press，1976：279-307.

[14] Peterken G. Identifying ancient woodland using vascular plant indicators. British Wildlife，2000，11：153-158.

[15] Rose F. Indicators of ancient woodland：the use of vascular plants in evaluating ancient woods for nature conservation. British Wildlife，1999，10：241-251.

[16] Donovan T M，Flather C H. Relationships among North American songbird trends，habitat fragmentation，and landscape occupancy. Ecological Applications，2002，12：364-374.

[17] Komonen A，Pentilä R，Lindgren M，et al. Forest fragmentation truncates a food chain based on an old-growth forest bracket fungus. Oikos，2000，90：119-126.

[18] Gibs J P，Stanton E J. Habitat fragmentation and arthropod community change：carrion beetles，phoreticmites，and flies. Ecological Applications，2001，11：79-85.

[19] McGarigal K，McComb W C. Relationships between landscape structure and breeding birds in the

Oregon Coast Range. Ecological Monographs，1995，65：235-260.
[20] Meyer J S，Irwin L，Boyce MS. Influence of habitat abundance and fragmentation on northern spotted owls in western Oregon. Wildlife Monographs，1998，139：1-51.
[21] Trzcinski M K，Fahrig L，Meriam G. Independent effects of forest cover and fragmentation on the distribution of forest breeding birds. Ecological Applications，1999，9：586-593.
[22] Tscharntke T，StefanDewenter I，Krues A，et al. Contribution of small habitat fragments to conservation of insect communities of grassland-cropland landscapes. Ecological Applications，2002，12：354-363.
[23] Zaviezo T，Grez A A，Estades C F，et al. Effects of habitat loss，habitat fragmentation，and isolation on the density，species richness，and distribution of ladybeetles in manipulated alfalfa landscapes. Ecological Entomology，2006，31：646-656.
[24] Fujita A，Maeto K，Kagawa Y，et al. Effects of forest fragmentation on species richness and composition of ground beetles（Coleoptera：Carabidae and Brachini- dae）in urban landscapes. Entomological Science，2008，11：39-48.
[25] Hunter M L. Wildlife，Forests and Forestry：Principles of Managing Forests for Biological Diversity. New Jersey：Prentice Hall，1990.
[26] Kirby K，Goldberg E. Ancient Woodland：Guidance Material for Local Authorities. Peterborough：North minster House，2002.
[27] Brunet J，von Oheimb G. Colonization of secondary woodlands by Anemone nemorosa. Nordic Journal of Botany，1998，18：369-377.
[28] Brunet J，von Oheimb G，Diekman M. Factors influencing vegetation gradients across ancient-recent woodland border lines in southern Sweden. Journal of Vegetation Science，2000，11：515-524.
[29] Kul K，Zobel M. High species richness in an Estonian wooded meadow. Journal of Vegetation Science，1991，2：711-714.
[30] Austrheim G，Olson E G A. How does continuity in grassland management after ploughing affect plant community patterns? Plant Ecology，1999，145：59-74.
[31] Cousins S A O，Erikson O. The influence of management history and habitat on plant species richness in a rural hemiboreal landscape，Sweden. Landscape Ecology，2002，17：517-529.
[32] Rolstad J，Gjerde I，Gundersen V S，et al. Use of indicator species to access forest continuity：a critique. Conservation Biology，2002，16：253-257.
[33] Nilson S G，Hedin J，Niklason M. Biodiversity and its assessment in boreal and nemoral forests. Scandinavian Journal of Forest Research，2001，16：10-26.

水土资源保持的科学与政策：全球视野及其应用
——第 66 届美国水土保持学会国际学术年会述评*

卫 伟

摘要

美国水土保持学会第 66 届国际学术年会于 2011 年 7 月 17 ~ 20 日在美国首都华盛顿举行。会议主题是“资源保持的科学与政策：全球视野及其应用”。会议以大会报告、口头分会场报告、座谈会、欢迎宴会、会员论坛、展板、会议考察等多种形式为与会代表提供了交流平台。其中，大会报告密切关注全球化对资源保持政策和实践的影响途径这一重大话题，从“农耕对未来粮食安全、生态系统服务和农业政策影响”“全球粮食与水资源可持续供给的战略抉择”“水土资源保持及其管理如何减缓和适应气候变化”三个方面进行探讨。而分会场报告和座谈会则从水土资源和生物能源的理论技术、政策实施及其影响、地表水-土-碳过程的机理与规律、资源保持法律法规及其创新机制等若干层面进行了深入研讨。本次大会中所凸显的“4R”资源优化配置方案、农民是减缓和适应气候变化的主力、政府—科研院所—企业集团无缝对接等观点与新理念对于开展水土自然资源保持和生态保育、实现产学研紧密结合、维护和谐的人地关系等都具有重要启示和价值。

关键词：水土保持；资源保育；气候变化；粮食安全；水资源；生物能源

第 66 届美国水土保持学会国际学术年会于 2011 年 7 月 17～20 日在美国首都华盛顿举行。此次会议的主题是“资源保持的科学与政策：全球视野及其应用”。重点讨论区域、国内、国际等不同空间尺度下，水土、农业环境及生物可再生能源等自然资源领域的科学研究与政策导向及其在实践中的应用，旨在为参会者提供一个交流看法、学习技术、分享经验、增进了解和学术互动的平台。会议由美国水土保持学会主办，美国农业部自然资源保持局、农业经济研究局、美国国家粮食与农业研究所以及美国农业灌溉

* 原载于：生态学报，2011，31（15）：4485-4488.

组织、自然保育公司、资源保持技术信息中心、美国 FKN 林业苗圃公司、美国先锋国际良种公司、农业工程服务公司等 10 多个政府机关、研究机构和企业集团共同参与协办。从而以这种形式，更好地实现科学研究、理论探讨和实践应用的有机对接。

1 美国水土保持学会

美国多年以前就高度重视水土保持及生态保育的相关科学研究及实践应用。1935 年 4 月，在有“美国水土保持之父”称谓的贝奈特（Hugh Hammond Bennett）的呼吁下，美国国会通过了《水土保持法》，并于同年成立了联邦水土保持局（Soil Conservation Services），该机构后来更名为自然资源保护局（Natural Resources Conservation Service）。8 年后即 1943 年，美国水土保持学会应运而生。该组织是一个以非营利为目的的学术机构和社团组织，并将孕育科学技术和自然资源保持的先进理念作为使命，其基本宗旨是“为生命提供健康的土地和纯净的水资源”，致力于为资源保育实践项目和政策制订提供专业服务。截至目前，该组织在美国和加拿大等北美地区的主要国家设立了 75 个分部，同时已拥有全球 5000 多名会员，其中包括科研工作者、管理者、规划者、决策者、技师、教师、学生、农民和农场工人等。其主要工作特点和目标是围绕地球表层的土地、水和相关的一切自然资源，实现研究、教育和为决策提供可靠支持的有机统一，进而为农村居民和城市社区提供更加优质的粮食保障和环境服务，最终实现提高人居生活质量和可持续性的目标。概括而言，该学会目前正在致力的行动和开展的特殊项目主要包括：

1）孕育和发展资源保持科学的先进技术和理念，提高实践的有效性；

2）将科学和职业评估相结合，优化地方、州、省及联邦等不同层次的保育政策；

3）培训和发展职业教育，提高从事水土等自然资源保持工作者的能力；

4）基于网络化和彼此支持，维持并促进资源保育工作者的伦理观念和科学精神。

2 第 66 届国际学术年会

为了实现既定目标，美国水土保持学会每年均有例行的国际学术年会召开，邀请国内外相关领域的科研人员、管理机构的代表以及第一线的企业公司人员加盟参会，以实现产学研的密切结合。2011 年为学会成立以来召开的第 66 届会议，共有来自美国本土、加拿大、奥地利、中国等国的相关科研机构、高等院校、政府部门和企业单位的 400 余名代表参加了会议。学术年会采用形式多样、内容丰富的话题开展互动和深入讨论。以本次会议为例，共涉及欢迎会、大会报告、分会场口头报告、会员论坛、学生专场、新会员指南、展板、座谈会、会议考察等多项内容。现针对以下三个主要方面进行介绍和评述。

2.1 大会报告

全球环境和气候变化背景下，植被格局、土壤属性、耕作方式、农业产出和生态系统服务都会难以避免受到影响，逐渐发生一系列的适应性改变，从而对现有水土保持策略与生物资源保育理念和实践提出挑战[1-3]。本次大会报告的一个重要议题是“全球化对既定的资源保持科学、政策及其实践的影响”，即是着眼于这一重大科学问题而展开深入讨论、彼此交换意见。大会报告采用开放式讨论、质疑、解答的途径进行，十分注重和强调报告人与台下听众的积极互动，主要围绕以下三个话题展开。①“未来的农业耕作对粮食安全、生态系统服务和农业政策的影响”。重点评估美国乃至全球范围内现有粮食和农业政策对水土资源保持的长期潜在影响，如何规避各种风险、适时调整政策导向成为关键。②“全球粮食与水资源可持续供给的战略抉择”。会议认为，粮食和水资源是当今全球范围内最突出的两大现实问题。围绕这一切入点，重点探讨了在不危害水质、不影响水资源作为其他工农业生产用途的前提下，如何保障农业产量持续增加；全球性项目政策如何与当地土著居民保持水土的努力之间进行衔接等问题。③“资源保育的管理实践在减缓和适应气候变化中的地位和作用”。主要从农业——资源保持——气候变化三者之间可能存在的内在关系的角度出发，探讨水土资源管理和农业实践在温室气体减排、降低气候变化对社会经济和环境影响等方面的作用。并认为农民可以在农业资源管理和气候变化中做出特殊而巨大的贡献。

2.2 分会场报告

从分会场的报告来看，探讨的内容更加丰富具体，关注的问题和涉及的领域相对较多。概括起来，主要包括以下三大块。

1）自然资源保持与管理的有效手段及技术途径。主要议题包括流域信息技术平台建设、最佳管理实践的空间评估技术、水质贸易与评价的手段及其应用、有利于地下水再生和泥沙沉降的应用技术、促进养分循环和动态平衡的施肥方法、评估不同尺度土壤流失的模拟预测技术、田间施肥管理与决策预报支持系统、促进泥沙积累和养分保持的坝地建设技术、入侵物种在流域内的空间格局制图方法、最优产量的“4R”营养空间配置技术、精确评估土壤碳沉降的空间采样方法、基于土壤保持和水分再循环利用的灌溉方法、饮用水检测、净化和配套管理技术、气候调节与水源管理的有效技术手段等。

2）自然资源保持与管理的相关政策及应用探讨。主要结合现行自然资源保护的相关政策、开展成效评估、进而提出合理性建议；或者有针对性地介绍流域综合治理与管理经验、生态修复和土壤侵蚀防治的相关政策及历史实践等。如抵消农业温室气体排放量的实践策略、拉丁美洲适应气候变化的相关举措和动机分析、气候变化条件下美国“2012 农业法案”（Farm Bill）的制定与资源保育、加拿大水土保持的相关手段和市场调控机制、农民为了适应气候变化所带来的区域结构性调整而采用的对策及行为方式、生态补偿和流域综合治理实践与政策分析、农业用地的可持续管理契约机制、基于城市绿色计划的生态系统服务保持实践等。

3）水、土、碳过程与生物能源动态规律分析。主要基于长期监测、野外采样或者模型模拟、情景分析的基本方法探讨水文、水质、植被、养分元素、侵蚀过程和碳排放动态对各种人为管理、田间耕作措施、气候变化和土地利用变化等的响应规律。如安大略中南部再造林 70 年后水流格局特征、流域水质和溶解磷及泥沙浓度的时空格局分析、长期耕作对径流、污染负荷和作物产量的影响、覆盖作物和免耕对土壤属性与碳储量的影响、本地植物种对土壤水分特征的影响、土地利用和气候变化对生境适应性特征影响分析等。

2.3 座谈会

大会交流的另外一个重要形式是围绕某一个共同感兴趣的话题进行座谈，通常以圆桌会议的形式进行。本次国际年会的座谈会共设有 28 个专场，主要由来自美国水土保持学会国际委员会、美国农业部自然资源保持局、农业经济研究局、林务局、国家野生动物联盟、世界资源研究所、全球变化研究项目组、国家可持续农业联盟、美国环境保护局以及诸如内布拉斯加林肯大学、得克萨斯农机大学等相关机构的研究人员和管理者主持了座谈会。

座谈会涉及的重要议题中，除了部分内容和大会报告以及分会场报告的主题相趋同外，还凸显了自然资源领域里其他一些极为重要的科学问题。例如，生物能源的产出是否可以使人类社会从对不可再生能源（煤、石油等）的依赖中解脱出来？农业日用品供给及其对市场、环境以及发展中国家的影响；鱼类、野生动物资源保护及其对生态环境中长期的影响；有序管理下的放牧对水土保持和碳固定的贡献；生态服务价值评估及其适应性管理与相关政策法律的衔接问题；非点源污染控制对水质净化的促进作用与贡献力；国家气候评估的科学进程及其产出；自然资源保持的相关法律应用及其创新机制等。

3 重要动向及启示

本次会议紧紧围绕水土资源和粮食安全两大议题，密切关注气候变化和人类活动与二者的互动关系，从资源保持的科学理论、政策法规和实践应用的角度出发，交流探讨全球范围对不同区域背景、不同生态系统类型、不同人类干扰特征下水土和生物能源的保持策略和培育经验，特别是总结对比不同历史时期相关保持政策的实施效果，进而吸收、分享不同国家和地区的先进技术与理念，为进一步优化自然资源保持方案，保障粮食与生态系统安全、促进节能减排和可持续发展提供借鉴。同时，综合分析会议中的各类报告，可以感受到以下几点较为新颖的思维火花和真知灼见，并将对未来的水土保持、农田生态系统保护和自然资源保育事业都有所启示。

第一，时空格局优化的水土保持与资源保育方案。本次会议中，有不少关于“4R”理念的农田施肥管理与土壤营养配置举措和实践案例。“4R”即为正确的资源（right source）、正确的地点（right place）、恰当的时间（right time）、合适的比率（right rate），意味着需要综合考虑具体的立地条件、土壤属性、植物需求、管理方式等内容。当前，基于此理念，美国农业部自然资源保持局在全美主要流域中开展保持效率评估计划（Conservation Effectiveness Assessment Program），为筛选最佳管理途径提供依据。这一理念和思路，对于其他国家和地区的生态修复、农田管理、物种筛选、植被对位配置和景观格局优化设计都应该有所启示[4-5]。特别是对于地形破碎、景观多样和生态系统脆弱的地区（如中国的黄土高原区）而言，如何科学合理地实现水土资源最佳利用、遏制土地退化势头、提升区域生态服务功能是个十分迫切和必要的严肃话题[6]。

第二，培育群众参与式的水土保持和自然资源保育理念与实践观。会议认为农民是生态系统管理和资源保持的潜在力量，应该成为保障粮食安全、促进碳固定和减缓气候变化的主力军。并要求对农民进行科学技术和相关专业背景的培训教育（事实上，该学术年会中每年都有涉及农民技术培训的类似报告。）。而这对于拥有 8 亿多农民的中国更有启示意义，如何在实践中充分发挥广大农民在应对水资源和粮食危机、适应气候变化的能力与作用是个重大议题[7]。倘若能对广大农民在具体的物种选择、施肥、灌溉、耕作、收割、秸秆处理等各个环节进行培训教育，对于促进土壤碳固定、农田生态环境良性运转和提高土地生产力必将产生巨大的正效应[8]。

第三，加强政府相关部门、科研院所和企业公司的有机联系，实现决策导航、科研成果和实践应用的有机对接。美国水土保持学会一大亮点是其会员分布层面较广，涉及不同社会阶层的利益相关者和参与者，具有较强的针对性和实践性。本次会议中有大量企业加盟，直接将政府、科学家、公众和商业利益紧密联系在一起，从而实现产学研无缝链接，促进高新科技成果的转化与应用。倘若我们能更好地将这一互动机制运用好，则可以为我国的水土保持和资源保育事业提供广阔的市场平台和人脉网络，进而更有力地促进人地关系的可持续协调发展。

参 考 文 献

[1] Gulliford J. Conservation practice and global climate change. Journal of Soil and Water Conservation，2011，66（4）：89A-90A.

[2] Wei W，Chen L D，Fu B J. Effects of rainfall change on water erosion processes in terrestrial ecosystems：a review. Progress in Physical Geography，2009，33（3）：307-318.

[3] Delgado J A，Groffman P M，Nearing M A，et al. Conservation practices to mitigate and adapt to climate change. Journal of Soil and Water Conservation，2011，66（4）：118A-129A.

[4] 于贵瑞，谢高地，于振良，等．我国区域尺度生态系统管理中的几个重要生态学命题．应用生学报，2002，13（7）：885-891.

[5] 陈利顶，刘洋，吕一河，等．景观生态学中的格局分析：现状、困境与未来．生态学报，2008，28（11）：5521-5531.

[6] Chen L D，Wei W，Fu B J，et al. Soil and water conservation on the loess plateau in China：review and prospective. Progress in Physical Geography，2007，31：389-403.

[7] 史培军，王静爱，谢云，等. 最近 15 年来中国气候变化、农业自然灾害与粮食生产的初步研究．自然资源学报，1997，12（3）：197-203.

[8] Meinke H，Baethgen W E，Carberry P S，et al. Increasing profits and reducing risks in crop production using participatory systems simulation approaches. Agricultural Systems，2001，70：493-513.

(X-1458.01)

www.sciencep.com

ISBN 978-7-03-057850-1

9 787030 578501 >

定　价：**218.00** 元